全国普通高校电子信息与电气学科基础规划教材

模拟电路实验综合教程

王鲁云　于海霞　等　编著

清华大学出版社
北　京

内容简介

本书是根据多年来在完善模拟电子电路课程学习和相关实验教学效果的实践基础上编写而成的，除用于模拟电子电路实验课教学之外，还可作为模拟电子电路课程设计的辅助用书。

本书包括了二极管电路、三极管电路、场效应管电路、功率放大电路、集成运放电路、负反馈电路、振荡电路、稳压电源电路以及 Multisim 仿真等单元，在内容设计上充分注意了针对读者学习中遇到的实际问题，同时在实验介绍和预习思考上做了较多工作，以帮助读者能够在理解有关实验原理的基础上开展实验，这方面的工作对实验预习环节的落实也将发挥很好的帮助作用。

本书适用于面向应用型人才培养目标的本科院校，以培养扎实的模拟电路基础知识和过硬的实践能力为目标的教学使用。

图书在版编目(CIP)数据

模拟电路实验综合教程/王鲁云等编著. —北京：清华大学出版社，2017(2023.6重印)
(全国普通高校电子信息与电气学科基础规划教材)
ISBN 978-7-302-45523-3

Ⅰ. ①模… Ⅱ. ①王… Ⅲ. ①模拟电路—实验—高等学校—教材 Ⅳ. ①TN710-33

中国版本图书馆 CIP 数据核字(2016)第 277400 号

责任编辑：梁 颖
封面设计：傅瑞学
责任校对：焦丽丽
责任印制：宋 林

出版发行：清华大学出版社
网 址：http://www.tup.com.cn，http://www.wqbook.com
地 址：北京清华大学学研大厦 A 座 **邮 编**：100084
社 总 机：010-83470000 **邮 购**：010-62786544
投稿与读者服务：010-62776969，c-service@tup.tsinghua.edu.cn
质量反馈：010-62772015，zhiliang@tup.tsinghua.edu.cn
课件下载：http://www.tup.com.cn，010-83470236
印 装 者：三河市君旺印务有限公司
经 销：全国新华书店
开 本：185mm×260mm **印 张**：15 **字 数**：364 千字
版 次：2017 年 2 月第 1 版 **印 次**：2023 年 6 月第 6 次印刷
定 价：48.00 元

产品编号：071824-02

前言

模拟电子电路实验课是模拟电子电路课程学习中的一个重要环节，它体现了模拟电子电路课程工程性的特点，即，它需要通过实践这样一个重要侧面，帮助学生对本课程知识的掌握，而不是仅仅依赖书本上的学习。鉴于这一特点，本书从配合模拟电子电路理论课教学的实际需要出发，设计了较多与理论学习难点有关的基础性实验项目，力求帮助学生解决在基本理论、电路、原理和方法的学习中遇到的困惑，使学生能够得到更加扎实的基础性的训练。基于这样的考虑，本书的编写体现了以下几个方面的特点。

(1) 很好地体现了充分重视问题研究在实验教学中的重要地位，突出了以问题研究为引领、带动实验教学不断深入的新的实验教学理念。在每个实验单元进行了较为充分全面的相关理论介绍之后，都配置数量较充分的预习思考题，这些思考题均针对学生实验中常见问题而设计，并且努力将其延伸到与实验相关的各个方面，以帮助学生在进行实验之前开展充分的实验问题研究，为学生理解实验原理、分析实验现象、排除实验故障、总结实验结果做好充分的实验前研究准备，使学生尽可能地做到在理论指导下开展实验。

(2) 各项实验尽可能用分立元件搭建的电路开展，充分利用分立元件电路可以观察到最基本电路结构的波形和参数的特点，通过对实验过程细节的设计和引导，利用改变元件参数和观察对比的方法，可以较好地帮助学生了解电路原理、设计思路、元件作用、电路调试方法，对提高学生在实际电路调试的过程中分析问题、解决问题的能力有很好的帮助作用。同时，由于分立元件搭建电路的不确定性增加，学生训练面相应拓宽，对培养学生的综合能力将产生非常重要的促进作用。

(3) 编写形式与改善实验预习环节具有密切的内在联系。以往用写预习报告作为实验预习环节的载体的做法存在很多弊端，造成很多情况下实验预习流于形式、名存实亡，直接导致学生实验能力和质量的严重下降。在本书的使用中，用编排大量的涉及实验中各方面问题的预习思考题并对其测试的方法，替代学生写预习报告的方法，取得了非常明显的改进效果。可借鉴的操作形式之一是，上课后将分别打印有2道预习思考题的A、B题纸条发给学生，预习较好的学生一般只需1～2分钟便可答完，而未预习的学生则无法完成。这样得到的预习检查结果真实有效，激励作用明显，可以把实验预习工作落到实处。

(4) 与实践类课程相比较，对于实验项目相对较小、重复周期快的基础类实验课，我们认为其实验总结的形式应有所区别。因此在本书实验总结环节的编写中，可以根据教学要求的不同，不一定非要每次都写格式化较强、重复性较高的总结报告，而是适当兼容了将学生的精力引导到对实验数据和现象分析上来的功能设计。为此本书在每个实验数据记录表中都另增加了一些实验数据分析栏目，把需要引起关注和总结的问题在实验数据分析栏中提出来，学生直接把分析的答案填入其中即可；教师可以在下次实验课中，根据指定的考核办法和所掌握的情况，进行适当的抽查即可。这种形式的优点是，既可以很好地引导学生的思考方向，抓住本次实验的重点，又可以为学生节省大量重复的格式化的书写时间，有利于学生将这些时间用于对下次实验思考题的研究上。

（5）本书编入了较为详细的 Multisim 10 仿真软件功能和使用方法的介绍，但考虑到仿真功能是以验证电路设计为主要目标的软件，而不具备电路故障调试等实操能力训练的功能，所以在教学实践中并未把它作为实验教学的课内内容安排，而是作为学生实验的一个重要辅助手段，对某些实验问题的分析提供帮助。另外一个重要考虑是，充分的 Multisim 10 仿真软件介绍内容，可以为下一阶段的模拟电路课程设计提供重要的帮助作用。

（6）本书的内容涉及电路形式较多，由于学生接受程度的不同，一些电路的确会成为部分学生学习中的难点。考虑到学生学习需求的不均衡性，故其中一部分实验内容可用于学生自选。教学操作可以有以下两种形式：一是参考实验课的次数，将实验内容分成相应数量的单元块，再根据实验的难度将单元块内的各项实验给出不同分值，让学生根据自己的实验兴趣和需求，选择本次实验做某个或某些项目的组合，只要达到本次实验要求的下限分值即可；对于有很好的开放实验室条件的教学环境，还可以采取课内统一安排实验项目，对于对其他实验项目感兴趣的学生，可自行选择在开放实验室进行其他实验。为了便于学生基本实验元件的使用，可将电阻等数量多、使用频繁且低耗值的元件下发给学生。为了学生能便利地保管和找到合适阻值的电阻，可在一张 A4 纸上按纵向排序，将电阻阻值和色环分别打印在两侧，将各电阻的两个引脚在中间横向插入相应位置。为使纸张耐用，可在电阻引脚插孔的两列位置上预先粘上塑料透明胶带，然后再戳孔即可。不用电阻时，将 A4 纸左右两边向后折包住中间的引脚部分，再将 A4 纸向前对折将电阻完全包住放入塑料袋。这种办法很好地解决了发放到学生手中元件的有效管理问题，很值得推广。

本书是编者十多年来对模拟电子电路实验教学和教材编写经验总结的基础上编写而成的。本书由王鲁云编写第 1～4 单元，于海霞编写第 5 和第 6 单元，刁立强编写第 7 和第 8 单元，许少娟编写第 9 单元，全书由王鲁云统稿。本书的编写还得到了其他许多教师的帮助和指导，在此一并表示衷心的感谢。

由于编者学术水平和教学经验有限，在本书的编写中难免存在各种错误，敬请有关专家和广大读者多加指正。

编　者

2016 年 8 月

符号说明

一、几点原则

1．电流和电压(以基极电流为例)

$I_{B(AV)}$	表示基极电流的平均值
I_B	参数字母(第一个)大写,对象字母(第二个)也大写,表示纯直流量
i_B	参数字母(第一个)小写,对象字母(第二个)大写,表示包含直流量的瞬时总量
i_b	参数字母(第一个)小写,对象字母(第二个)小写,表示纯交流量
I_b	参数字母(第一个)大写,对象字母(第二个)小写,表示交流有效值
$\dot{I}_b$	表示纯交流信号的复数值
Δi_b	瞬时值的变化量

2．电阻

R	电路中的电阻或等效电阻
r	器件内部的等效电阻

二、基本符号

1．电压和电流

I,i	直流电流和瞬时电流的通用符号
U,u	直流电压和瞬时电压的通用符号
$A_{p\text{-}p}$,$V_{p\text{-}p}$	电流、电压的峰峰值
I_f,U_f	反馈电流、电压
$\dot{I}_i$,$\dot{U}_i$	正弦交流输入电流、电压
$\dot{I}_o$,$\dot{U}_o$	正弦交流输出电流、电压
I_Q,U_Q	静态电流、电压
i_P,u_P	集成运放同相端输入电流、电压
i_N,u_N	集成运放反相端输入电流、电压
u_{Ic}	共模输入电压
u_{Id}	差模输入电压
$\dot{U}_s$,u_s	交流信号源电压
U_T	电压比较器的阈值电压、PN结电流方程中温度的电流当量
U_{TH},U_{TL}	双门限电压比较器的高阈值电压和低阈值电压
U_{OH},U_{OL}	电压比较器的输出高电平和低电平电压值
V_{BB},V_{CC},V_{EE}	晶体管基极回路、集电极回路、发射极回路电源
V_{GG},V_{DD},V_{SS}	场效应管栅极回路、漏极回路、源极回路电源

2. 电阻、电导、电容、电感

R	电阻通用符号
G	电导通用符号
C	电容通用符号
L	电感通用符号
R_b, R_c, R_e	晶体管基极、集电极、发射极外接电阻
R_g, R_d, R_s	场效应管栅极、漏极、源极外接电阻
R_i	放大电路的输入电阻
R_o	放大电路的输出电阻
R_{if}, R_{of}	负反馈放大电路的输入、输出电阻
R_L	负载电阻
R_N	集成运放反相输入端外接的等效电阻
R_P	集成运放同相输入端外接的等效电阻
R_s	信号源内阻

3. 放大倍数、增益

A	放大倍数或增益的通用符号
A_c	共模电压放大倍数
A_d	差模电压放大倍数
$\dot{A}_u$	电压放大倍数的通用符号
A_{uo}	开环电压放大倍数
$\dot{A}_{uu}, \dot{A}_{ui}, \dot{A}_{ii}, \dot{A}_{iu}$	电压放大倍数符号,第一个输入量,第二个输出量
$\dot{A}_{ul}, \dot{A}_{um}, \dot{A}_{uh}$	低频、中频、高频电压放大倍数
$\dot{A}_{us}$	放大器对信号源电动势的电压放大倍数
$\dot{F}$	反馈系数通用符号

4. 功率和效率

P	平均功率通用符号
p	瞬时功率通用符号
P_o	交流输出功率
P_{om}	最大交流输出功率
P_T	晶体管耗散功率
P_V	直流电源提供的功率

5. 频率

f	频率通用符号
f_{BW}	通频带
f_c	使放大电路增益为 0dB 时的信号频率
f_H	放大电路的上限截止频率
f_L	放大电路的下限截止频率

f_0　振荡电路的中心频率
ω　角频率通用符号

三、器件参数符号

1. 二极管

D　二极管
I_F　二极管最大整流电流
I_R　二极管的反向电流
I_S　二极管的反向饱和电流
r_d　二极管导通时的动态电阻
U_{on}，$U_{D(on)}$　二极管的开启电压
$U_{(BR)}$　二极管的击穿电压

2. 稳压二极管

D_Z　稳压二极管
I_Z，I_{ZM}　稳定电流、最大稳定电流
r_z　稳压状态下的动态电阻
U_Z　稳定电压

3. 双极型管

T　晶体管
b，c，e　基极、集电极、发射极
$\bar{\beta}$，β　共射极电路的直流放大系数和交流放大系数
C_μ　混合 π 等效电路中集电结的等效电容
C_π　混合 π 等效电路中发射结的等效电容
f_β　共射极电路电流放大系数的上限截止频率
f_T　特征频率，即共射极电路电流放大系数下降到 1 时的频率
g_m　跨导
I_{CBO}，I_{CEO}　发射极开路条件下 b-c 极间的反向电流，基极开路条件下 e-c 极间的穿透电流
I_{CM}　集电极最大允许电流
P_{CM}　集电极允许最大耗散功率
$U_{(BR)CEO}$　基极开路时 c-e 极间的击穿电压
U_{CES}　晶体管饱和管压降
U_{on}　晶体管 b-e 极间的开启电压

4. 单极型管

T　场效应管
d，g，s　漏极、栅极、源极
g_m　跨导
I_{DO}　增强型 MOS 管 $U_{GS}=2U_{GS(th)}$ 时的漏极电流
I_{DSS}　耗尽型场效应管 $U_{GS}=0$ 时的漏极电流
P_{DM}　漏极允许的最大耗散功率

$U_{GS(off)}$,U_P　耗尽型场效应管的夹断电压

$U_{GS(th)}$,U_T　增强型场效应管的开启电压

5. 集成运放

A_{od}　开环差模增益

r_{id}　差模输入电阻

I_{IB}　输入级偏置电流

I_{IO}　输入失调电流

U_{IO}　输入失调电压

K_{CMR}　共模抑制比

SR　转换速率

四、其他符号

K　热力学温度

Q　静态工作点

T　周期、温度

η　效率,输出功率与电源提供功率之比

τ　时间常数

θ　导通角

ϕ,φ　相位角

目录

第1单元　二极管及其电路

实验1-1　二极管极性及好坏的判断

1. 实验项目

(1) 用指针式万用表判断二极管的极性和好坏。

(2) 用数字式万用表判断二极管的极性和好坏。

2. 实验目的

(1) 掌握判断二极管极性和好坏的方法。

(2) 了解不同类型二极管导通电压的大致数值。

(3) 了解万用表测量二极管的原理。

3. 实验原理

3.1　二极管的基本特性

二极管的元件符号、电压与电流的方向定义如图1-1-1所示，P型区规定为二极管的正极，N型区规定为二极管的负极，正负极定义的方向不可更换。$u_D>0$称为正向电压，$u_D<0$称为反向电压，正极流向负极的电流称为正向电流，反之称为反向电流。

二极管是典型的非线性器件，其伏安曲线如图1-1-2所示，它大致分为4个区。A-B段是反向击穿区，对于不同型号的二极管，产生反向击穿的电压值是不同的(一般在几十伏到几千伏之间)。二极管发生反向击穿后，由不导电变成导电，可形成很大的反向电流，在使用中应尽量避免；B-O段是反向截止区，表示二极管在承受反向电压时几乎没有反向电流(一般在10^{-10}A以下)；O-D段是死区(硅管和锗管死区电压分别为0.5V和0.2V)，在死区内，二极管虽然得到的是正向电压，但正向电流依然很小几乎为零；D-E段为正向导通区，在该区二极管电压u_D有微小的变化，电流i_D就会有明显的变化。图1-1-2中D-E段的特性表明，二极管电流从0到很大的数值区间波动时，二极管电压u_D始终维持在0.7V附近，所以在二极管导通时，可以把二极管等效成一个0.7V的电压源。

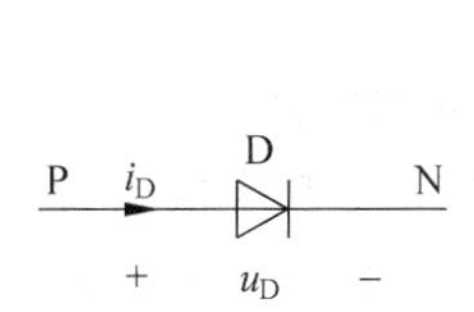

图1-1-1　二极管的符号及电压电流方向定义

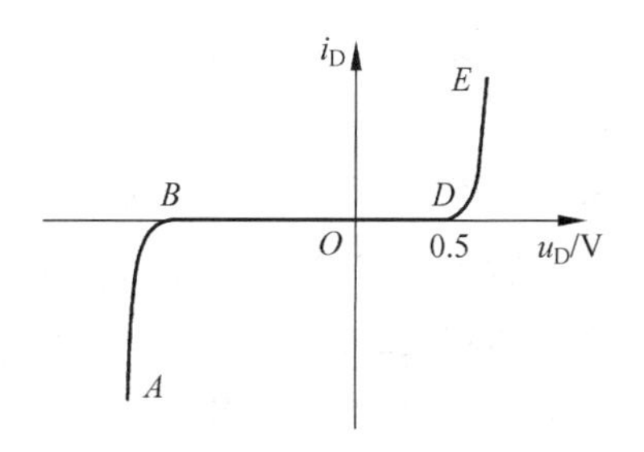

图1-1-2　二极管的伏安曲线

二极管的伏安特性还可简单地归结为：正向导通、反向截止。

3.2　用指针式欧姆表测量二极管的极性

二极管正向导通、反向截止的特性，反映了在分别给二极管施加正向电压和反向电压时，其电阻值表现出的巨大差异。利用指针式欧姆表测试二极管上这种电阻值的差异，就可以测出二极管的极性和好坏（在实际中，这种方法仅限于指针式万用表，对数字式万用表不适用）。

我们知道电阻的定义是 $R=U/I$，即它是通过电压和电流的比值关系来反映电阻的大小的。依据这个定义，指针式欧姆表测量电阻时，通过红黑表笔给被测元件两端提供一个测试电压，通过指针表指针摆动的大小，反映被测元件流过电流的大小，来实现对元件电阻的测量。指针式欧姆表的电路模型如图 1-1-3 所示，其中 V 是欧姆表内部电池表现在红黑表笔间的开路电压，R_0 是表笔间向内部望进的等效电阻，A 是指针式电流表。指针式欧姆表置于不同挡位时，其端口开路电压 V 和等效电阻 R_0 均有所不同，以 VICTOR-VC3010 型指针式万用表为例，当置于 R×1kΩ 以下的各测量挡位时，红黑表笔间的开路电压为 3V，而置于R×10kΩ 时，开路电压为 12V。当红黑表笔给二极管提供正向电压时，可把二极管用恒压降模型（0.7V）替代，参考图 1-1-3 所示电路模型，由于欧姆表不同挡位下 R_0 和 V 各不相同，所以流过二极管的电流也就各不相同，表现在测量数值上，是测得的二极管导通电阻值会发生较大的差异。对于非线性器件来说，出现这种现象是完全正常的，它可用图 1-1-4 解释。

在图 1-1-4 中，Q_1 和 Q_2 表示了二极管分别为两个直流电流值的点，其中 Q_2 点的电流大于 Q_1 点电流，其线段 OQ_2 和 OQ_1 的斜率代表了它们的直流电导值（直流电阻 R_D 的倒数），显而易见二极管的电流值越大，直流电阻就越小。

由于万用表内部使用的是干电池，所以显示的电阻值是二极管的直流电压与直流电流的比值，被称为二极管的直流电阻 R_D（也叫静态电阻）。

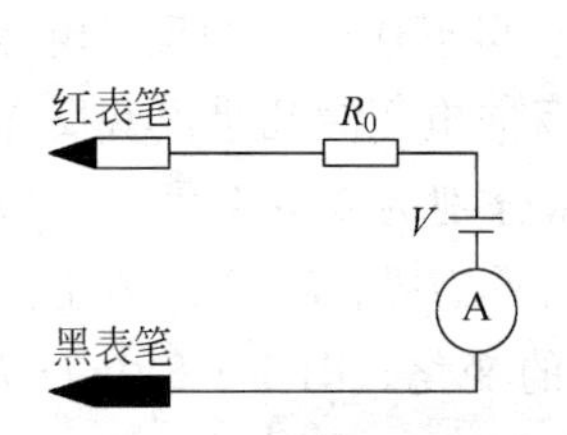

图 1-1-3　指针式欧姆表的电路模型

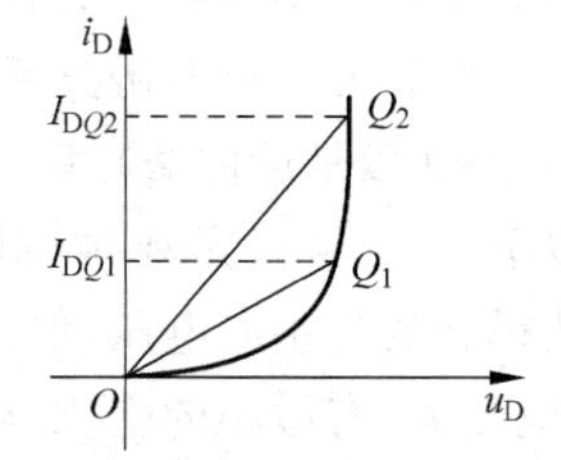

图 1-1-4　二极管静态电流与直流电阻的关系

另外需要注意的是，指针式万用表置于测电阻挡位时，红表笔带负电压、黑表笔带正电压（与数字式万用表相反）。

3.3　用数字表 PN 结测量挡位测量二极管的极性

对于数字式万用表，不能用它的电阻挡来测试二极管的极性和好坏。其原因是它不像指针表需要较大的信号电流驱动指针偏转，数字表所需的信号功率极小，出于降低数字表电池损耗的目的，在测量电阻挡位时，两表笔间电压的设计值取得较低。以 MY-61 型数字万用表为例，在置于 2kΩ 电阻挡位时表笔间的电压仅为 0.5V。由前面介绍知，当给硅二极管施加的正向电压在0.5V以下(死区电压)时,二极管的正向电阻仍然会非常大。因此对于数字表来说,想通过用电阻挡测量二极管正反向电阻大小来判断二极管的正负极将不会奏效。为此在数字表的设计中,专门为测量PN结(二极管)设计了一个专用挡位,仍以XMY-61型数字万用表为例,在测二极管挡位时,红黑表笔间的开路电压为2.63V,其电路模型如图1-1-5所示,图中的电压表V表示在测PN结挡位上,数字表实际是在执行测量红黑表笔间电压的功能,当红黑表笔间测量的电压值在0～2.0V之间时,数字表则显示该电压值;若红黑表笔间的电压值大于临界电压2.0V时,数字表的示数则为“1.”,这个功能是由数字表内部的计算芯片来实现的。当给硅二极管加正向电压(红表笔接二极管正极、黑表笔接二极管负极),二极管处于导通状态,由等效模型知此时二极管相当于约0.7V的恒压源,因此在显示屏上会显示出约0.7V的电压测量值;把红黑表笔调换后,二极管被加反向电压,处于断开状态,表笔两端相当于未接任何器件,表笔间的测量电压仍为开路电压2.63V,大于临界电压2.0V,则显示屏上的示数为“1.”,表示二极管不通。

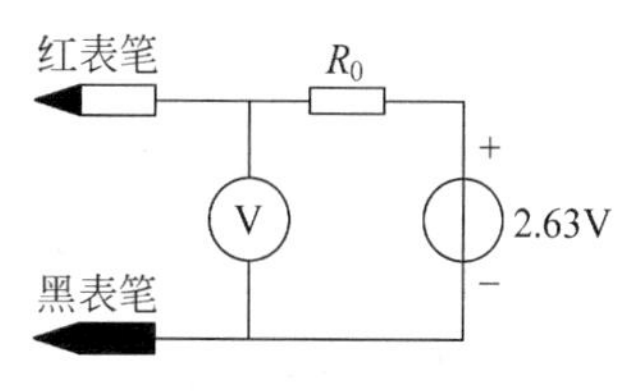

图1-1-5 数字表测PN结挡位的电路模型

数字表用通过测量二极管导通电压的手段来实现极性与好坏的判断,更具有工程实用价值。这是因为二极管在导通状态下等效为一个恒压源,测得该等效电压的大小即可以知道是硅管还是锗管,还可以为设计二极管电路提供导通电压数据,而指针表测得的静态电阻不是一个常数,并不具有代表性,仅仅可供作为通断状态的判断使用(注:数字表在测量电阻和PN结时,红表笔带正电压,黑表笔带负电压)。

4. 实验设备与器件

(1) 指针式万用表和数字式万用表各一块。

(2) 普通硅整流二极管,稳压二极管5V1、发光二极管各一只。

5. 实验内容与步骤

5.1 用指针式万用表测试二极管的极性和好坏

5.1.1 *要点概述*

该部分原理介绍请参见本实验3.2。其核心是利用二极管正反向电阻的巨大差异,来识别二极管的极性。

5.1.2 *实验步骤*

(1) 将指针式万用表量程置于R×100Ω挡,将二极管的一端做个标记(可将该端引脚弯个钩,或记住二极管外部的某个标识特征,通常二极管的负极是用一条横线或圆点来标识的)。

(2) 将红表笔接在二极管的标记端上,黑表笔接另一端,将测量阻值记录于表1-1-1中相应处。

(3) 将红黑表笔对调,再次测量二极管的阻值,将数据记录于表1-1-1中相应处。

(4) 将万用表的量程置于R×1kΩ挡,重复上述过程,将结果记录于表1-1-1中相应处。

表 1-1-1　用指针表测试二极管(1N4148)的测量数据及分析

项　　目	R×100Ω 挡测量的阻值	R×1kΩ 挡测量的阻值
标记端接红表笔		
标记端接黑表笔		
测试数据分析		
标记端正负极的判断		
二极管正向导通的电阻值是否恒定		
* 参考图 1-1-4,从两个电阻挡位测量的电阻值来分析,哪一次二极管两端的电压更高一些		

5.2　用数字式万用表测量二极管的极性和好坏

5.2.1　要点概述

该部分原理介绍请参见本实验 3.3。其核心是数字表测 PN 结的挡位,是通过测量二极管导通电压来实现的。其示数表示二极管处于导通状态时的电压值,红表笔为正极;若示数为“1.”时,表示二极管不通,红表笔为负极。

5.2.2　实验步骤

(1) 将数字式万用表量程拨到测量 PN 结的专用挡位上。

(2) 将红表笔接在二极管的标记端,黑表笔接另一端,如果读数在 0.7V 左右或 0.2V 左右,则可以判断出红表笔接的是二极管正极,黑表笔接的是负极,前者是硅二极管,后者是锗二极管。

(3) 将红黑表笔对调测量,若万用表的示数和表笔开路时的示数一样,读数仍然是“1.”,说明此时的二极管呈开路状态,黑表笔接的是二极管正极,红表笔接的是负极,据此可判断二极管的极性和好坏。按上述方法,用数字表完成表 1-1-2 的测试数据。

表 1-1-2　用数字表测试二极管(1N4148)的测量数据

项　　目	数字表的示数	示数的含义
标记端接红表笔		
标记端接黑表笔		
标记端的极性判断		

5.3　用数字式万用表测试稳压二极管和发光二极管

参考本实验 5.2 的实验步骤,完成表 1-1-3 和表 1-1-4 要求的测试项目。

表 1-1-3　用数字表测试稳压二极管的测量数据

项　　目	数字表的示数	示数的含义
标记端接红表笔		
标记端接黑表笔		
测试数据分析		
稳压二极管与普通二极管的正向导通电压有何区别		

表 1-1-4　用数字表测试发光二极管的测量数据

项　　目	数字表的示数	示数的含义
标记端接红表笔		
标记端接黑表笔		
测试数据分析		
标记端的极性		
发光二极管的导通电压		

6. 预习思考题

(1) 二极管的 P 型区定义为正极还是负极? 二极管是线性器件还是非线性器件? 电阻是线性器件还是非线性器件?

(2) 反向电流是指从哪个极流入的电流?

(3) 线性器件的伏安曲线有什么特征? 硅管的死区电压是几伏? 锗管呢?

(4) 硅二极管导通时,等效模型是什么? 为什么?

(5) 二极管的基本特性是什么?

(6) 用欧姆表测二极管的极性与好坏利用了二极管的什么特性?

(7) 二极管在导通状态下可等效为一个电压源,也可以等效为一个电阻,两者是什么关系?(提高题)

(8) 静态电阻是怎样定义的? 二极管的静态电阻是不是常数?

(9) 万用表置于欧姆挡时,端口上为什么会有开路电压? 置于电压挡时会有吗?

(10) 指针式欧姆表的电路模型有哪几部分? 各自作用如何?(提高题)

(11) 二极管静态电流越大,它的端口电压就越大吗? 借助二极管伏安曲线,分析二极管静态电流变大后,静态电阻将怎样变化?

(12) 指针式万用表测电阻时,红表笔带正电还是负电?

(13) 数字式万用表测电阻时,端口电压大小特点是什么? 可以用它测二极管极性吗?

(14) 数字表测二极管应置于什么挡位? 红表笔带什么极性电压?

(15) 数字表在测二极管挡位时,红黑表笔间测得的是什么物理量?

(16) 若数字表测二极管时,示数为“0.68”,请问含义是什么? 黑表笔接的是二极管的什么极?

(17) 用数字表和指针表测二极管的极性,哪个示数更有工程实际意义? 为什么?

实验 1-2　二极管伏安特性曲线的测试

1. 实验项目

(1) 测试普通二极管 1N4148 的伏安(V-A)特性曲线。

(2) 测试稳压二极管 5V1 的伏安(V-A)特性曲线。

(3) 测试发光二极管的伏安(V-A)特性曲线。

2. 实验目的

(1) 掌握测试电路端口 V-A 特性的基本方法,并得到实测的普通二极管、稳压二极管及发光二极管 V-A 特性曲线数据。

(2) 利用实测的 V-A 特性曲线数据,计算二极管在不同的电流下所表现出不同的静态电阻值和动态电阻值;加深对非线性器件所特有的静态电阻和动态电阻概念的了解。

(3) 了解稳压二极管在反向击穿区其动态电阻的特点,并会正确利用。

(4) 了解发光二极管的伏安特性,掌握发光二极管电路的设计方法。

3. 实验原理

3.1　关于伏安曲线及测试

对任何一个电路或器件,它的端口电压和电流的函数关系($i=f(u)$)是人们最为关心的问题,但在很多工程应用中,更多的是用电压和电流构成的二维坐标曲线来描述,它的优点是容易获得、表述直观。

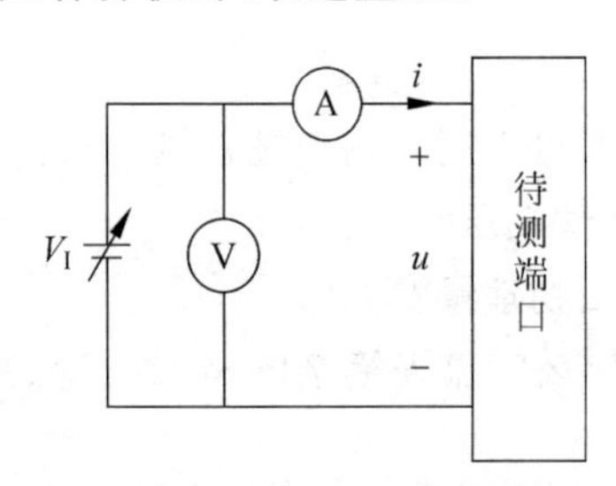

图 1-2-1　测试伏安曲线的一般原理图

获得某个电路或器件伏安曲线的测试电路如图 1-2-1 所示,右边的方框既可以是由若干个元件组成的电路的端口,也可以是单个器件的两端,V 是测量端口电压的电压表,A 是测量端口电流的电流表,V_I 是给端口供电的可调电压源。通过调节 V_I,在得到各种端口电压 u 的同时,记录下对应的电流 i,把这些离散的数据点描绘在由端口电压 u 和端口电流 i 构成的二维平面坐标上,再把这些点连接成曲线,便得到该端口的伏安曲线。

3.2　限流电阻及作用

图 1-2-1 只是对测量端口伏安曲线的测试电路原理性的说明,它在实际测试中存在重要缺陷。以图 1-2-2 所示的二极管伏安曲线为例,当二极管具有一定的正向电流时,它的端口电压 u 基本恒定为 0.7V,在测试二极管的伏安特性时,图 1-2-1 的电路就会等效为图 1-2-3 所示电路,在 V_I 大于 0.7V 的情况下,回路电流 i 就会无穷大,将造成设备或器件的损毁。

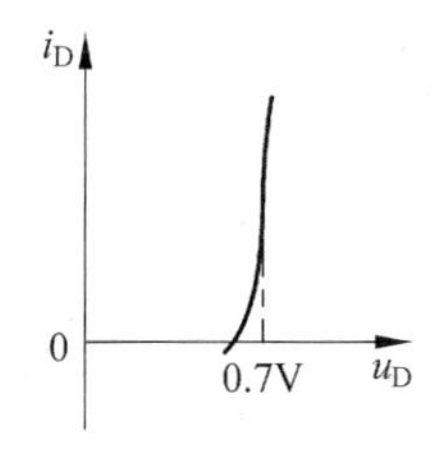

图 1-2-2 二极管的伏安曲线

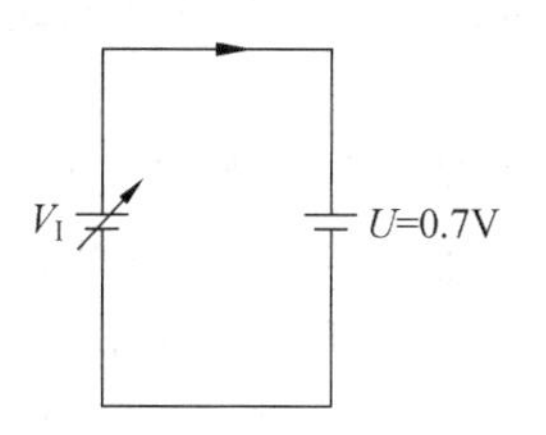

图 1-2-3 端口电压恒定时的等效电路

为了防止此类危险的发生，需要如图 1-2-4 所示在电源输出端上串接一个限流电阻 R。仍以测量二极管伏安特性为例，当端口电压 $u=0.7\text{V}$ 且 $V_I>0.7\text{V}$ 时，由图 1-2-4 所示的电路结构可知，端口电流 i 的表达式为

$$i=\frac{V_I-u}{R}=\frac{V_I-0.7V}{R} \tag{1-2-1}$$

由此可见，由于回路中串入了电阻 R，使回路电流的大小成为可控，避免了回路没有限流电阻($R=0$)时，电流 i 趋于无穷大的危险。

需要注意的是，在接入限流电阻后，测量的电压必须是端口上的电压，而不是电压 V_I，即图 1-2-4 中电压表的正极不能接在限流电阻的左端。

3.3 逐点测量法

表 1-2-1(见本实验 5.1)是用逐点测量法完成测试二极管伏安特性数据的一个实例，图 1-2-5 是完成这个测试的实际电路，V_{DD}是测试二极管伏安特性所加的外部电源，电压表的左端连接 M_3 时是测量二极管的电压 V_D，连接 M_2 时是测量电阻上电压 V_R，以得到二极管的电流 I_D($I_D=V_R/R$)。在 V_{DD}由 0V 向某额定电压值增加的过程中，通过多次测量二极管两端所得的电压 V_D 和与之对应的二极管电流 I_D 并予以记录，便可绘制出二极管的 V-A 特性曲线(注：二极管电流 I_D，是通过测量限流电阻 R 上的电压 V_R，再除以限流电阻的阻值得到的。这样做的好处有三：一是可避免数字表在测量电压和电流挡位之间反复转换及反复断开电路测量电流的麻烦；二是可防止数字表在测电流挡位时去误测电压源，造成烧坏电流表的情况；三是起到了限流电阻的作用，保证了回路的安全)。

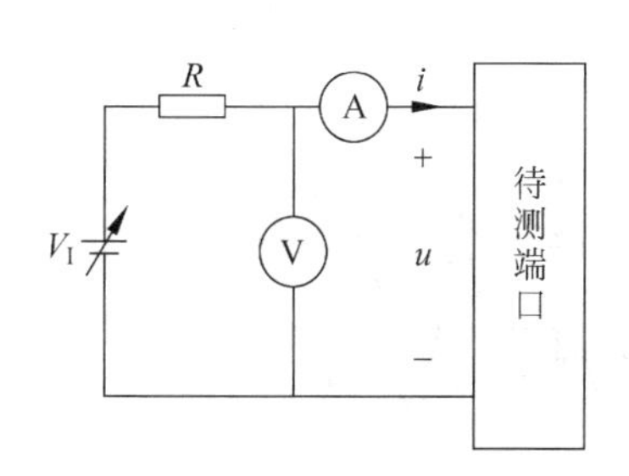

图 1-2-4 接入限流电阻的伏安特性测试电路

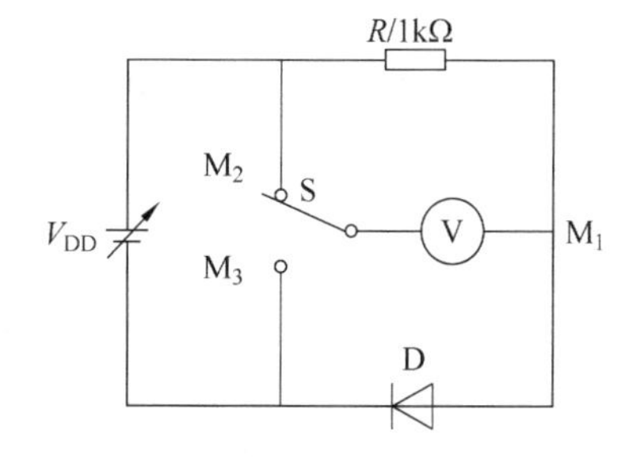

图 1-2-5 测量二极管的反向伏安特性

将图 1-2-5 中的电压源 V_{DD}或二极管 D 反接，使二极管得到反向电压，便可进行二极管反向伏安特性的测试。

3.4 扫描测量法

除上述介绍的逐点测量法之外，还可利用示波器的 X-Y 模式和外加三角波电压，用扫描测试法来完成二极管伏安特性测量。扫描测量法的好处是：整个测试过程自动完成，数据没有断点。逐点测量法测量的是静态响应，扫描法测的是动态响应。

我们知道示波器在实现它的基本功能——观察被测电压的波形时，是研究随着时间的进程电压幅值大小变化的规律，示波器的横轴（X 轴）是用来显示时间参数的，这是靠给 X 轴偏转系统加了如图 1-2-6 所示的电压值随时间的进程从最小值到最大值均匀增加的锯齿波周期电压 u_X 来实现的（由于锯齿波电压作用在 X 轴偏转系统上，使显示器的扫描光点随着 u_X 的增加产生自左至右的匀速移动，代表时间均匀增加）。而在扫描测量法的实验中，所使用的示波器 X-Y 模式，却是把 X 轴偏转系统所连接的锯齿波电压断开，改为和 Y 轴一样，也用来连接外部电路的某一被测电压信号。这样一来，显示器光点在 X 轴上的位置就不再是代表时间，而是代表 X 轴连接的电压的大小。

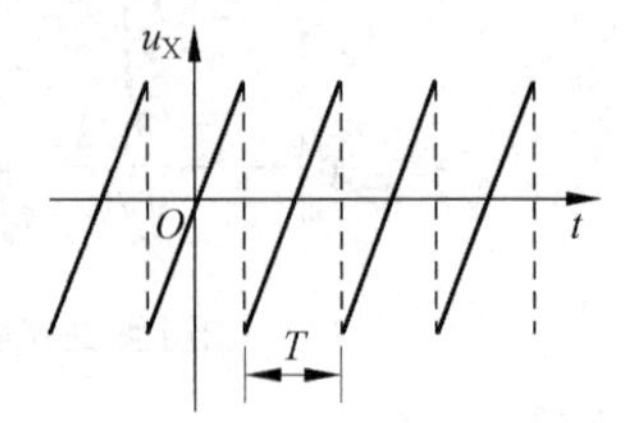

图 1-2-6　锯齿波电压波形图

如果 Y 轴测量的电压是 X 轴电压的函数，那么就可以在示波器上观察出 X 轴电压变化后，对应 Y 轴电压的响应函数值变化量的多少。若 X 轴变量在某个取值范围内做周期性连续变化，Y 轴的响应电压函数值也会随之呈现周期性的连续变化，这样在显示器 X-Y 轴构成的平面上，就会连续稳定地显示出相应的函数曲线。

图 1-2-7(a)给出了用示波器 X-Y 模式测量二极管 V-A 特性的电路连线示意图。其中 u_i 是如图 1-2-7(b)所示的三角波电压信号，作用是替代图 1-2-5 中需人工调节的电压 V_{DD}，为二极管和电阻相串联的电路提供由 -10V～$+10$V 自动连续变化的端口电压。示波器的 X 轴信号探头（CH1 测量通道）连接在二极管两端，这样在水平轴上显示的就是二极管的电压；Y 轴信号探头（CH2 测量通道）连接限流电阻两端，测量电阻上的电压 u_R。由于 u_R 的大小与电阻电流的大小（也即二极管电流的大小）成正比，所以 Y 轴显示的即是二极管电流的大小。

在连线时需要特别注意的是：①由于示波器两个信号探头的负极（黑颜色鱼夹）通过示波器机壳是彼此联通的，因此在做 X-Y 模式测试时，必须按图 1-2-7(a)所示方式，将两个探头的负极连接在同一个点上，任何其他连接形式均会造成短路。②可以看到在按图 1-2-7(a)连接时，二极管的电压和电流参考方向是非关联的，这可以通过设在 Y 轴上的极性转换开关加以转换，或者在画图时人为将其中的一个极性予以转换。

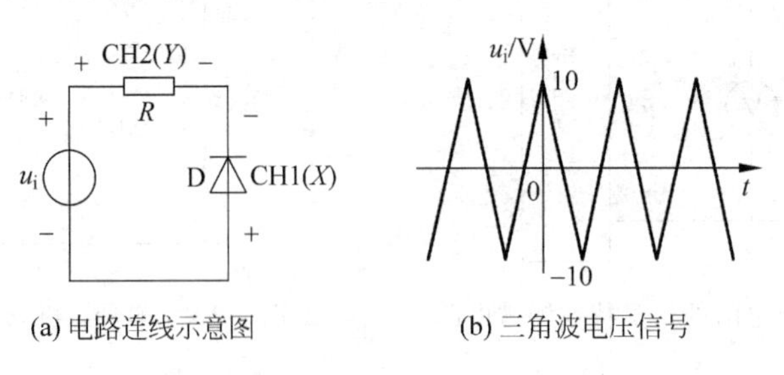

(a) 电路连线示意图　　(b) 三角波电压信号

图 1-2-7　用 X-Y 模式测量伏安曲线

3.5　关于静态（直流）电阻 r_D 和动态（交流）电阻 r_d

静态电阻用符号 r_D 表示，它是指某个器件或电路端口对固定的电压（即直流电压）所呈

现的阻抗，其定义为

$$r_D = V_D / I_D \tag{1-2-2}$$

其中，V_D 为端口上固定不变的电压，I_D 为对应的电流响应，静态电阻也被称为直流电阻。

动态电阻用符号 r_d 表示，它是指某个器件或电路端口对波动电压所呈现的阻抗，其定义为

$$r_d = \Delta u_D / \Delta i_D \tag{1-2-3}$$

其中，Δu_D 为端口上的波动电压，Δi_D 为由这个波动电压在端口上所产生的波动电流（见图 1-2-8），动态电阻也被称为交流电阻。当 Δu_D 足够小时，动态电阻 r_d 就是端口伏安曲线中某一点斜率的倒数（如 Q_1 点），而这个“点”，就是信号波动的原点，它可用一个直流电压来表示。例如，对于一个 u_D 在 0.6～0.7V 之间波动的二极管电压，还可以把它理解成是在图 1-2-9 所示的电路中，由一个 V'_{DD} 等于 0.65V 的直流电压源和一个幅值为 0.05V 的正弦波电压 u_s（u_s＝0.05sinωt（V））相串联所得。若 V'_{DD} 变为 0.55V，则二极管电压 u_D 的波动范围为 0.5～0.6V 之间，原点由 Q_1 下移到 Q_2，显然斜率变小，动态电阻 r_d 变大。

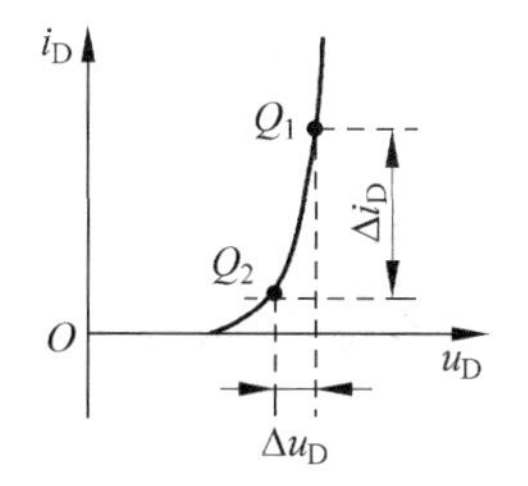

图 1-2-8 二极管动态电阻示意图

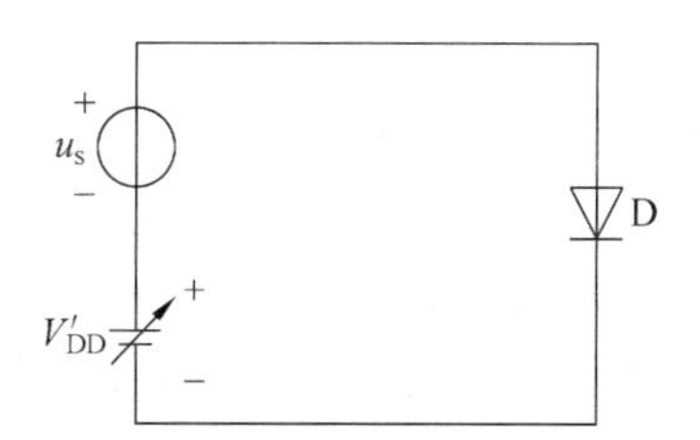

图 1-2-9 交直流叠加等效电路

由于 u_s 和 V'_{DD} 在电路中是串联连接，对于 V'_{DD}＝0.65V 的直流电压来说，u_s 的幅值 V_{sm}＝0.05V 相对显得很小，它的变化不足以引起二极管通断的变化，故称其为“小信号”。在表 1-2-1 中，二极管电压 u_D 等于 0.6V 和 0.7V 时的测试数据，可以看成是在 V'_{DD}＝0.65V 时，幅值为 0.05V 的小信号 u_s 分别为负的最大值和正的最大值的情况下测得的数据。根据定义，二极管对这个±0.05V 波动的小信号所表现出的交流阻抗 r_d 的计算式为

$$r_d = \frac{\Delta u_D}{\Delta i_D} = \frac{0.7\text{V} - 0.6\text{V}}{I_{D|V_D=0.7\text{V}} - I_{D|V_D=0.6\text{V}}}$$

注：$I_{D|V_D=0.6\text{V}}$ 的含义是指当 V_D＝0.6V 时对应的电流值 I_D。

V_D＝0.65V 的这个点，相当于在 u_s＝0 时，完全由直流电压源 V'_{DD} 提供的电压值，被称为静态工作点，即我们通常所说的 Q 点。在含有交流信号的电路中，Q 点就是指单纯由直流电源在电路上产生的直流电压或直流电流参数的数值，Q 点是信号波动的原点，即 u_s＝0V 时电路中电压或电流的值。

4. 实验设备与器件

（1）0～30V 连续可调直流稳压电源一台。

（2）数字万用表一块。

（3）普通整流二极管 1N4148，稳压二极管 5V1，红、黄发光二极管及 1kΩ/0.25W 限流电阻各一只。

5. 实验项目与步骤

5.1　用逐点法测二极管 1N4148 的 V-A 特性

5.1.1　要点概述

该部分原理介绍请参见本实验 3.1～3.3 部分。测试表 1-2-1 数据的操作要点是：在图 1-2-5 电路中，通过调节 V_{DD}，使二极管两端电压达到第一行要求的各项数值，并通过测试电阻 R 的电压换算出电阻上的电流值(即二极管电流)，填入对应的表格中。

5.1.2　实验步骤

(1) 按图 1-2-5 所示线路连接二极管 1N4148(注：为安全起见，连接线路前应先将可调直流电压源 V_{DD} 调至 0V)。

(2) 将数字万用表置于测直流电压挡位，红表笔固定连接于线路中的 M_1 点。将黑表笔连接 M_3 端(测量二极管正向电压 V_D)，调节直流电压源 V_{DD} 由 0V 缓慢增大，同时监视数字表上二极管电压 V_D 的示数。当 V_D 等于表 1-2-1 第一行中要求的第一个正向电压数值 0.1V 时停止调节 V_{DD}，将黑表笔移至 M_2 点，测量此时对应的 V_R 数值，除以 1kΩ 电阻值后换算出二极管电流值，记录于表 1-2-1 中相应处。

(3) 重复步骤(2)的方法，逐一完成表 1-2-1 中从 $V_D=0V$ 到 $I_D=10mA$ 的测试数据。

(4) 将 V_{DD} 调至 0V，调换二极管或 V_{DD} 的极性，重复前面步骤，完成表 1-2-1 中 V_{DD} 从 0V 到 −20V 的测试二极管反向特性的数据。

表 1-2-1　普通二极管 1N4148 的 V-A 特性测试数据及分析

V_D/V	−20	−15	−10	−5	0	0.1	0.2	0.3	0.4	0.45	0.5	0.55	0.6	0.65	0.70	
I_D/mA																10

测试数据分析	
根据本表测试数据，请在右侧画出对应的二极管伏安曲线	
根据本表测试数据，请写出在静态点 Q_1 为 0.6V 时，二极管对±0.05V 的波动电压，表现的动态电阻 r_{d1} 的计算表达式和计算值，以及在静态点 Q_2 为 0.65V 时，二极管对±0.05V 的波动电压，表现的动态电阻 r_{D2} 的计算表达式和计算值	
根据本表测试数据，请写出二极管在静态点 Q_1 为 0.6V 时，表现的静态电阻 r_{D1} 的计算表达式和计算值，以及静态点 Q_2 为 0.65V 时，表现的静态电阻 r_{D2} 的计算表达式和计算值	
请结合二极管的特性曲线分析，静态电阻的大小与静态点的位置有何对应的关系？动态电阻的大小与静态点的位置有何对应的关系？就同一个静态点来说，静态电阻和动态电阻的大小有何关系	

5.2 稳压二极管 5V1 V-A 特性参数的测试

5.2.1 要点概述

稳压管在反向击穿区端电压变化很小,因此操作时应先确定反向电流,后测对应电压值。

5.2.2 实验步骤

将图 1-2-5 线路中 1N4148 二极管更换成稳压二极管 5V1,分别完成表 1-2-2 和表 1-2-3 要求的稳压二极管正反向伏安特性的相关数据的测试和记录。

表 1-2-2 稳压二极管的正向 V-A 特性数据及分析

V_Z/V	0	0.1	0.2	0.3	0.4	0.45	0.5	0.55	0.6	0.7	
I_Z/mA											10

表 1-2-3 稳压二极管的反向 V-A 特性数据及分析

V_Z/V	0	−2	−4							
I_Z/mA				−2	−4	−6	−8	−10	−12	−14	−16

测试数据分析	
根据测试数据,指出该稳压管的稳压值是多少伏	
请计算在静态电流分别为 6mA 和 12mA 条件下,对 ±4mA 的波动电流来说,稳压管的动态电阻 r_z 分别是多少	
请分析对提高电压稳定度来说,哪个静态点更好,对降低管耗来说哪个静态点更好	

5.3 发光二极管伏安特性的测试

5.3.1 要点概述

在测量有正向电流状态时,因微小电压变化将引起较大的电流变化,因此操作时应先确定正向电流值,后测对应电压值。

5.3.2 实验步骤

(1) 将图 1-2-5 线路中 1N4148 二极管分别更换成红色和黄色发光二极管。

(2) 参考前面两个实验的步骤和方法,完成表 1-2-4 的测试数据。

表 1-2-4 发光二极管 LED 的 V-A 特性测试数据及分析

红色 LED	V_{LED}/V	−10	−5	0	0.2	0.4	0.6	0.8	1.0	1.2	1.4	1.6				
	I_{LED}/mA												4	8	12	16
黄色 LED	V_{LED}/V	−10	−5	0	0.2	0.4	0.6	0.8	1.0	1.2	1.4	1.6				
	I_{LED}/mA												4	8	12	16

测试数据分析	
根据测试数据指出红色和黄色发光二极管的导通电压分别是多少伏	

续表

测试数据分析	
设计题： 设红色发光管的工作电流为10mA，用5V电压源供电。根据表1-2-4的测试数据，请在右边空格处画出一个由电阻和发光二极管构成的实用电路，指出电阻的作用，列出计算电阻的算式	

5.4　用扫描法测量稳压管5V1的伏安特性

5.4.1　要点概述

该部分原理介绍请参见本实验3.4。操作要点：①示波器必须置于X-Y模式；②激励源须用周期性正负连续变化的电压源。

5.4.2　实验步骤

(1) 将示波器置于X-Y模式，按图1-2-7(a)连接线路(CH1通道测二极管电压，CH2通道测限流电阻电压，注意示波器探头极性必须按图1-2-7(a)所示方法连接)。

(2) 激励源u_i峰峰值取$20V_{P-P}$三角波，频率100Hz。

(3) 反转Y通道的极性旋钮，调节X和Y通道的增益和位移旋钮至较适宜位置，将观测的伏安曲线记录在图1-2-10的坐标中。

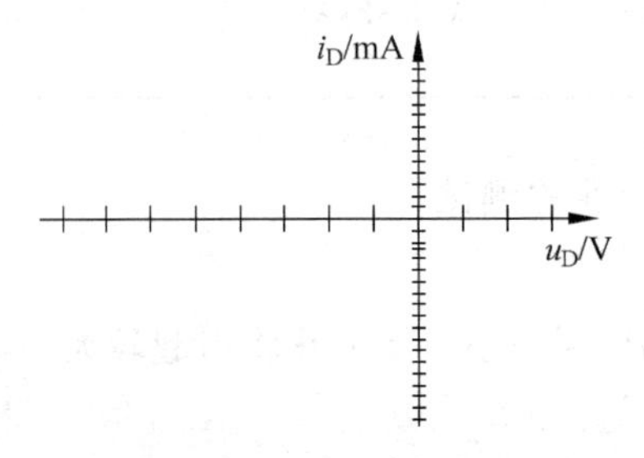

图1-2-10　伏安曲线测试记录图

6. 预习思考题

(1) 伏安特性曲线的二维坐标是由哪两个物理量构成的？

(2) 用曲线描述器件或电路端口伏安关系的好处是什么？

(3) 测试伏安曲线的电路由哪三个基本部分构成？

(4) 限流电阻的作用是什么？对于线性电路还需要限流电阻吗？

(5) 二极管在导通状态下，等效模型是什么？在激励源为0.8V时，若没有限流电阻，电流为多大？有限流电阻时，计算电流的表达式？

(6) 对于图1-2-4，若把电压表的正极接在限流电阻的左端行吗？请指出两者的差别。

(7) 对于图1-2-5，为什么说测电阻电压就相当于测二极管的电流了？

(8) 扫描测量法有哪两个优点？

(9) 本实验介绍的方法中，哪种是静态测试？哪种是动态测试？

(10) 在用示波器测量波形时，横轴表示的是什么参数？给横轴产生偏转的电压的波形是什么样？该电压的特点是什么？

(11) 示波器在 X-Y 模式下，横轴是反映时间参数还是被测电压大小？横轴偏转系统加的是什么信号？（提高题）

(12) 图 1-2-7(a)中，CH1(X)通道测量的是二极管电压，CH2(Y)通道测量的是二极管的什么参数？

(13) 在图 1-2-7(a)中，CH1 和 CH2 的负极为什么要在同一个点？如果把 CH1 的正负极颠倒，会把什么器件短路？

(14) 在图 1-2-7(a)中，二极管的电压和电流的参考方向是否关联，如果你认为是非关联，应怎样使其变成关联，而又不会造成器件短路？

(15) 在图 1-2-7(a)中，若激励源 u_i 是一个直流电压，在示波器上看到的现象如何？（提高题）

(16) 静态电阻是怎样定义的？在二极管伏安曲线上，给出一个静态参数 Q_1 可以求出静态（直流）电阻吗？

(17) 动态电阻是怎样定义的？在逐点测量法中，只测得一个静态参数 Q_1 可以求出动态（交流）电阻吗？

(18) 请在二极管伏安曲线上，画出在某个静态点上，代表直流电导和交流电导的直线。（提高题）

(19) 请根据二极管正向特性曲线图形，判断以下说法是否正确。（提高题）

① 二极管的动态电阻 r_d 总是小于静态电阻 r_D。

② 二极管的静态电流（静态工作点）增加后，静态电阻 r_D 将会减小。

③ 二极管的静态电流（静态工作点）增加后，动态电阻 r_d 将会减小。

(20) 请绘出一个伏安曲线图形，使(19)题的三个结论全部相反。（提高题）

实验 1-3　二极管对动态(交流)小信号响应的实验

1. 实验项目

观察二极管在直流电源作用下,对动态(交流)小信号响应的控制作用。

2. 实验目的

观察通过改变二极管中的直流电流(或电压)的大小(即改变静态工作点 Q),来达到改变二极管对动态小信号所表现的电阻(动态电阻)大小的作用,了解非线性器件对动态信号响应大小与静态参数设置之间的关系,掌握如何使用非线性器件,了解通信设备实现增益控制的方法之一。

3. 实验原理

3.1　二极管传递交流小信号典型电路介绍

因为二极管是非线性器件,所以分析二极管对动态小信号的响应,与分析一般非线性器件对动态小信号的响应有着相同之处,即系统对动态小信号响应的大小,与动态信号波动的原点位置有关,也就是说与系统的静态工作点有关。这里所说的小信号,是指动态信号在二极管上产生的电压或电流的波动幅度远小于直流电压或电流在二极管上产生的数值。

在图 1-3-1 的电路中,u_s 是一个幅值为 250mV 的正弦波,而二极管的导通开启电压是 500mV,本实验研究的目标是如何能让峰峰值电压小于二极管开启电压的信号传递到负载 R_L 上去。

为了实现这一任务,我们需要一个直流电压 V_{DD}的帮助,图 1-3-2 给出了一个利用直流电压源解决这一问题的具体电路。

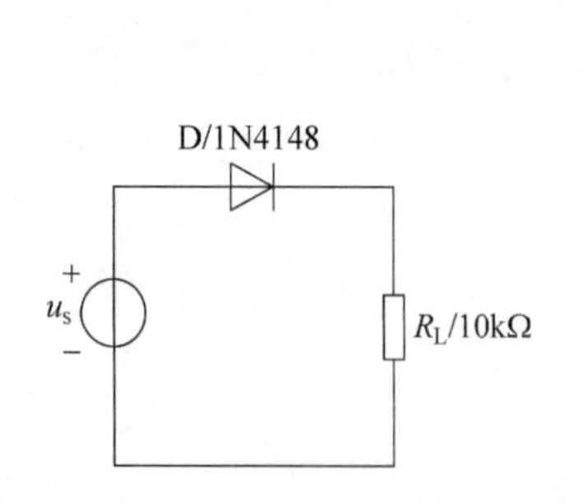

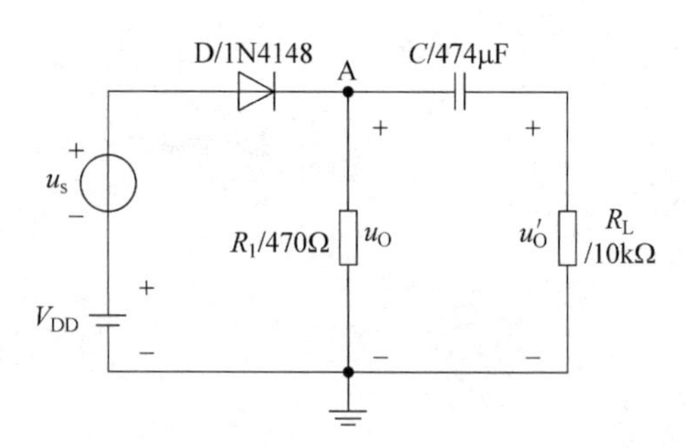

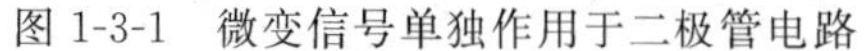
图 1-3-1　微变信号单独作用于二极管电路　　　图 1-3-2　叠加静态电压的二极管电路

在图 1-3-2 中,V_{DD}是一个数值相对较大的直流电压,如令 $V_{DD}=5$V,它的作用是使二极管产生一个直流电流(静态电流)I_D,使二极管处于导通状态。由于电容具有隔直作用,直流通路是由左边的回路构成的。在实验 1-2 中我们已经知道,对于二极管的 V-A 特性曲线,如果 Q 点处于上翘的部分时,其动态电阻会变得很小,即对一个小的波动信号呈现很小的电阻，在这种情况下，u_s 这个小信号就可以"乘势"畅通无阻地通过二极管，即在 A 点可以得到小信号 u_s。但是我们通过分析或实验测试可以发现，此时二极管在 $V_{DD}=5V$ 这个直流大信号的作用下，接近于一个完全闭合的开关，这样在电阻 R_l 上得到的电压表达式为

$$u_O = V_{DD} + 0.25\sin\omega t \tag{1-3-1}$$

在这个表达式中，我们可以看到 u_O 并不只是我们原来想要得到的 $u_s=0.25\sin\omega t$ 的信号，而且还多了一个直流电压 V_{DD}。为了消除这个直流电压 V_{DD}，我们在负载 R_L 上串联一个"耦合电容"C，利用电容有隔离直流分量通过交流分量的作用，我们便可以在负载 R_L 上得到需要的纯交流小信号 u'_O 了。

至于在本电路中，对于小信号究竟应该把二极管 D 当成什么模型，这完全取决于 V_{DD} 的大小，在 V_{DD} 很小时(0.5V 以下)，二极管没有直流电流，静态工作点处于图 1-3-3 二极管伏安曲线的水平部(*A*-*B* 段)，二极管对于小信号就相当于一个被断开的开关；而当 V_{DD} 较大，二极管已经有较大的直流电流通过时，静态工作点处于伏安曲线的陡峭部分(图 1-3-3 中的 *C*-*D* 段)，它对小信号就基本上可以看成是一根导线了；当二极管的直流电流介于这两者之间时，静态工作点处于伏安曲线由水平部分向陡峭部分过渡阶段(图 1-3-3 中的 *B*-*C* 段)，二极管就相当于一个有着一定阻值的电阻 r_d。在静态工作点由 B 向 C 变化过程中，二极管对小信号表现的电阻 r_d 将会逐渐减小。

3.2　示波器测量交直流电压的原理

电路中有些信号是交直流叠加在一起的，其中既有直流分量又有交流分量。在用示波器测量这类信号时，有时只需要观察交流分量，不需要信号中的直流分量，甚至必须去除掉其中的直流分量；有时又需要关注直流分量的大小；还有时需要很方便地将示波器的输入端接地，以便于在屏幕上确定地电位的位置。解决上述问题是通过一个叫"输入信号模式转换电路"来实现的，其电路原理图如图 1-3-4 所示。当模式转换开关置于 DC 位置时，被测信号的直流分量和交流分量均可以直接经过开关传送到示波器内部；当模式转换开关置于 GND 位置时，输入信号被断开，示波器内部得到的是接地信号，屏幕上显示一根平直的扫描线，其位置代表零电平的位置，可以通过调节扫描线上下位移的旋钮，将该零电平线调节到你所期望的位置上，这样在测量信号时，该位置就可以代表零电压位置了；当模式转换开关置于 AC 模式时，被测信号是经过电容送达示波器内部，由于电容有隔直通交的作用，所以信号中的交流分量可以经过该电容送达示波器内部，而直流电压分量则被完全隔离。所以，在分别用交流模式 AC 和直流模式 DC 观察交直流叠加在一起的波形时，可以看到当测量模式转换开关由 AC 转换到 DC 模式时，显示波形的位置较原来 AC 时产生了一个跳跃，跳跃这部分电压就是新增加的直流电压分量的大小。

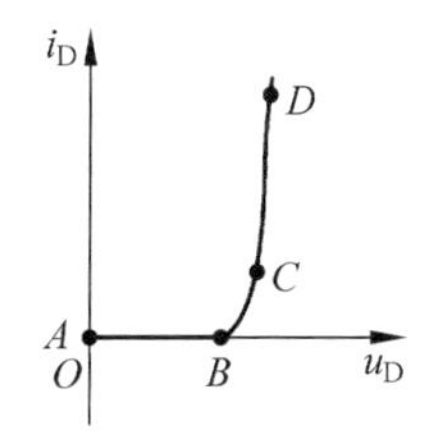

图 1-3-3　静态参数处于曲线 *A*-*B*-*C*-*D* 段，对 r_d 的影响

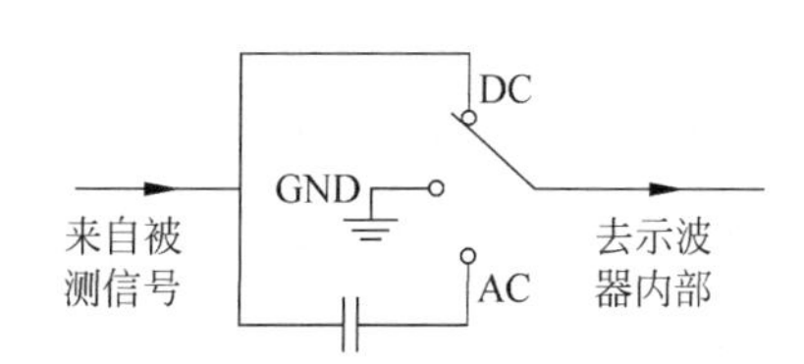

图 1-3-4　信号模式转换电路原理图

3.3　术语介绍

对于图 1-3-5(a)所示的正弦波电压，因为它的平均值为零，所以是一个纯粹的交流信号；如果在该信号上叠加一个直流电压，使其位置发生上下位移，便得到如图 1-3-5(b)所示的交直流叠加在一起的电压信号。根据分析问题的目的不同，在对该电压信号测量时，一般会有以下几种测量要求。

(1) 测量波峰电压：指电压波动的最高点对地之间的电压。

(2) 测量波谷电压：指电压波动的最低点对地之间的电压。

(3) 测量峰峰值电压：指电压波动的最高点与最低点之间的电压差，它反映了信号幅度大小，研究信号幅度的大小是本门课程中最为关心的问题。

(4) 测量波动信号中的直流电压分量：因为图 1-3-5(b)所示的电压波形是由直流和交流两种信号叠加起来的，其中既含有直流电压分量，又含有交流电压分量。所谓测直流电压分量，就是指仅仅测量该波动电压的直流电压分量，而将交流分量滤除掉。操作方法是：先用示波器交流挡观察并记住信号波峰或波谷的位置，然后将测量模式开关转换到直流挡，观察信号由原位置跳变到新位置之间电压差的大小，该电压差就是直流电压分量的大小。

对于交流分量的频率不是太高(一般在几千赫兹以下)的交直流叠加信号，测量其中直流分量的另一种方法是，利用万用表的直流电压挡直接测量(注意：通常不可用万用表的交流挡测量交流电压的大小，50Hz 正弦波除外)。

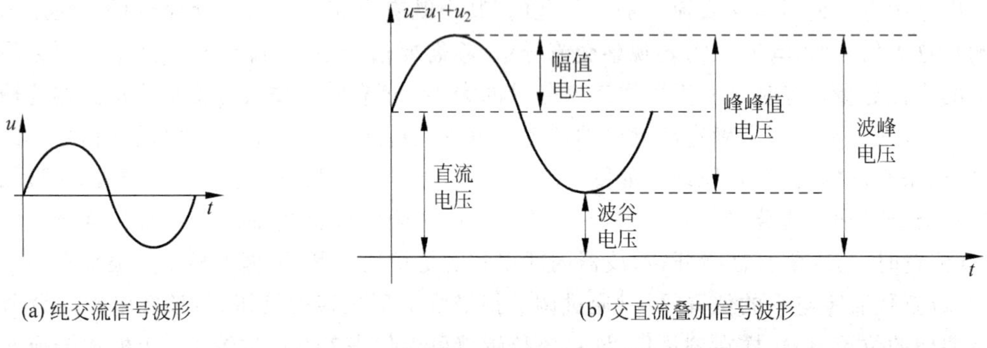

(a) 纯交流信号波形　　(b) 交直流叠加信号波形

图 1-3-5　电压波形位置与交直流分量关系

4. 实验设备与仪器

(1) 示波器一台。

(2) 信号发生器一台。

(3) 直流稳压电源一台。

(4) 数字万用表一块。

(5) 二极管、电阻、电容若干。

5. 实验项目与步骤

5.1　观察二极管在无直流电流(直流偏置为零)情况下，对小信号呈开路状态的现象

(1) 按图 1-3-2 连线。

(2) 信号 u_s 参数：1kHz 正弦波，峰峰值电压 500mV。直流电源参数：$V_{DD}=0V$。

(3) 仪器设置：示波器置双踪/直流模式，CH1 接电阻 R 两端(u_O)，CH2 接负载 R_L 两端(u_O')。

(4) 观察 u_O 和 u_O'的波形，将波形画在表 1-3-1 中相应处(由于二极管此时无静态电流，其工作点处于伏安曲线的水平段区间，动态电阻 r_d 趋于无穷大，故观察 u_O 和 u_O'的波形应均为零伏)。

5.2　观察二极管在较大的直流电流(直流偏置)情况下，对小信号的响应情况

(1) 调整直流稳压电源的输出电压，使 $V_{DD}=5V$，保持线路其他参数不变。

(2) 观察示波器的波形(注意：先将 CH1 和 CH2 的信号模式开关置于 GND 位置，调节它们的零电位扫描线，使其在同一位置上，然后再将它们的信号模式开关转回到 DC 位置上)。观察 u_O 和 u_O'的波形(尤其注意波峰和波谷对地的电压值)，并将波形画在表 1-3-1 中相应处。若用示波器不易观察到 u_O 的波峰电压和波谷电压值，可先用直流电压表测出 u_O 的直流电压分量，再用 CH1 的交流模式测出 u_O 的波幅，画波形时再将它们叠加起来。

(3) 将电阻 R_1 断开后，观察 u_O 和 u_O'的波形信号发生了怎样的变化，将其结果记录在表 1-3-1 中相应处，然后恢复电阻 R_1 的连接。

表 1-3-1　静态工作点对信号传输的影响

项　目	u_O	u_O'
$V_{DD}=0V$ 时的波形		
请指出 u_O 和 u_O'等于零的原因：		
$V_{DD}=5V$ 时的波形		
请指出 u_O 和 u_O'的波峰电压、波谷电压、电压幅度及直流分量：		

续表

项　　目	u_O	u'_O

$V_{DD}=5V$ 时的波形

请指出二极管此时是否处于导通状态？原因是什么

请参考 u_O 和 u'_O 的波形及参数，分析电容器 C 两端的电压是多少？哪边电压高？该电压是交流还是直流

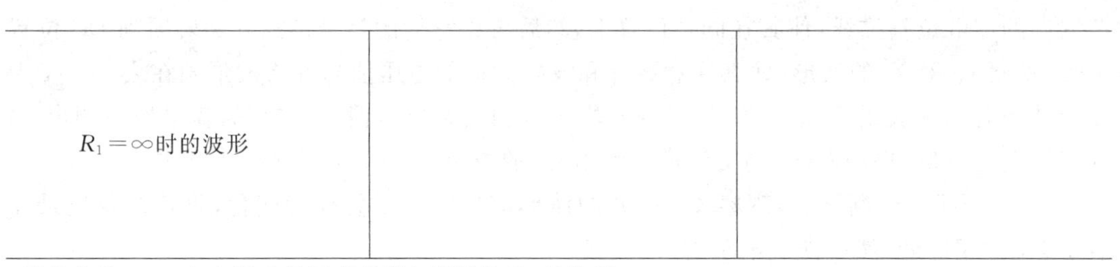

$R_1=\infty$时的波形

请指出 $R_1=\infty$时，电路中是否有直流电流以及 R_1 的作用

设二极管在该电路中的直流压降为 0.6V，请写出二极管直流电流的计算表达式并计算其大小

5.3　观察二极管在 Q 点降低呈弱导通状态下对小信号表现出一个等效电阻特性的实验

保持实验线路不变，调节 V_{DD} 由 5V 逐渐减小，完成表 1-3-2 中间一行的各项测试内容。（随着 V_{DD} 的逐渐减小，二极管上流过的直流电流就会逐渐变小，它的静态工作点 Q 在伏安曲线上的位置就会逐渐下移，对应的斜率逐渐变小，这就意味着二极管对小信号的动态电阻 r_d 将会逐渐增大，信号源 u_s 在 R_1 上分得的电压就会逐渐变小）。

表 1-3-2　二极管对微变信号表现电阻特性与静态参数关系数据及分析

V_{DD}/V	5	4	3	2	1	0
u'_O/mV（测量值）						
r_d/Ω（计算值）						

在进行本实验 5.1 和 5.2 两个项目测量时，示波器的模式开关必须要置于 DC 挡；而在进行实验 5.3 项目测量时，因为是要观测信号的幅度，与直流分量无关，所以示波器的测量模式置于 AC 挡观测更为方便。

6. 预习思考题

（1）为什么在图 1-3-1 电路中，无法将峰峰值电压为 250mV 的正弦信号 u_s 送到电阻 R_1 上去？

(2) 在图 1-3-2 的电路中，直流电源 V_{DD} 的作用是什么？

(3) 在图 1-3-2 的电路中，电阻 R_1 的作用是什么？

(4) 在图 1-3-2 的电路中，电容 C 的作用是什么？

(5) 在图 1-3-3 的二极管伏安曲线的 A-B、B-C、C-D 三段中，哪一部分动态(交流)电阻最小？哪部分最大？

(6) 动态信号波动的原点和静态工作点 Q 之间是什么关系？

(7) 静态工作点 Q 的斜率和二极管对动态信号表现的电阻是什么关系？

(8) 示波器模式转换开关有几个挡位？名称是什么？

(9) 如果需要将示波器的零位线调到屏幕的最下一格，请问应如何操作？

(10) 模式转换开关置于 DC 和 AC 时，电路的差别是什么？

(11) 如果将示波器模式转换开关在 DC 和 AC 之间转换时，被测信号的上下位置没有发生变化，它的直流分量是多少？

(12) 对于图 1-3-2，说“A 点和地之间没有直流分量”对吗？为什么？说电阻 R_L 上没有直流分量对吗？为什么？

(13) 请画一个有交直流叠加的电压波形图，在图中分别指出波峰电压、波谷电压、电压幅度、直流电压(直流分量)的位置。

(14) 观察信号波峰电压时，示波器模式开关应置于 AC 还是 DC 位置？为什么？

(15) 观察信号幅度(峰峰值电压)时，示波器模式开关分别置于 AC 和 DC 位置时，测量值有差别吗？从便于准确观测的角度来说，置于哪个模式更好？为什么？

实验 1-4　大信号作用下的二极管模型分析

1. 实验项目

(1) 研究二极管对大信号等效电路的模型。
(2) 限幅及整流电路功能观察。

2. 实验目的

(1) 理解二极管在大信号作用下呈现开关特性的现象,掌握电路分析方法。
(2) 了解限幅及整流电路的作用和应用。

3. 实验原理

3.1　大信号作用下的二极管模型

所谓大信号就是指电压波动幅度的大小,足以决定二极管处于什么样的导通状态。而通常人们把二极管在大信号作用下的状态又归类为导通(相当于开关闭合)和截止(相当于开关断开)两种状态,因此也称为二极管在大信号作用下的"开关状态"。

大信号和小信号的区别是:大信号可以决定二极管处于导通或截止这两种状态中的哪一种;而小信号是二极管在某个状态条件基础上,该信号只能使二极管的电压发生微弱的波动,却改变不了二极管的导通状态。二极管对这个微弱波动电压产生响应电流的大小,取决于二极管处于什么样的状态(即静态)。

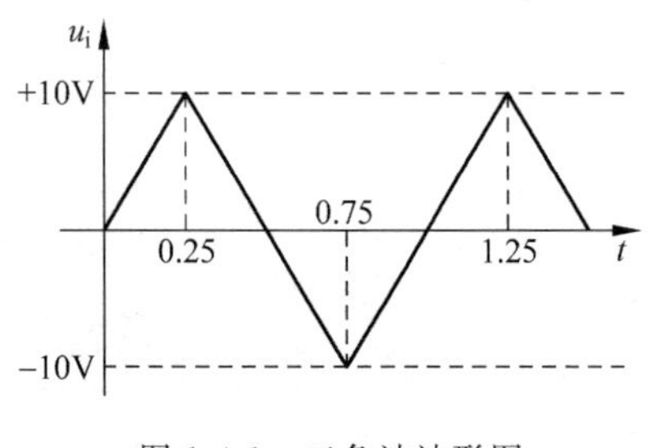

图 1-4-1　三角波波形图

在图 1-4-1 中,u_i 是一个幅度为 10V 的三角波电压,这一幅度足以影响二极管的通断状态,所以它是一个大信号。对于图 1-4-2(a)的二极管伏安曲线,如果我们把它近似成图 1-4-2(b)的折线的话,0.7V 是二极管在导通状态下电压的近似值,当二极管电压 $u_D \geqslant 0.7V$ 时便有电流;反过来讲,当二极管有电流时,二极管的电压就近似为 0.7V,此时二极管的工作状态处于折线的竖直段,其伏安特性相当于一个 0.7V 的电压源。而当二极管电压 $u_D < 0.7V$ 时,二极管的工作状态处于折线的水平段,相当于一个断开的开关。我们把图 1-4-2(b)所示的伏安关系称为二极管在大信号作用下的恒压降模型,其等效电路如图 1-4-2(c)所示。

当我们忽略二极管在导通状态下,两端存在的 0.7V 管压降的话,图 1-4-2(b)的伏安曲线就变成图 1-4-3 所示,它完全相当于一个开关,当给二极管提供正向电压时,二极管形成正向电流,相当于开关闭合,二极管端电压为零;当给二极管提供反向电压时,二极管不能形成电流,相当于开关断开,二极管端电压为外部所施加的负电压。

3.2　限幅电路功能及原理

限幅电路的作用是,当输入电压幅度过大对负载安全造成危险时,可以通过该电路,将输入电压过大的部分(波峰电压或波谷电压,或波峰及波谷电压),限制在某个设定的数值上;对于没有超出限定值的电压,则仍按输入电压的大小提供给负载器件,从而使负载上得到电压的范围控制在某个设定的安全范围之内。图1-4-4是一个正向限幅电路,由于u_i采用的是如图1-4-1所示的峰峰值电压为20V的三角波信号,其幅度远远大于二极管的导通电压(0.7V),足以控制二极管处于周期性的导通和截止状态,在这种情况下,可以用恒压降模型法(二极管等效为0.7V电压源和开关相串联电路)来分析,其等效电路如图1-4-5所示。当输入电压u_i小于$V_{DD}+0.7V$时,开关S呈开路状态,电阻R上电流为零,电压降为零,输出电压u_o等于输入电压u_i;当输入电压u_i大于或等于$V_{DD}+0.7V$时,开关S呈闭合状态,输出端相当连接在数值为$V_{DD}+0.7V$的恒压源上而不能再继续升高,多出的电压被电阻R分担掉,从而实现了对输入信号的峰值电压进行限幅的目的。

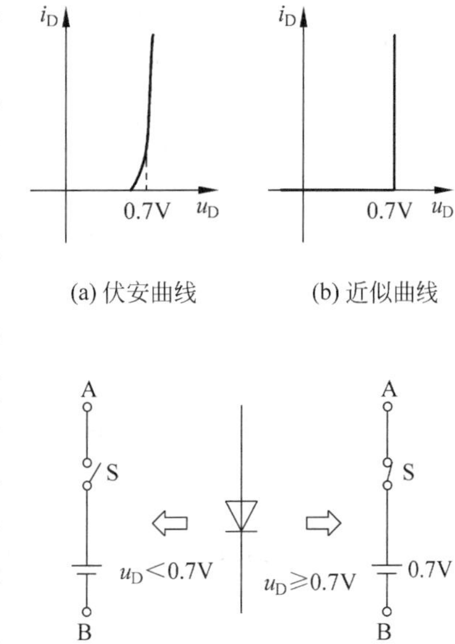

图1-4-2 二极管恒压降模型曲线

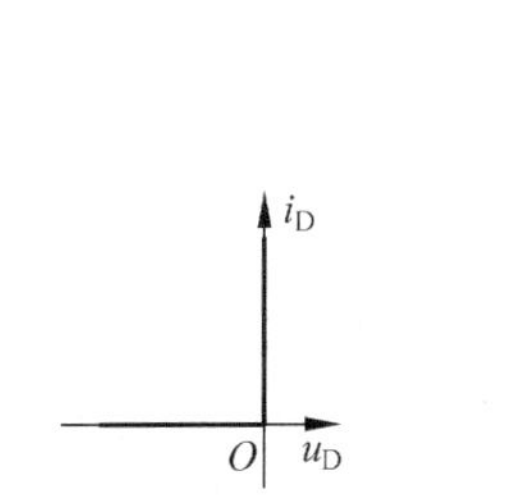

图1-4-3 二极管开关模型曲线

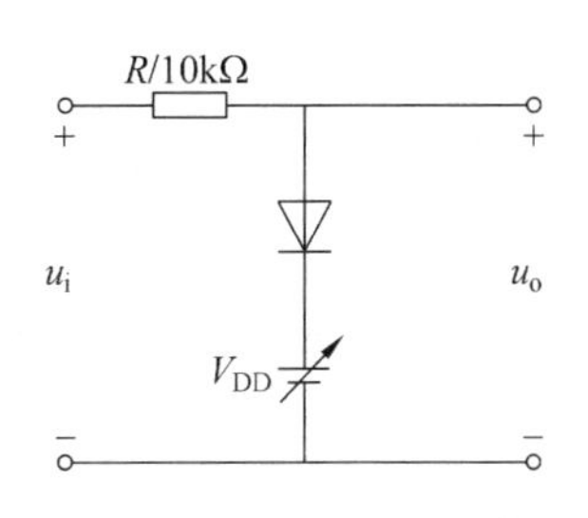

图1-4-4 正向限幅电路

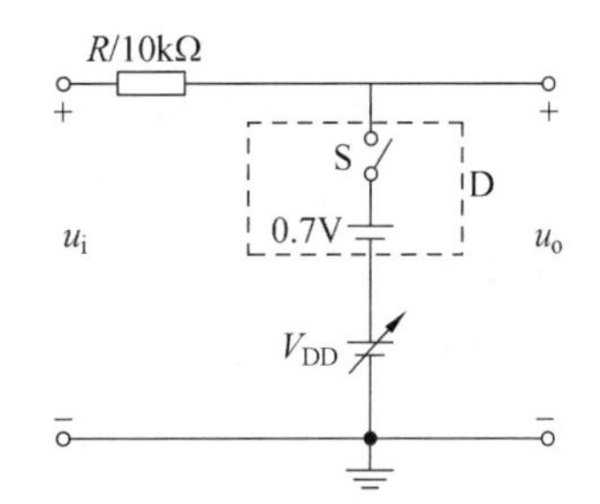

图1-4-5 正向限幅电路等效模型

3.3 整流电路功能及原理

整流电路的基本功能是把极性交替变换的电源,转换成单一极性的电源,它是把交流电转换成直流电的电路中必不可少的首要环节。整流电路根据要求不同有各种形式,最常见的有桥式整流、半波整流和全波整流,这些电路将在本书直流稳压电路中做专门介绍。本实验将对几个特殊功能的整流电路进行介绍。

3.3.1 倍压整流电路

顾名思义,倍压整流电路可将幅值为U的交流电压转换成电压值为$n*U$的直流电压,其n为自然数,由电路结构确定。

倍压整流电路原理图如图1-4-6(a)所示,其电源u_s如图1-4-6(b)。在$t_0\sim t_1$时段,对u_s、C_1、D_1回路,D_1在电压U的作用下相当于开关闭合,电容C_1充电后得电压U;在$t_1\sim t_2$时段,$u_s=0$,C_1在u_s、C_2、D_2构成的回路中给C_2充电,由于C_1、C_2是并联关系电压相等,且通常倍压整流电路各电容的容量相等,则C_2得到$U/2$大小的电压,但是在接下的几个信号周期内,C_1不断地将充得的电压U向C_2放电,C_2很快便得到与C_1相同的电压U。这样的过程在每个电容上都是相似的，因此在下边的分析中，我们把倍压整流电路中各电容上的电压均看作已经过多个回合充满电的数值。

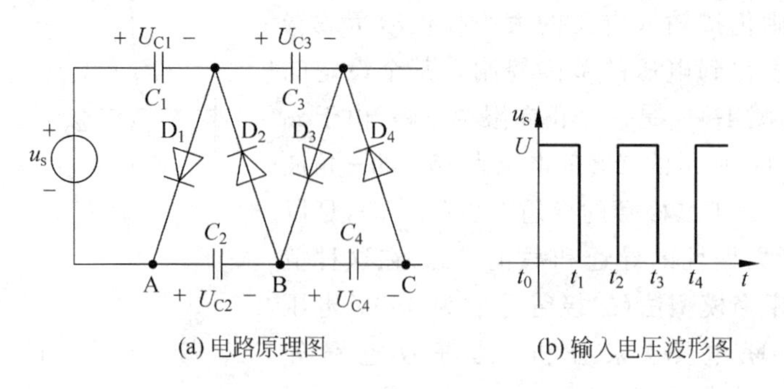

(a) 电路原理图　　(b) 输入电压波形图

图 1-4-6　倍压整流电路

在 $t_2 \sim t_3$ 时段，C_1、C_2 均已获得电压 U，对于 C_2、u_s、C_1、C_3、D_3 回路，D_3 处于导通状态，C_3 被充电至 C_2、u_s、C_1 三者串联后的电压 U；同理，在 $t_3 \sim t_4$ 时段，C_1、C_2、C_3 均已获得电压 U，对于 C_3、C_1、u_s、C_2、C_4、D_4 回路，D_4 处于导通状态，C_4 被充电至 C_3、C_1、u_s、C_2 四者串联后的电压 U。以此类推，经过若干周期后，每个电容都将得到电压值为 U 的充电电压。这样在 A、B 点之间可以得到电压 U，在 A、C 点之间便可以得到电压 $2U$，随着电路结构的延伸，便可以得到 $3U$，$4U$，$5U$，…的电压。

3.3.2　电源极性保护电路

就整流电路是将电源极性进行变换这样一个广义的定义而言，它还可以用于防止直流电源极性接反造成设备损坏的电路中。

对于图 1-4-7(a)，若输入电压 V_I 接反，二极管 D 承受反向电压，相当于开关断开，起到保护作用。该电路的缺点是，负载电流全部经过二极管，当 V_I 较低时，二极管导通电压占输入电压 V_I 比率较大，电压损失率较高、效率较低，因此它只适用于 V_I 较高的工作条件。对于图 1-4-7(b)，当 V_I 接反，二极管相当于短路，保险丝 F 承受短路电流后迅速熔断，起到保护作用。该电路的优点是正常供电时，主回路不受任何附加影响。缺点是：①保险丝的熔断速度必须足够快，否则会造成二极管或电源的损坏；②保护电路作用后电路不可自我恢复。

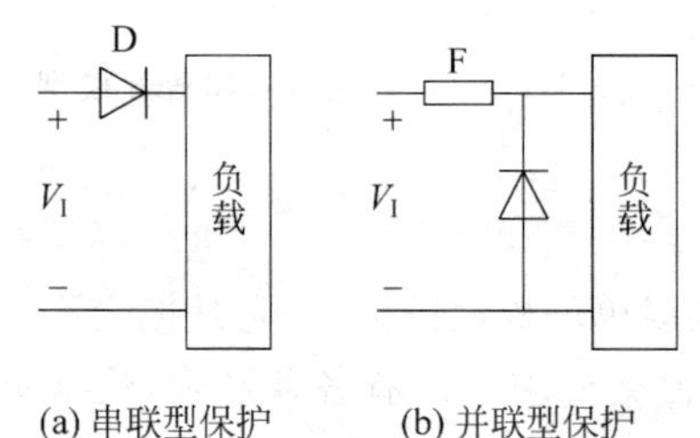

(a) 串联型保护　　(b) 并联型保护

图 1-4-7　电源极性保护电路

4. 实验设备与仪器

(1) 示波器一台。

(2) 信号发生器一台。

(3) 直流稳压电源一台。

(4) 数字万用表一块。

(5) 二极管、电阻、电容若干。

5. 实验项目与步骤

5.1 观察利用二极管在大信号作用下的恒压降模型构成的限幅电路功能

(1) 连接图 1-4-4 所示电路,信号源 u_i 取 1kHz、峰峰值电压 20V 的三角波。

(2) 调节直流稳压电源使 V_{DD} 为 3V。示波器置双踪/直流模式,CH1、CH2 分别接输入信号 u_i 和输出电压 u_o,将观察到的波形记录于表 1-4-1 相应处。

(3) 改变 V_{DD} 的电压值为 6V,将观察到的波形记录于表 1-4-1 相应处。

表 1-4-1 限幅电路测试记录表

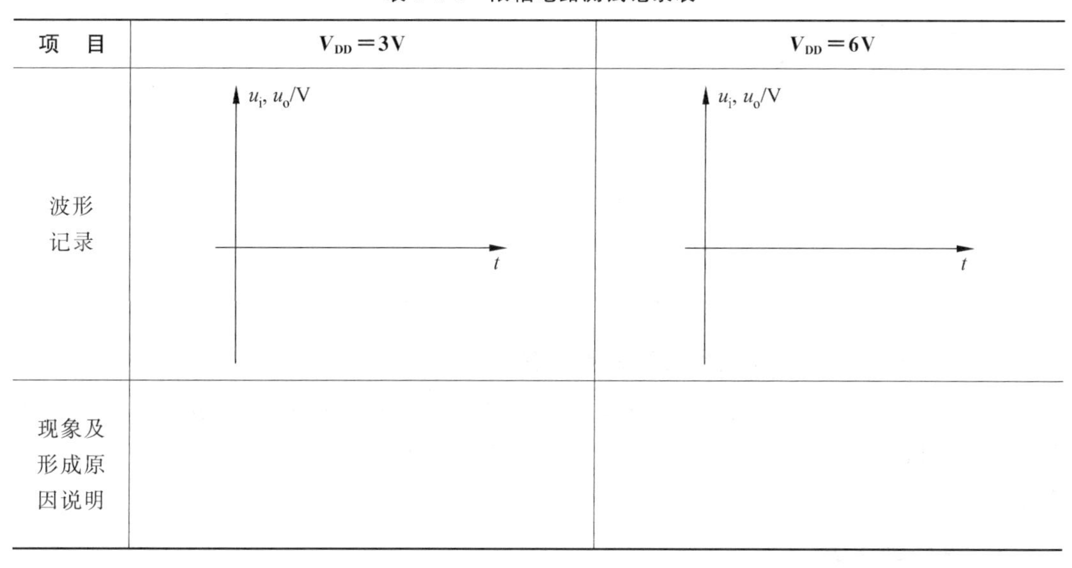

项 目	$V_{DD}=3V$	$V_{DD}=6V$
波形记录	u_i, u_o/V; t	u_i, u_o/V; t
现象及形成原因说明		

5.2 设计并完成双向限幅电路的调试观测

按预习报告要求,搭建一个限制输出信号电压不得超出±5V 的限幅电路,将测试波形记录于表 1-4-2 相应处。

表 1-4-2 双向限幅电路测试记录表

波形记录	现象及形成原因说明
u_i, u_o/V; t	

5.3 倍压整流电路实验

(1) 按图 1-4-6(a)连接倍压整流电路。

(2) 输入电源取1kHz、峰峰值电压10V的方波。

(3) 观测倍压整流功能：分别测试电压U_{C1}、U_{C2}、U_{C3}、U_{C4}、U_{AB}、U_{AC}体会倍压整流电路功能。

(4) 将图1-4-6(a)中二极管D_3短路，测量各电容的电压，将数据记录于表1-4-3中并分析原因。

表1-4-3　倍压整流电路测试数据及分析

二极管正常状态	U_{C1}	U_{C2}	U_{C3}	U_{C4}	U_{AB}	U_{AC}
D_3被短路状态	U_{C1}	U_{C2}	U_{C3}	U_{C4}	U_{AB}	U_{AC}
形成原因及分析						

5.4　设计并完成电源极性保护电路的调试

请参考第2单元实验2-2中关于继电器的功能和工作原理的介绍，利用二极管的开关特性，将预习思考题(15)要求的设计电源极性可任意连接且无二极管管压降的电源极性保护电路，进行实际测试。

6. 预习思考题

(1) 大信号和小信号之间是怎样区分的？二极管处于导通还是截止状态是由哪种信号决定的？

(2) 在大信号的作用下，二极管通常表现为哪两种状态？

(3) 参考图1-4-2(b)所示的二极管伏安曲线模型，如果用一个戴维南电压为10.7V，戴维南电阻为1kΩ的电源为其供电，二极管应处在什么状态？其电流是多少？

(4) 参考图1-4-2(b)所示的二极管伏安曲线模型，如果用一个1V的理想电压源为其供电，二极管电流将是多大？

(5) 若限幅电路中的二极管未导通，是否可以起到限幅作用？

(6) 图1-4-4中，若$V_{DD}=3V$，二极管在导通状态下的端电压为0.7V，请画出该电路的等效模型，它限幅的电压值是多少？

(7) 图1-4-4中，若输入电压是10V，限幅电路输出的限幅电压值是5V，请问多出的电压被谁分担掉了？

(8)“限幅电路实际上是当输入电压大于一定数值后，在电路输出端自动并联上一个恒压源，使其输出电压被限定。而这个‘自动’功能是由二极管截止与导通状态的转换实现的”。这个说法对吗？

(9)“双向限幅电路就是当输入电压高于一定数值后，在电路输出端自动并联上一个电压源，使其输出被限定在该电压值上；而当输入电压低于一定数值后，在电路输出端自动并联上另一个电压值相对较低的电压源，使输出被限定在该相对较低的电压值上”。请问这个说法对吗？

（10）请自己设计一个输出电压上限为3V的限幅电路。

（11）请自己设计一个输出电压下限为4V的限幅电路。（提高题）

（12）请自己设计一个输出电压范围为－2V～＋4V之间的双向限幅电路。（提高题）

（13）请分析倍压整流电路中二极管承受的最高反压与电源电压幅值的关系。（提高题）

（14）请分析图1-4-6(a)中，若二极管D_3发生击穿（短路），各电容上的电压值会发生怎样变化？（提高题）

（15）请参考第2单元实验2-2中关于继电器的功能和工作原理的介绍，利用二极管的开关特性，设计一个电源极性可任意连接且无二极管管压降的电源极性保护电路。（提高题）

实验 1-5　二极管的应用(一)

1. 实验项目

二极管的应用(一)——与运算电路。

2. 实验目的

了解二极管限幅作用的应用,培养学生的设计能力。

3. 实验原理

在数字电路中,处理的信号都是数字化的。所谓数字化就是信号不再是连续变化的电压或电流,而是离散的(仅有 0 和 1 这两个信号)。在用电压表示这两个信号时,通常的习惯是用一个高电平(高电压)表示信号 1,用一个低电平(如 0V)表示信号 0。如在一个用 5V 电源供电的电路中,就用 5V 来表示数字 1,用 0V 来表示数字 0;在一个用 3.3V 电源供电的电路中,则用 3.3V 来表示数字 1,还是用 0V 来表示数字 0。

那么什么是与运算电路呢?以图 1-5-1 所示的方框图为例,图中的方框表示一个待设计的与运算电路。它是由+5V 电源供电,U_{I1} 和 U_{I2} 是两个输入端,U_o 是输出端。与运算电路是完成这样一个输入输出间对应关系的:当 U_{I1} 和 U_{I2} 中有任何一个输入信号是 0V 时(数字 0),则输出端 U_o 就输出数字 0,而只有当 U_{I1} 和 U_{I2} 都输入 5V(数字 1)时,输出端 U_o 才输出数字 1。根据以上介绍,请利用二极管的限幅作用设计一个与运算电路。

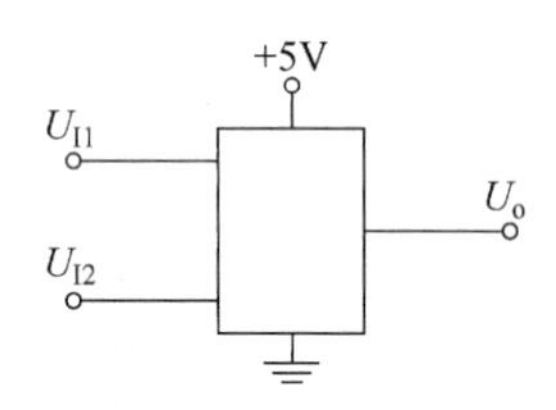

图 1-5-1　与运算端口信号

提示:

(1) 该电路仅需一个电阻、两个二极管和一个 5V 稳压电源便可完成。

(2) 该电路利用了二极管的单向导电性和正向压降约为 0.7V 的特点。

(3) 输入信号 U_{I1} 和 U_{I2},分别接于两个二极管的负极,二极管的两个正极并联并和输出端相连。

(4) 输入信号 U_{I1}、U_{I2} 和 5V 电源共地;U_{I1} 和 U_{I2} 输入"1"和"0"时,分别相当于接电源+5V 和接地。

(5) 在本电路中当输出电压低于 0.8V 时,就可以把它看成输出数字 0。

(6) 为保障二极管的安全起见,在设计有关参数时,应保证二极管的电流不大于 10mA。

4. 实验设备与器件

(1) 稳压电源一台。

(2) 万用表一块。

(3) 二极管和电阻若干。

5. 实验内容与步骤

(1) 连接所设计的与运算电路。

(2) 用5V作为输入数字信号1,用0V作为输入数字信号0,完成表1-5-1的测试数据。

表1-5-1 与运算电路数据记录表

U_{I1}		U_{I2}		U_o	
逻辑值	电压值	逻辑值	电压值	逻辑值	电压值
0		0			
0		1			
1		0			
1		1			

6. 预习思考题

(1) 请画出所设计的二输入端与运算电路的电路图。

(2) 请解释所设计的电路,为什么当两个输入端都是高电平(5V)时,电路的输出电压为5V(高电平),当有任一个输入端接低电平(0V)时,输出端的电压便是低电平(小于0.8V)。

实验 1-6　二极管的应用(二)

1. 实验项目

二极管的应用(二)——功率控制、续流、稳压、整流、保护功能及检波。

2. 实验目的

了解二极管的广泛用途,提高应用能力。

3. 实验原理

3.1　功率控制

在许多利用交流电加热的设备中,往往都需要有一个简单的功率控制电路。图 1-6-1 便是一个最简单的全功率-半功率控制电路。当开关 K 闭合时,相当于通常情况下的把加热器接在 220V 交流电上,属于全功率工作状态。当 K 断开时,加热器电路中被串接进一个二极管,在交流电的正半周内二极管导通,而负半周时,二极管截止。加热器的通电时间恰好被减少一半,从而实现半功率控制。

3.2　续流作用

对于一些具有一定电感量的器件(如继电器),当它们在直流电路中处于开关工作状态时,在元件的两端,总是如图 1-6-2 所示那样,并联一个二极管 D(注意:二极管的极性绝对不能接反,其基本的原则是,在电感器件通电工作时,二极管应处于反偏截止的状态),此二极管被称为"续流二极管",其作用是当电感中的电流从导通到截止的一瞬间,电感中的电流 I_L 将会从某个电流值瞬间跃变为零,由于电感中的电流不能跃变,此时电感将产生一个感应电压 u_L,以延续电感中原来的电流,由楞次定律可知,此时电感两端产生的感应电压值为

$$u_L = L(\mathrm{d}i/\mathrm{d}t) \tag{1-6-1}$$

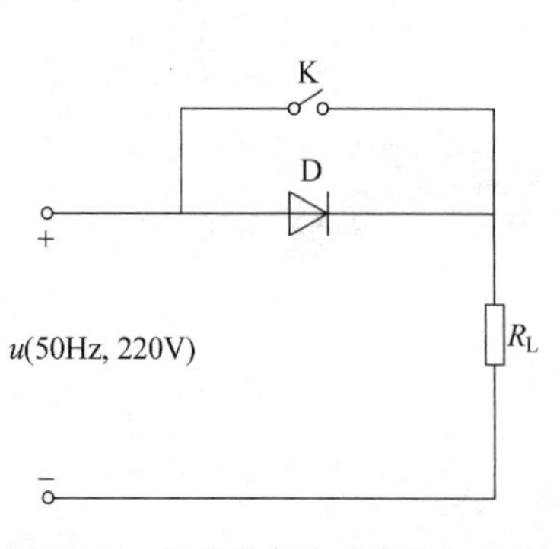

图 1-6-1　加热设备半功率控制电路

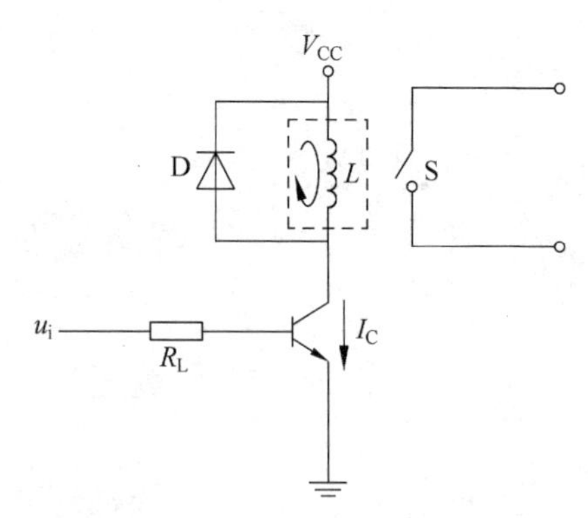

图 1-6-2　续流保护电路

如果电感中的电流从导通到关断是在一瞬间发生的,其 $\mathrm{d}i/\mathrm{d}t$ 的数值将极大,故电感上的感应电压 u_L 也将极大,其极性如图所示为上负下正。电流变化得越迅速,感应电压就越

大。这种较强的感应电压将会给电路的安全性造成较大的危害。为解决此问题,在 L 两端并联一个二极管 D,这样当三极管断电的一瞬间,由于二极管为电感提供了电流的另外一个通路,避免了电感电流的剧烈变化,从而消除了电感上的较大的感应电压。

3.3　实现稳压功能

在有些对稳压精度要求不是太高且稳压电压值又较低的场合下,还可以用二极管来代替稳压二极管,实现稳压的目的。如要产生一个 1.4V 的稳压电压,可采用两个硅材料的二极管串联的方法来实现,如图 1-6-3 所示。当输入电压 V_I 发生较大范围的波动时,由于二极管的非线性特性,在 $V_D=0.7V$ 附近,二极管电流 I_D 发生大幅波动时,V_D 电压波动较小,因此可实现稳压的目的。在图 1-6-4 中,如果 R_{L2} 需要一个比直流电压源 V_I 还要低 1.4V 左右的电压,可以通过在其供电回路中串接两个二极管的简单方法加以解决。

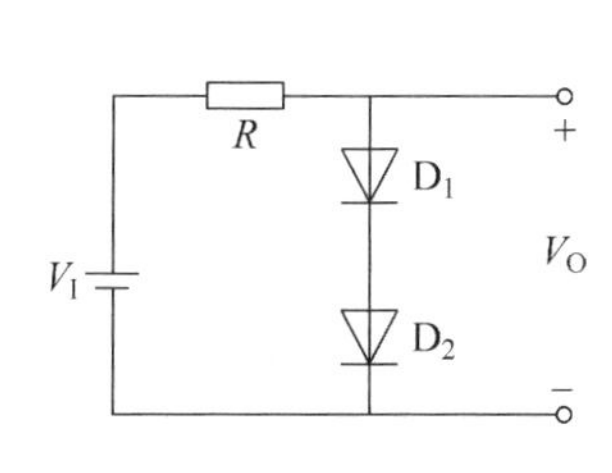

图 1-6-3　简单稳压电路

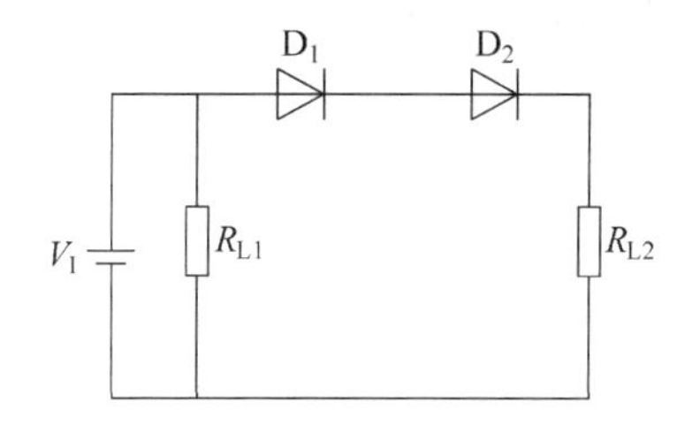

图 1-6-4　简单降压电路

4. 实验设备与器件

请列举以上三个实验项目各需要哪些仪器和元件。

5. 实验内容与步骤

按自己设计的实验方法和步骤进行实验。

6. 预习思考题

根据自己需要获得的实验数据和希望观察的实验现象,设计实验方法和实验步骤。

实验 1-7　并联型二极管小信号模型控制电路(设计型)

在实验 1-3 的电路中,用来控制二极管对小信号等效电阻大小的直流电压源 V_{DD},与小信号 u_s 之间是相互串联的关系,如果 u_s 的内阻非常大时,势必要求 V_{DD} 的电压值也必须很大,才能保证给二极管提供足够的静态电流,这是实验 1-3 的电路存在的主要缺点。因此在许多实际的用直流电压源来控制二极管对小信号等效电阻大小的电路中,往往是采用交流小信号和直流电压源是彼此并联关系的电路。

请设计一个用直流电压源来控制二极管对小信号等效电阻大小的电路,要求该电路与实验 1-3 的电路具有相同的功能,但要求 V_{DD} 和 u_s 是彼此并联的关系,而不是相互串联的关系。

实验 1-8　简易调幅信号产生电路(设计型)

利用二极管小信号模型,可以设计出一个简易的调幅信号发生器,使在如图 1-8-1(a)和图 1-8-1(b)所示的输入信号 u_i 和 u_c 作用下,产生一个如图 1-8-1(c)所示的调幅信号输出(u_i 可以是我们说话的音频信号和一个直流电压的叠加信号,如图 1-8-1(a)所示,u_c 是我们所说的调幅广播中所说的广播频率,如图 1-8-1(b)所示,u_m 则是广播电台发射的调幅广播信号)。

请设计一个简易调幅信号产生电路,u_i 和 u_c 这两个信号可以用两台信号发生器来分别提供信号。若能产生出较好的 u_m 信号,我们便可以用调幅收音机接收到 u_i 的单音频信号了。

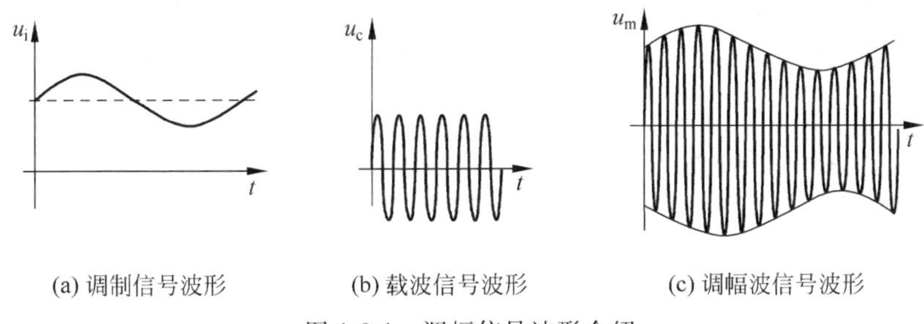

(a) 调制信号波形　(b) 载波信号波形　(c) 调幅波信号波形

图 1-8-1　调幅信号波形介绍

实验 1-9　逻辑电平检测电路(设计型)

在数字电路中,信号都是以逻辑“1”或逻辑“0”的形式来体现和传输的,表现在电信号上,通常都是以高电平来表示逻辑“1”,以低电平来表示逻辑“0”。如在一个用+5V供电的CMOS数字电路中,通常是用3.5V以上的电平信号来表示高电平,用1.5V以下的电平信号来表示低电平,介于1.5～3.5V之间的信号视为无效信号。

在测试逻辑电路中某个逻辑器件输出的逻辑电平值时,常用到一种叫做“逻辑笔”的简易测试工具(测试电路),该测试电路的一个输入端固定接地,另一个输入端做成像万用表的表笔一样,用来接触逻辑器件的输出端,以测量其输出的逻辑电平值。测量的结果是分别以红、黄、绿这三种颜色的三个发光二极管来表示的,若测量的电压是在3.5V以上(高电平),则红色发光二极管点亮;若测量的电压是在1.5V以下(低电平),则绿色发光二极管点亮;若测量的逻辑电平值是在1.5～3.5V之间,或者被测点是呈现开路状态(高阻状态),则黄色发光二极管点亮。

请利用电压比较器电路的工作原理、利用二极管设计逻辑门的设计方法,来设计一个实用的逻辑电平检测电路。

实验 1-10　小功率通信设备收发开关的控制电路(设计型)

一个通信设备的基本任务,就是完成信息的发送和接收,无论是发送还是接收信息,都必须要经过天线来得以实现。在单工方式工作的通信设备中,发射和接收是不能同时进行的,即在发射时必须要断开天线和接收电路的连接,而在接收时必须要断开天线和发射电路的连接。其收发控制电路的方框图如图 1-10-1 所示。其中收发控制电路的信号是由通信设备的一个手动按键来控制的,在讲话时,按下该手动按键,收发控制电路输出一个控制信号,使发射开关处于导通状态,而接收开关处于断开状态,通信设备处于发送信息的状态之中;在不讲话时,松开手动按键,收发控制电路输出的控制信号使发射开关处于断开状态,而接收开关处于导通状态,通信设备处于接收信息的状态之中。为了能使收发工作状态快速的进行转换,收发开关通常都是采用无触点的开关器件,较多采用的是利用二极管来充当开关器件,其基本的设计思想就是利用二极管的开关模型来得以实现。

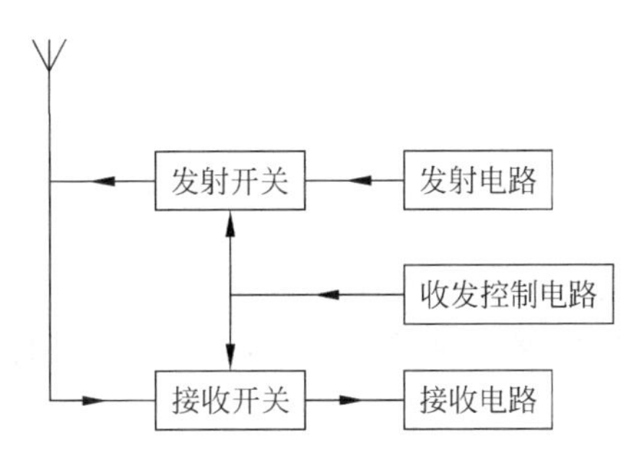

图 1-10-1　收发控制电路的方框图

根据以上介绍,请设计收发控制电路、发射开关电路和接收开关电路,使其在一个手动控制按键的作用下,实现接收通道和发射通道的自动转换(注:发射信号的峰峰值电压一般可达 10V 左右,接收信号的峰峰值电压约为毫伏级)。

第2单元　三极管及其电路

实验2-1　三极管极性及好坏的判断

1. 实验项目

（1）用指针式万用表判断三极管的极性及好坏。

（2）用数字式万用表判断三极管的极性及好坏。

2. 实验目的

（1）学会用指针式万用表和数字式万用表判断三极管的极性及好坏的方法。

（2）通过学习用指针式万用表判断三极管极性的方法，加深理解怎样给三极管各极供电，才能使其具有电流放大的能力。

3. 实验原理

说明：当指针式万用表置于欧姆挡位时，其黑表笔带正电，红表笔带负电。而数字表在置于欧姆挡位时，红表笔带正电，黑表笔带负电，必须注意这两种万用表在置于测电阻挡位时表笔带电极性的区别。

3.1　用指针式万用表判断三极管的极性及好坏

测试过程需分以下两个步骤进行。

第一步：先判断出三极管的基极及其类型。

三极管的基极与集电极、基极与发射极之间，都是一个PN结的结构（如图2-1-1和图2-1-2所示）。因此可先用测量PN结的方法，判断出被测三极管的基极及类型。

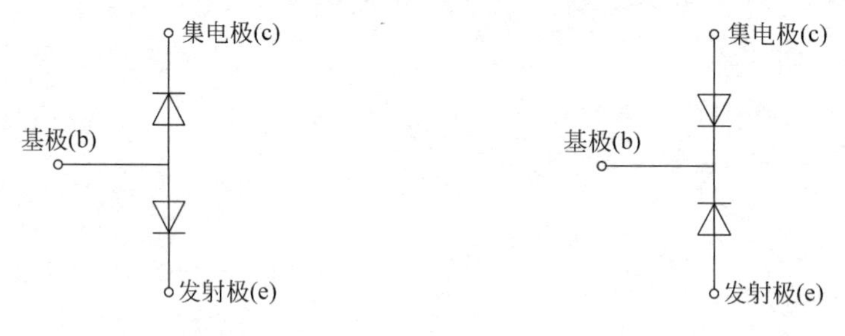

图2-1-1　NPN型三极管　　图2-1-2　PNP型三极管

将指针式万用表置于“R×100Ω”挡，先假设三极管的某个电极为基极，对于NPN型的三极管来说，若用黑表笔（带正电）接触该电极，红表笔分别接其余两个电极，则测试电阻应该都很小；而把黑红表笔对调后，测试电阻应该变得都很大。当出现上述情况时，则说明假设的基极是对的，且该三极管是一个好的NPN型三极管；同样道理，对PNP型三极管，若用红表笔(带负电)接假设的基极,黑表笔分别接其余两个电极,测试的电阻则应该都很小,而把黑红表笔对调后,测试电阻应该变得都很大,当出现上述情况时,则说明该基极假设也是对的,该三极管是一个好的 PNP 型三极管。

第二步:判断三极管的集电极和发射极。

三极管的基极和类型确定后,对于剩下的两个电极可先假设其中的一个是集电极,另一个则是发射极。对于 NPN 型三极管来说,把黑表笔接到假设的集电极上(为"集电极"提供正电压),红表笔接到假设的发射极上(为"发射极"提供负电压),当用手指将基极和集电极捏在一起(但两个电极不能相互接触),人体的皮肤有弱导电性,这相当于在电源正和基极之间连接了一个电阻,通过该电阻给基极注入了基极电流 I_B,由于三极管的电流放大作用,此时的集电极电流将会急剧增加,也就意味着集电极和发射极之间的电阻急剧减小,表现在万用表上观察到的现象是,其测量到的电阻值就会变得很小。对换红、黑表笔(对换假设的集电极和发射极),重复上述操作,并对比万用表阻值变化的情况,阻值变化大的那次,说明假设成立,即那次黑表笔所接触的电极为集电极,红表笔所接为发射极。

同样,对于 PNP 型三极管,当基极确定之后,对剩下的两个电极,也可先假设其中的一个是集电极,另一个则是发射极。但应把红表笔接到假设的集电极上(提供负电压),黑表笔接到假设的发射极上(提供正电压),用手指同时捏住基极和集电极(不能相互接触),观察万用表阻值变化的情况;然后将假设的集电极和假设的发射极进行对换,重复上述操作。对比这两次测量时阻值变化的情况,阻值变化大的那次假设成立,即那次红表笔所接为集电极,黑表笔所接为发射极。

3.2　用数字式万用表判断三极管的极性和好坏

用数字表判断三极管的极性和好坏也要分两步。

第一步:判断三极管的基极及其类型。

首先用数字表测量二极管(PN 结)的挡位,参阅图 2-1-1 和图 2-1-2,先找到"两个二极管"的公共负极或公共正极。若有公共正极,该极就是基极,且是 NPN 型三极管;同样,若有公共负极,该极就是基极,且是 PNP 型三极管。

第二步:判断三极管的集电极和发射极。

用数字式万用表测量三极管的集电极和发射极相对较简单。在数字式万用表中,有一个专门用来测试三极管各电极及放大倍数的挡位——hfe 插孔区,该插孔区又按 NPN 和 PNP 分成两个类型区,这两组类型区是分别用来测试 NPN 型三极管和 PNP 型三极管的。在这两组插孔中,均分别有标注着基极(b)、集电极(c)和发射极(e)的插孔,将已判明类型的三极管的基极插入该类型区标有基极(b)的插孔中,试着将其余两个电极分别插入标有集电极(c)和发射极(e)的插孔中(万用表中有保护电路,插错时不会烧坏三极管,但在实际电路中绝对不许随意连接三极管),观察万用表的读数后将集电极(c)和发射极(e)插孔中的电极调换,再次观察万用表的读数,示数最大的那次意味着三极管的连接方法正确,按插孔上标明的 e,b,c 标识,便可确定三极管的各电极,并且这个示数便是三极管的电流放大倍数。

4. 实验设备与器件

(1) 数字式万用表一块。

(2) 指针式万用表一块。

(3) 9013NPN 型和 9012PNP 型三极管各一只。

5. 实验内容与步骤

5.1　用指针式万用表测试给出的两个三极管类型及各电极

(1) 将指针式万用表的挡位置于 R×100Ω 或 R×1kΩ 挡，确定管子的基极及类型(NPN 型或 PNP 型)，判断其好坏。

(2) 判断三极管的集电极(c)和发射极(e)。

(3) 将指针式万用表置于 R×100Ω 挡位，完成表 2-1-1 对三极管 9013 要求的测试数据。

表 2-1-1　9013 的测试数据

测量引脚	R_{be}	R_{eb}	R_{ce}	R_{ec}	R_{cb}	R_{bc}
阻值/kΩ						

注：两个下角标顺序的含义是，前者接红表笔，后者接黑表笔。

5.2　使用数字式万用表测试给出的两个三极管的各电极及好坏

(1) 将数字万用表置于测试二极管的挡位，判断三极管的类型并找出基极。

(2) 将数字表的挡位置于测试三极管电流放大倍数 hfe 的挡位，将三极管插入所属类型的插孔中(注意：应将基极插入标明基极的插孔中，集电极和发射极可先任意插入)。观察电流放大倍数的示数后对调 c 和 e 这两个电极，对比两次电流放大倍数的大小，示数大的那次管子引脚插得正确，即标注 c 的插孔是集电极，标注 e 的插孔是发射极。

6. 预习思考题

(1) 用数字表判断 PN 结时，数字表应放在什么挡位？

(2) 如果已测出某电极为 P 型半导体，另外两个电极是 N 型半导体，三极管的基极应是哪一个？

(3) 在测三极管的集电极和发射极时，数字表应置于什么挡位？数字表示数的含义是什么？

(4) 在测三极管的集电极和发射极时，基极是否可以任意连接？集电极和发射极是否可以任意连接？

(5) 在用指针式万用表判断 NPN 管的集电极和发射极时，为什么要将黑表笔接到假设的集电极上，红表笔接到假设的发射极上？为什么在此条件下，手指触碰基极，欧姆表的示数会明显变小？(提高题)

(6) 若被测三极管是 NPN 管，在判断集电极和发射极的过程中，其基极应和捏红表笔的手指相碰还是和捏黑表笔的手指相碰？为什么？(提高题)

(7) 对理想的 NPN 型三极管，未用手指去触碰基极和集电极时，指针表欧姆挡的示数应是什么情况？为什么？(设红黑表笔分别接的是发射极和集电极)(提高题)

(8) 判断图 2-1-3(a)～(h)8 种情况中，哪两种情况下指针式万用表电阻挡的示数最小？(R_h 为手指电阻)(提高题)

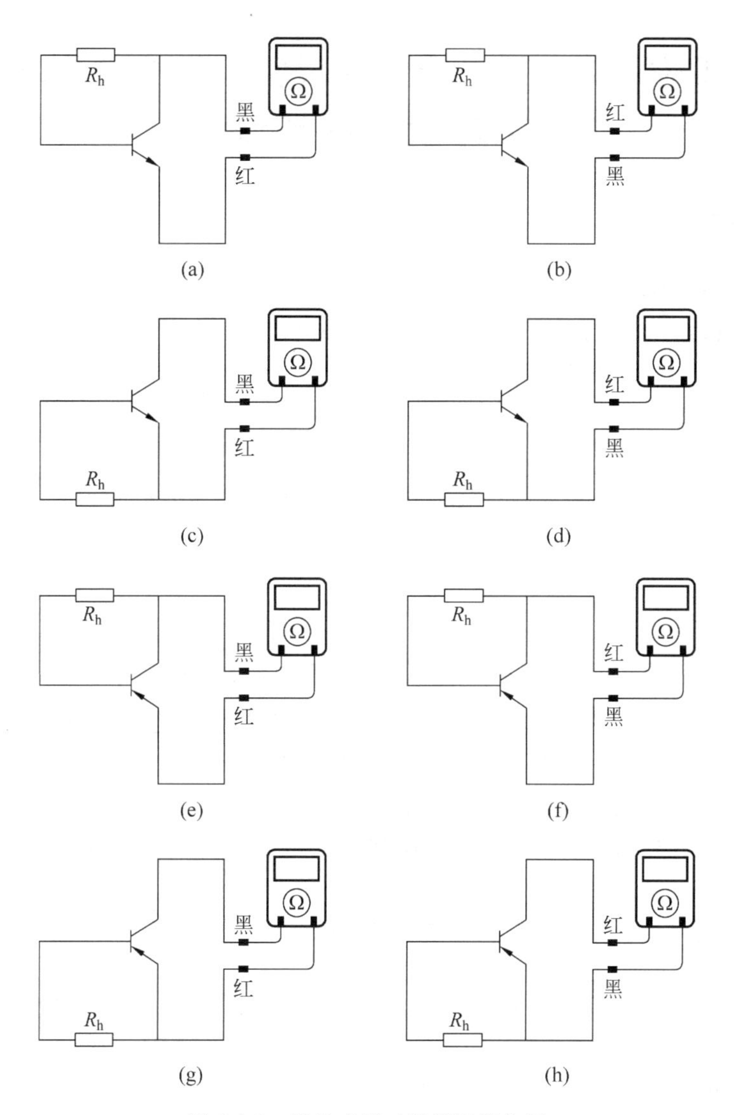

图 2-1-3　指针表测三极管阻值分析

实验 2-2　三极管输出特性曲线和基本工作状态的测试

1. 实验项目

(1) 三极管输出特性曲线的测试。

(2) 三极管截止、放大及饱和三种运用状态的测试。

(3) 三极管开关状态的应用。

2. 实验目的

(1) 掌握三极管特性,为理解三极管电路的设计原理奠定基础。

(2) 理解三极管三种状态(截止、放大及饱和)产生的原因及其运用。

3. 实验原理

3.1　三极管电路的基本形态、三种状态及特性曲线介绍

三极管是一个电流控制电流的器件,即用基极电流控制集电极电流。三极管最基本的电路形态如图 2-2-1 所示,该电路的核心是构成了一个基本的基极输入(控制)回路和一个基本的集电极输出(响应)回路,而发射极是输入回路和输出回路的公共端。

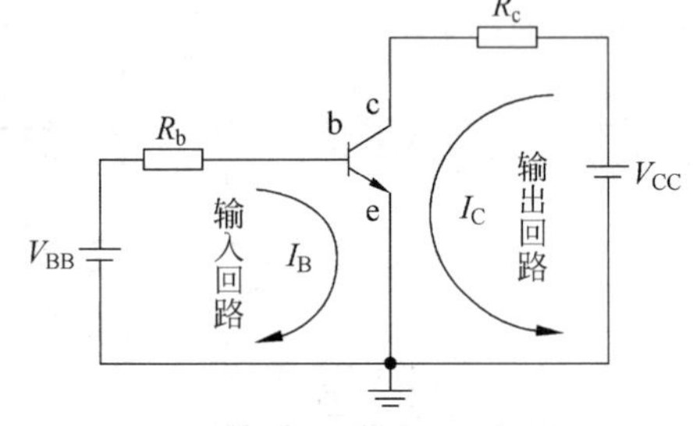

图 2-2-1　三极管电路的基本形态

在基本的基极输入回路中,有三个必不可少的要件:①起控制信号作用的电压源 V_{BB};②控制输入回路电流大小的限流电阻 R_b;③三极管的输入端(基极和发射极)。

在基本的集电极输出回路中,也有三个必不可少的要件:①相当于输出回路负载的电阻 R_c;②控制输出回路电流大小的相当于受控电流源端口(集电极和发射极);③为输出回路负载提供电能的电压源 V_{CC}。

三极管的应用电路有各种其他形式,但这几个要件所发挥的功能都是不可或缺的,其他电路都是在这个基本电路形态基础上衍生出来的。

我们说三极管具有电流放大作用,是指当三极管 e、b、c 三个电极的电压满足 $U_C>U_B>U_E$(对于 NPN 型管),或 $U_C<U_B<U_E$(对于 PNP 型管)时,如果基极通过一个较小的电流 I_B(控制电流),则集电极就会通过一个相对大得多的电流 I_C(响应电流)。I_C 和 I_B 之间存在着一个由三极管生产工艺决定的基本固定不变的比值,这个比值被称为三极管的电流放大倍数,用 β 表示。

在图 2-2-1 中,以硅 NPN 三极管为例,当控制电压 V_{BB} 大于 be 结的死区电压 0.5V 时,输入回路便会形成基极电流,其电流的计算表达式为

$$I_B=\frac{U_{BB}-U_{BE(ON)}}{R_b} \tag{2-2-1}$$

通常 V_{BB} 大于 0.7V，$U_{EB(ON)}$ 取 0.7V，则在图 2-2-1 中，U_B 对地的电压为 0.7V，而 U_C 对地电压的计算表达式为

$$U_C = V_{CC} - R_c I_C \tag{2-2-2}$$

通过上式可以看出，只要 $V_{CC} > U_{BE(ON)}$ 且 I_C 不要过大，就能保证 $U_C > U_B = 0.7V$（使三极管处于放大状态所要求的电压条件），集电极与基极电流呈现 $I_C = \beta I_B$ 关系，三极管处于**放大状态**。

如果让控制电压 V_{BB} 小于 be 结的死区电压 0.5V，则输入回路不会形成基极电流，即 $I_B = 0, I_C = \beta I_B = 0$，集电极（输出回路）相当于开路，此时三极管的状态称为**截止状态**。

在图 2-2-1 电路中，输出回路的电流 I_C 不能无限制地随基极电流 I_B 的增大而增大。由式(2-2-2)知，I_C 增加会使 U_C 减小，当 U_C 小于 U_B 时，三极管则失去放大状态所要求的 $U_C > U_B$ 的外部条件，使三极管丧失放大能力。此时三极管所处的状态称为**饱和状态**，在饱和状态下集电极电流 I_C 达到最大值，称为集电极**饱和电流**，记为 I_{CS}。与此同时，集电极和发射极间的电压 U_{CE} 就会降到最小，称为集-射极**饱和电压**，记为 U_{CES}，硅三极管的饱和压降一般在 0.2～0.3V 左右，通常 $U_{CE} = U_{BE} = 0.7V(U_C = U_B)$ 时，我们近似认为三极管已处于饱和临界状态。由图 2-2-1 知，饱和电流 I_{CS} 的大小与 V_{CC}、R_c、U_{CES} 的关系为

$$I_{CS} = \frac{V_{CC} - U_{CES}}{R_c} \tag{2-2-3}$$

由于饱和电流 I_{CS} 是集电极回路所能达到的最大电流，此时基极电流再增加，集电极电流也不会再增加，集电极和基极的电流关系不再是 $I_C = \beta I_B$，而是 $I_C < \beta I_B$。

由于饱和电压 U_{CES} 相对回路电压 V_{CC} 很小，可以近似看成 0V，因此在饱和状态下，三极管的输出端可近似等效成一个闭合的开关。

三极管的截止与饱和这两个工作状态通常是联系在一起运用的，被称为三极管的**开关状态运用**（也称为非线性运用），此时三极管的 ce 极之间相当于一个受控于基极电流的开关。

在模拟电路中，三极管一般被运用在放大状态，也被称为**线性状态**，该状态的特点是，集电极相当于一个受基极电流 I_B 控制的受控电流源（控制系数为 β）。

三极管**输出特性曲线**的一般形态如图 2-2-2 所示。它是通过系统完整地测试在给定的每一个基极电流的前提条件下，输出端（集电极和发射极之间）在一系列电压作用下对应的集电极电流大小。输出曲线的测量步骤可分为三个基本操作顺序：给定基极电流，提供输出端口电压 u_{CE}，测量与之对应的输出端口电流 i_C。

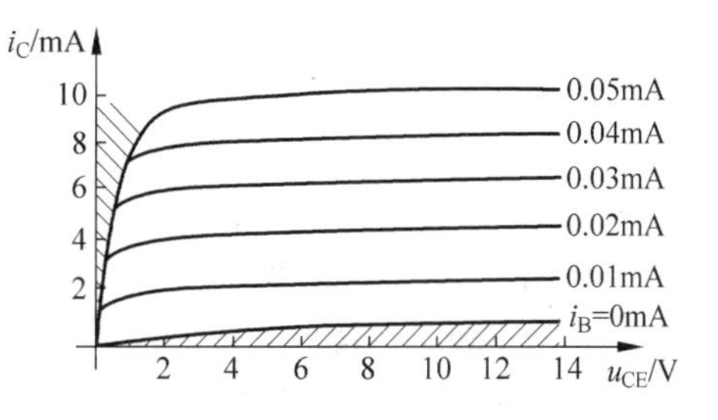

图 2-2-2　三极管输出曲线的一般形态

图 2-2-2 的输出曲线可分为三个部分，左端的阴影区为饱和区，它反映了两个问题，$i_C < \beta i_B$ 和 i_C 随 u_{CE} 的增加而增加；下边的阴影区为截止区，它体现在 $i_B = 0$ 时，i_C 不随 u_{CE} 的增加而增加，恒等于零；在饱和区与截止区之间的空间为放大区，它反映了两个问题，$i_C = \beta i_B$ 和 i_C 几乎不随 u_{CE} 的增加而增加。

在放大区，对应基极电流的均匀增加，集电极电流并不是均匀增加，这就形成了交流放大倍数 β 和直流放大倍数 $\bar{\beta}$ 的区别，它们的计算表达式分别是

$$\beta = \frac{\Delta i_C}{\Delta i_B} \tag{2-2-4}$$

$$\bar{\beta}=\frac{i_C}{i_B} \tag{2-2-5}$$

通常集电极电流变化的不均匀性并不明显，因此有 $\beta\approx\bar{\beta}$。

3.2　三极管截止特性测试原理

测量三极管截止特性是指，在图 2-2-2 中，输入电流为最下边一条曲线（$I_B=0$）的条件下，测量输出端（集电极和发射极）端口电压 U_{CE} 和端口电流 I_C 之间的关系。测试电路见图 2-2-3，测试内容见表 2-2-1。

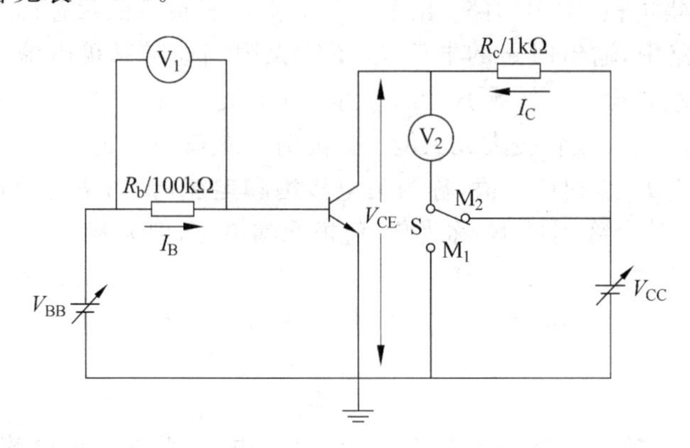

图 2-2-3　三极管输出特性测试电路图

（1）如何使基极电流等于零。基极电流是由电压源 V_{BB} 提供的。只要使 $V_{BB}<0.5\text{V}$（死区电压），输入回路便没有电流。可将 V_{BB} 调成 0V，确保 $I_B=0$。

（2）如何测量基极电流 I_B。图 2-2-3 中，电压表 V_1 测量的是基极电阻 R_b 的电压，将测得的电压除以 R_b 的阻值，即得该电阻的电流值。因为该电阻与基极相串联，故该电流也是基极电流。

（3）如何得到需要的集-射极电压 U_{CE}。对于表 2-2-1 中要求的某个 U_{CE} 值，按图 2-2-3 电路，将电压表 V_2 的一个表笔连接于 M_1 点（监视 U_{CE}），然后调节电压源 V_{CC}，使 U_{CE} 达到所要求的数值。

（4）如何测量集电极电流 I_C。将电压表 V_2 连接于 M_1 点的表笔移到 M_2 点，通过测量集电极电阻 R_c 的电压，将测得的电压除以 R_c 的阻值，即得该电阻的电流值。因为该电阻与集电极相串联，可得集电极电流。

（5）操作顺序。按以下流程操作：①先确定基极电流等于零；②调节集-射极电压 U_{CE} 为要求值；③测量在该 U_{CE} 条件下对应的集电极电流 I_C，并填入表 2-2-1；④重复②、③项操作。

3.3　三极管放大特性测试原理

测量三极管放大特性是指在图 2-2-3 中，在各种输入电流的条件下，分别测量一系列输出端（集电极和发射极）端口电压 U_{CE} 对应的端口电流，得到在不同基极电流条件下，U_{CE} 和 I_C 的对应关系，测试内容见表 2-2-2。

（1）相关测试项目和操作方法与本实验 3.2 的（1）～（4）相同，不再赘述。

（2）按以下流程操作：①先确定表 2-2-2 第一列要求的某个基极电流 I_B 值；②调节集-射极电压 U_{CE} 为表 2-2-2 第一行要求的某个电压值；③测量在该 U_{CE} 条件下对应的集电极电流 I_C 值，并填入表 2-2-2 相应处；④重复②、③项操作，测完第一行全部 U_{CE} 对应下的

I_C 值的测量；⑤重复①、②、③、④操作，直至完成表 2-2-2 全部测试要求。

3.4　三极管饱和特性测试原理

三极管处于饱和状态的本质特征是 $I_C < \beta I_B$，即 I_C 达到了饱和值 I_{CS}，形成饱和的外部原因是三极管端口电压所致（对 NPN 管型而言，出现了 $U_C < U_B$ 的情况），饱和状态的发生与输出回路的电压 V_{CC}、电阻 R_c、三极管的 β、基极电流 I_B 这四个因素有关，由式(2-2-2)得

$$U_C = V_{CC} - R_c \beta I_B \tag{2-2-6}$$

当 $U_C < U_B$ 时，便发生饱和。

三极管饱和特性测试的实验电路仍为图 2-2-3 所示，共有两个实验表格。表 2-2-3 是观察基于式(2-2-6)，在基极电流 I_B 和输出回路电压 V_{CC} 一定的条件下，输出回路电阻 R_c 变化对饱和的影响；表 2-2-4 是观察基于式(2-2-6)，在输出回路电阻 R_c 和输出回路电压 V_{CC} 一定的条件下，输入回路(基极电流) I_B 变化对饱和的影响。

3.5　三极管开关状态运用实验的原理介绍

三极管开关运用的实验电路如图 2-2-4(a)所示。开关电路的核心作用是，实现用一个较小的信号，对一个较大信号驱动的负载的通断控制。如图 2-2-4(b)所示，三极管的作用相当于一只电子开关，这是由于本电路在设定好的基极电流作用下，使三极管工作状态在截止与饱和之间转换。J 是继电器符号，它由电磁线圈、衔铁、触点开关构成(见图 2-2-5)，在电磁线圈和衔铁的作用下，触点开关可以进行通断变换。电磁线圈有直流和交流供电两大类，线圈在直流供电状态下感抗为零，线圈端口阻抗模型为一纯电阻，阻值大小由线圈导线自身阻值决定，该电阻记为 R_J，它的大小可以用欧姆表测量得出。以一个直流 12V 驱动的继电器线圈为例，它吸合时需要的线圈电流 $I_{J(ON)} = 12V/R_J$。

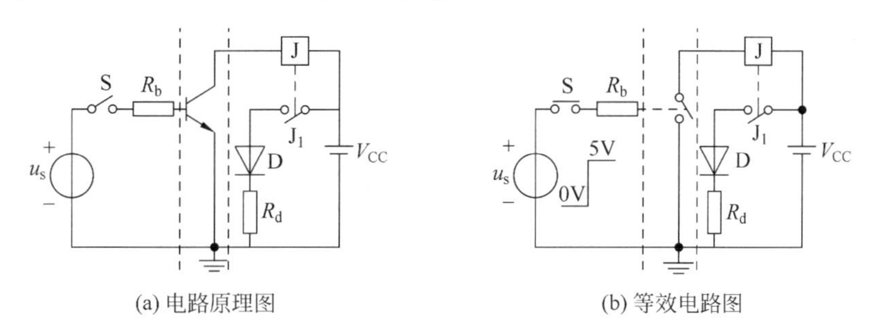

(a) 电路原理图　　(b) 等效电路图

图 2-2-4　三极管开关应用电路

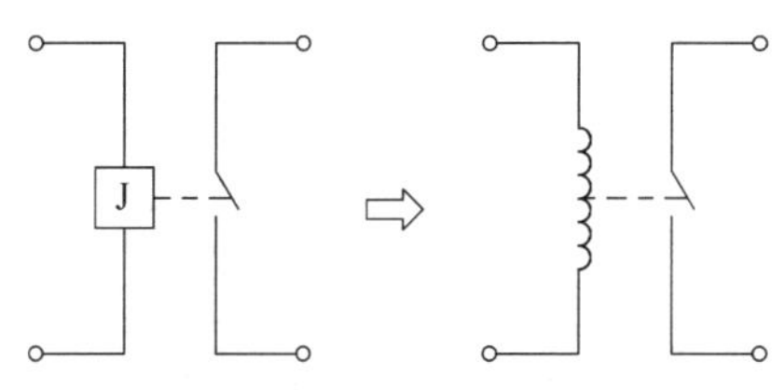

图 2-2-5　继电器电路介绍

图 2-2-4(a)电路参数的设计流程为：

(1) 测量线圈电阻 R_J 大小。

(2) 根据继电器线圈的供电电压，计算线圈吸合电流($I_{J(ON)} = 12V/R_J$)。

(3) 计算回路饱和电流。$I_{CS}=(V_{CC}-U_{CES})/R_J$，忽略 U_{CES} 后，有 $I_{CS}=I_{J(ON)}$，即饱和电流就是继电器的吸合电流。

(4) 计算输入回路电流 I_B。要让三极管集-射极之间呈现近似开关短路状态，即让 $U_{CE}=U_{CES}\approx 0V$，就必须使三极管工作于饱和状态，对基极电流的要求是 $\beta I_B > I_C = I_{CS}$。为保证三极管工作于深度饱和状态，通常取 $\beta I_B = 2I_{CS}$，得 $I_B = 2I_{CS}/\beta$。

(5) 计算电阻 R_b。设输入驱动信号的高电平电压为 U_{SH}，因为 $I_B = U_{SH} - U_{BEQ}/R_b$，得 $R_b = U_{SH} - V_{BEQ}/I_B$。

(6) 计算 R_d。R_d 为发光二极管的限流电阻，设发光二极管的工作电流为 $I_{D(ON)}$（一般为10mA），导通电压为 $U_{D(ON)}$（导通时等效为恒压源，一般为 2V），得 $R_d = V_{CC} - U_{D(ON)}/I_{D(ON)}$。

实验中测试该电路参数设计是否成功，只要满足以下结果即可：① 当 $u_s = U_{SL} = 0V$ 时，$U_{CE} = V_{CC} = 12V$（截止状态）；② 当 $u_s = U_{SH} = 5V$ 时，$U_{CE} = U_{CES} \approx 0.2V$（饱和状态）。

4. 实验设备与器件

双路直流稳压电源、数字万用表、NPN 型小功率三极管、微型继电器（驱动电压 12V）、发光二极管、1/4W 电阻若干。

5. 实验项目与步骤

5.1　三极管截止特性的测试

5.1.1　要点概述

该部分原理介绍请参见本实验 3.2。测试表 2-2-1 数据的操作要点是：通过调节 V_{BB}，使输入端口电流为零($I_B=0$)，在保持该状态（截止状态）条件下，再通过调节 V_{CC}，便得到一组表 2-2-1 第一行要求的三极管输出端口（集电极-发射极之间）电压 U_{CE} 的数据，分别测量在各输出端口电压 U_{CE} 条件下，对应的集电极电流 I_C 的大小，得到三极管截止状态下的输出特性数据。

5.1.2　实验步骤

(1) 为保证器件安全起见，连线前先逆时针调节电压旋扭使 V_{BB} 和 V_{CC} 均等于零，然后断电。

(2) 连接图 2-2-3 所示电路。

(3) 确认电路连接正确后接通电源开关。

(4) 保持 $V_{BB}=0V$，通过测试基极电阻 R_b 上的电压 $U_{Rb}=0$，确认基极电流 $I_B=0$，使三极管处于截止状态。

(5) 在调节电源 V_{CC} 的电压的同时，用电压表监测三极管输出端（集电极-发射极）的电压 U_{CE}（集电极和 M_1 点），当 U_{CE} 分别达到表 2-2-1 第一行从左至右要求的每一个数值时，将电压表改为测量集电极电阻 R_c 上的电压 U_{Rc}（将表笔从 M_1 点移至 M_2），得到与 U_{CE} 对应的集电极电流 I_C，将其填入表 2-2-1 中相应的栏目。

表 2-2-1 三极管截止状态输出端伏安曲线测试数据

I_B \ U_{CE}	0V	0.25V	0.5V	1.0V	3.0V	5.0V	7.0V	9.0V	11V
0.00mA									

请用文字描述三极管截止状态的特点

输入端特点

- 电压特点：
- 电流特点：

输出端特点

- 电流特点：

请用一个开关，画出三极管在截止状态下，输出端 c、e 极之间的等效电路模型

5.2 三极管放大特性的测试

5.2.1 要点概述

该部分原理介绍请参见本实验 3.3。测试表 2-2-2 数据的操作要点是：先通过调节 V_{BB}，设定输入端口（基极）电流为表 2-2-2 第一列某行要求的数值（如第二行，$I_B=0.01mA$），保持该基极电流不变，再通过调节 V_{CC}，在使三极管输出端口得到一组所需电压（U_{CE}）的同时，分别测量对应的集电极电流 I_C 大小。依次类推，再设定输入端口（基极）电流为表 2-2-2 第一列另一行数据（如 0.02mA），重复上述操作，完成三极管放大状态的特性测试。

5.2.2 实验步骤

（1）实验线路按图 2-2-3 连接不变。

（2）在调节稳压电源 V_{BB} 大小的同时，用电压表监视基极电阻 R_b 上的电压 U_{Rb}，使 $U_{Rb}=1V$（对应基极电流 $I_B=0.01mA$）。

（3）保持 V_{BB} 大小不变。在调节电压源 V_{CC} 的同时，用电压表监视三极管输出端电压 U_{CE}，当 U_{CE} 分别达到表 2-2-2 中第一行某列要求的数值时，测量集电极电阻 R_c 上的电压 U_{Rc}，得到对应的集电极电流 I_C，将其填入表 2-2-2 中相应处。

（4）重复步骤(3)：保持 V_{BB} 大小不变。在用电压表监视三极管输出端电压 U_{CE} 的同时，调节电压源 V_{CC}，当 U_{CE} 分别达到表 2-2-2 中第一行其他列要求的数值时，测量集电极电阻 R_c 上的电压 U_{Rc}，得到对应的集电极电流 I_C，将其填入表 2-2-2 中相应处。

（5）重复步骤(2)，用电压表监视基极电阻 R_b 上的电压 U_{Rb}，调节稳压电源 V_{BB} 大小，使 $U_{Rb}=2V$（对应基极电流 $I_B=0.02mA$）。

（6）重复步骤(3)和(4)，完成基极电流 $I_B=0.02mA$ 时，对应各项集电极电流 I_C 数据的测量。

（7）依此类推，完成表 2-2-2 的其他测试数据。

表 2-2-2　三极管放大状态输出端伏安曲线测试数据

I_B \ I_C \ U_{CE}	0V	0.25V	0.5V	1.0V	3.0V	5.0V	7.0V	9.0V	11V
0.01mA									
0.02mA									
0.03mA									
0.04mA									
0.05mA									
0.06mA									

请回答以下问题：

三极管在放大状态下输入端电流的特点：

三极管在放大状态下输出端电流的特点：

根据本表数据，求基极电流分别是 0.01mA 和 0.05mA，$U_{CE}=5V$ 时，直流放大倍数

根据本表数据，求基极电流分别是 0.02mA 和 0.05mA，$U_{CE}=5V$，基极电流波动±0.01mA 时，三极管的交流放大倍数

请用一个受控源，画出三极管在放大状态下等效电路的模型

5.3　观察三极管的饱和特性

5.3.1　要点概述

该部分原理介绍请参见本实验 3.4。实验操作要点是：①在基极电流和 V_{CC} 一定的条件下，可通过加大集电极电阻 R_c 使其进入饱和状态；②在集电极电阻 R_c 和 V_{CC} 一定的条件下，可通过加大基极电流使其进入饱和状态；③在基极电流和 R_c 一定的条件下，可通过减小 V_{CC} 使其进入饱和状态。三极管进入饱和状态的判断依据是 $U_{CE}<U_{CES}$（≈0.7V），在饱和状态下，集电极电流几乎不再随基极电流的增加而增加。

5.3.2　实验步骤

(1) 根据表 2-2-2 实验数据，估算三极管的 β 值。

(2) 保持图 2-2-3 实验线路不变，调节 V_{BB}，使 $U_{Rb}=2V(I_B=0.02mA)$。

(3) 保持 V_{BB}不变，调节 $V_{CC}=12V$，改变电阻 R_c，完成表 2-2-3 U_{CE}的测试数据。

(4) $R_c=4.7k\Omega$ 不变，调 V_{CC}至 25V 后不变，调节 V_{BB}，使基极电流分别达到表 2-2-4 所需的值，将测量的 U_{CE}数据记录在表 2-2-4 中，观察三极管由饱和状态进入放大状态的变化过程。

表 2-2-3　负载电阻与饱和状态的测试数据

项　　目	$R_c=1k\Omega$	$R_c=4.7k\Omega$
U_{CE}/V		

回答以下问题：

上述数据是否有饱和现象？

计算 $V_{CC}=12V$，$R_c=4.7k\Omega$ 时，电路的饱和电流 I_{CS}。

请分析为什么本实验出现了饱和现象

表 2-2-4　基极电流与饱和状态的测试数据

I_B/mA	0.07	0.06	0.05	0.04	0.03	0.02	0.01
U_{CE}/V							

根据估算的 β 值，以及 $R_c=4.7k\Omega$，$V_{CC}=25V$ 的条件，计算使三极管进入饱和状态的基极电流临界值是多少。分析与本表所测数据是否吻合

5.4　三极管开关状态的应用

5.4.1　要点概述

该部分原理介绍请参见本实验 3.5。其要点是：用基极信号控制三极管工作于饱和与截止两种状态，使三极管的输出回路等效于一个开关，实现对负载上较大电压或电流的通断进行控制的目的。

5.4.2　实验步骤

(1) 根据表 2-2-2 估算三极管电流放大倍数 β 的数值。

(2) 测量继电器线圈的直流电阻 R_J，确定在标称直流电压供电时(如 12V)，使线圈产生吸合动作的电流 $I_{J(ON)}$ 数值。

(3) 根据 β 和 $I_{J(ON)}$，设 $U_{BE(ON)}=0.7V$，参考图 2-2-4 电路结构及有关参数，计算基极回路电阻 R_b 的最大值 R_{bmax} 为多少。

(4) 设发光二极管 D 的工作电流为 10mA，导通电压为 2V，参考图 2-2-4 电路结构及

有关参数，计算限流电阻 R_d 大小。

(5) 依据所计算电阻的阻值，连接图 2-2-4 电路。

(6) 控制开关 S 通断，监测三极管输出端电压 U_{CE} 是否处于开关状态，以及继电器是否控制了发光管的工作。

6. 预习思考题

(1) 三极管是什么控制什么的器件？什么极是控制极？什么极是响应极？什么极是公共极？

(2) 三极管基本电路形态有几部分？分别称为什么？

(3) 输入回路中为什么要有电阻 R_b？图 2-2-1 中，输入回路电流的计算表达式是什么？

(4) 三极管输出回路电流的大小，在什么状态下是由基极电流控制？在什么状态下是由负载电阻 R_c 或 V_{CC} 控制？

(5) "三极管输出回路的电流是靠电源 V_{CC} 提供的，而集电极只是起到控制其大小的作用"，这种说法对吗？

(6) 三极管处于放大状态的条件是"发射结正偏、集电结反偏"。请分别画出 NPN 型和 PNP 型三极管的元件符号，标出 P 型区和 N 型区，指出对于 NPN 管，当 $U_C > U_B > U_E$ 时，发射结和集电结分别是正偏还是反偏？对于 PNP 管，当 $U_C < U_B < U_E$ 时，发射结和集电结分别是正偏还是反偏？

(7) 对于 NPN 三极管，若基极电流不为零且 $U_C < U_B$，它是处于什么状态？

(8) 在图 2-2-1 中，若 V_{CC} 和 R_c 不变，集电极电压增加，集电极电流会怎样变？它们之间谁是因，谁是果？（提高题）

(9) 在图 2-2-1 中，怎样才能使三极管截止？此时 U_{CE} 和 V_{CC} 之间有什么关系？

(10) 请指出三极管分别在三种状态下，从电流的角度讲各有什么特征？

(11) 请指出三极管分别在三种状态下，从电压的角度讲各有什么特征？

(12) 三极管饱和后，是否还有受控电流源的特性？此时输出回路的电源电压增加，电流是否增加？

(13) 如果仅有一个集电极电流和一个基极电流的数据，可否求出三极管交流放大倍数？直流放大倍数呢？

(14) 测试三极管截止特性实验时，基极是否应该有电流？此时集电极的电流应该如何？

(15) 在图 2-2-1 中，测试三极管截止特性时，电压源 V_{BB} 应该保持多大？

(16) 在图 2-2-1 中，在只有电压表的情况下，如何测量基极和集电极电流？

(17) 在图 2-2-1 中，若测量 $U_{Rb} = 3V$，基极电流是多少？

(18) 在图 2-2-3 中，测量 M_2 点的是电压表黑表笔，其电压示数应该是正还是负值？实际电流是向左还是向右？

(19) 在做截止实验时，如何得到表 2-2-1 需要的各集-射极电压 U_{CE}？

(20) 在只有一个万用表的情况下，为什么通过测电压换算电流，比直接测量电流更方便？

(21) 三极管输出特性实验的操作顺序分哪三个基本步骤？

(22) 对于图 2-2-3 所示电路，设 I_B 为某个不为零的固定值，当调节 V_{CC} 时，你认为 I_C 会不会变化？请画出 I_B 为某一常数时，当 U_{CE} 由 0V 逐渐增加时，I_C 曲线变化的大致规律。

(23) 做三极管放大特性实验时，若 U_{CE} 变化，I_C 基本不变，是否正常？

(24) 三极管形成饱和的外部原因是什么？

(25) 对于图 2-2-1 电路，有哪 4 个因素会影响电路是否进入饱和状态？这 4 个因素最终影响的是什么参数导致电路发生饱和？

(26) 三极管开关电路的作用是什么？怎样才能使三极管起到开关的作用？

(27) 怎样求直流继电器吸合电流 $I_{J(ON)}$ 的大小？

(28) 继电器内部是由哪三个部分组成？

(29) 如果某发光管二极管导通后的电压恒定为 2V，请画出它的伏安曲线。

(30) 如果你设计的控制继电器的开关电路，器件和连线都没问题，但却不能使继电器吸合，请问该如何调整设计参数？（提高题）

实验 2-3　共射极放大电路及静态工作点调试

1．实验项目

（1）搭建基本共射极放大电路。

（2）设计和调试静态工作点 $Q(U_{CE})$。

（3）研究 Q 点与信号失真的关系。

（4）最大不失真电压放大倍数测试。

2．实验目的

（1）理解 Q 点对放大器正常工作的重要作用，掌握 Q 点调整的方法。

（2）加深理解小信号放大电路构成的基本原理。

（3）理解放大器出现截止失真和饱和失真的原因。

3．实验原理

3.1　放大电路的基本作用

基本的共射极放大电路如图 2-3-1 所示，它有两个激励源的输入端 u_i 和 V_{CC}，一个响应输出端 u。其中激励源 u_i 提供的是微小的需要被放大的交流信号，在分析时通常用一个频率在 1kHz 左右、幅度为几十毫伏的正弦波替代；激励源 V_{CC} 提供的是电压值相对 u_i 很高的直流电压（通常为几伏至几十伏），作用是为放大电路提供能量；把集电极与发射极之间的响应电压，经过电容 C_2 耦合传递给负载构成了输出端 u_o。放大电路的作用是：三极管在 u_i 的控制下，把直流电源提供的足够大的直流电压，按照若干倍于 u_i（通常为几十至几百）的固定比率，输送到输出端 u_o。

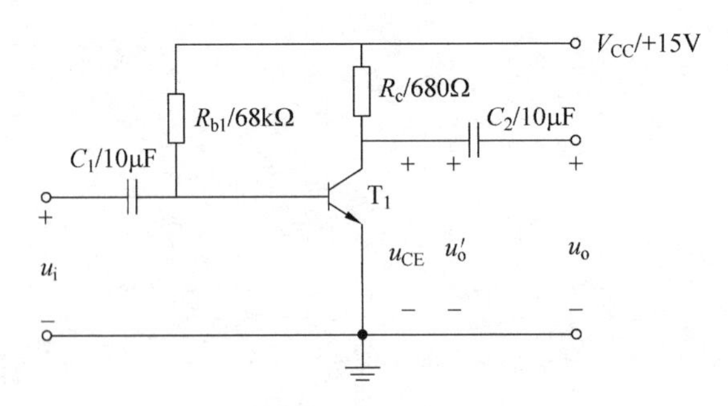

图 2-3-1　基本共射极放大电路原理图

3.2　信号的类型及书写规定

因为放大电路中同时有直流和交流两个激励源在起作用，因此在电路的各个环节中就会分别各自存在对交流和直流的响应信号。在分析电路时，经常需要把交流响应和直流响应分别单独分析，有时又需要把交流响应和直流响应合并在一起分析。因此在书写这些参量时，需要用参数符号和下脚标组合中不同的大小写形式来加以区分。以描述放大器输入端电压为例，图 2-3-2 给出了纯交流电压 u_i（以正弦波为例）、纯直流电压 U_I 以及交流和直流相叠加电压 u_I 对应的波形图，从图示中我们还可以看出交流分量、直流分量和叠加量三者之间的关系为 $u_I=U_I+u_i$。表 2-3-1 则给出了以描述某放大器输入端"i"的电压和三极管基极 b 的电流为例的书写示例。

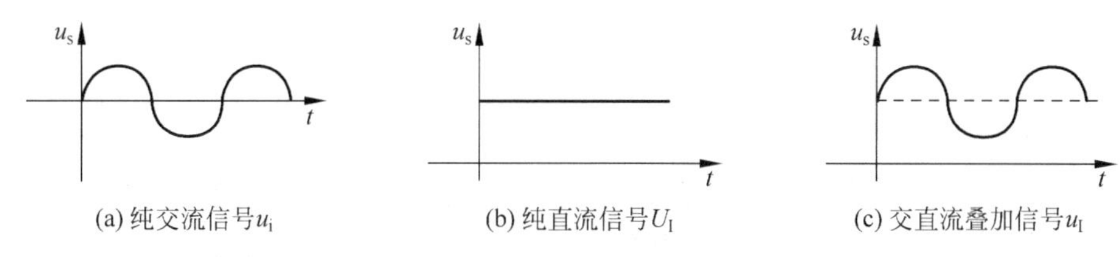

图 2-3-2 信号的书写方式与对应的波形

表 2-3-1 交直流信号的书写规范示例

项　　目	输入端电压	基极电流
纯交流信号	u_i	i_b
纯直流信号	U_I	I_B
交直流叠加信号	u_I	i_B

总结书写格式的规律，可以概括为：纯交流全小写，纯直流全大写，交直流小大写。

3.3 三极管输入特性曲线与小信号的输入方法

放大电路之所以能实现对微小的交流输入信号的放大，关键是利用了三极管基极和集电极之间的电流控制关系（$i_C=\beta i_B$），即通过把微小的输入电压加到三极管的输入端（基极和发射极之间），即在三极管输入端 b、e 之间得到信号电压 u_{be}，使在基极产生相应的基极（输入信号）电流 i_b，然后利用三极管的电流放大作用，在集电极得到比 i_b 大 β 倍的集电极（输出信号）电流 i_c，再利用电阻将电流信号转换成电压信号，便可实现对输入信号的放大。

但是，在把微小信号加到三极管 be 极之间时，我们会遇到如何才能在基极得到响应电流的棘手问题。从图 2-3-3 给出的硅三极管输入曲线（输入端电压 u_{BE}和输入电流 i_B 的伏安关系）和输入输出之间的响应关系可以看出，对于一个微小的纯交流电压信号 u_{be}（左侧的正弦波），由于它在波动的过程中始终小于 PN 结的死区电压（0.5V），所以输入回路始终没有得到响应电流，即 $i_b=0$。而对于位于右侧的信号电压 u_{BE}，虽然它的波动幅度与左侧电压 u_{be} 相同，但是可以看到由于 u_{BE} 在波动的整个过程中电压始终大于死区电压，所以输入端可以得到完整的响应电流 i_B，不再存在对微小信号没有响应电流 i_B 的问题。观察右边 u_{BE}的波形，它是微小的纯交流正弦电压 u_{be} 右移到 U_{BE} 这条直线上并以其为原点波动的结果，而 U_{BE} 这条直线代表的就是电压值为 U_{BE} 的直流电压，右移后的 u_{BE} 这条曲线实质上就是直流电压 U_{BE} 和交流小信号 u_{be} 叠加的结果，即

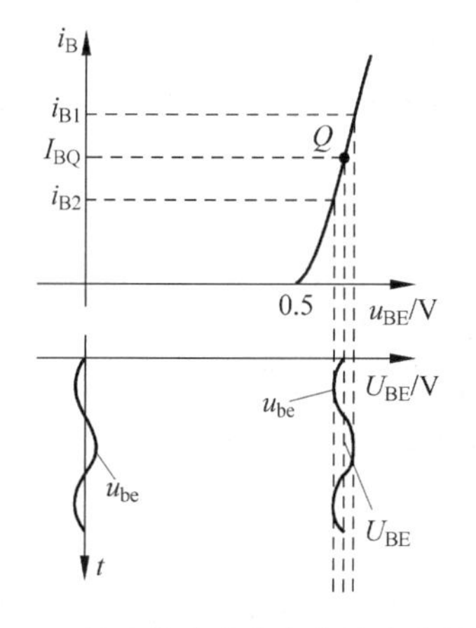

图 2-3-3 输入伏安曲线与信号响应的关系

$$u_{BE}=U_{BE}+u_{be} \tag{2-3-1}$$

式(2-3-1)告诉我们，要想让微小的交流电压在 be 结上产生响应电流，就必须要同时给 be 结提供足以使其导通的直流(静态)电压。从图 2-3-3 中可以看到，该电压产生的直流电流为 I_B，这告诉我们还可以从另一个视角得到相同的答案，即要想让微小的交流电压在 be 结上产生响应电流，就必须要同时使 be 结有足够的直流(静态)电流。

3.4　主要静态参数及调整方法

由于直流电压与直流电流的恒定性，因此又称它们为静态电压或静态电流。放大电路中任意部分的电压或电流都是由直流分量和交流分量合成(叠加)的，从图 2-3-2 中可以看出，直流(静态)参数是交流(动态)信号波动的原点，若原点设置不当，就会造成电路没有响应或响应异常的严重问题。因此，在三极管放大电路中，静态参数的设计就成为设计中最为关键的第一步。

求电路中的静态参数，就是求交流输入信号为零(电路中没有交流分量)，或将交流信号的通路断开后，电路中的直流电压或电流。对于图 2-3-1 所示放大电路，把交流通路断开后的直流等效电路如图 2-3-4 所示，静态参数分析主要包含有基极静态电流 I_B、集电极静态电流 I_C 和集-射极之间电压 U_{CE} 这三项。

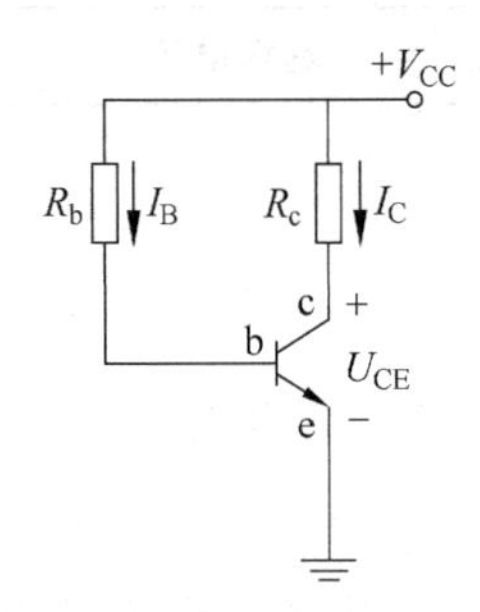

图 2-3-4　基本共射极放大电路的直流等效电路

对于输入回路，由 KVL 关系，得

$$V_{CC}=U_{Rb}+U_{BE}$$
$$=R_bI_B+U_{BE}$$

由上式得

$$I_B=(V_{CC}-U_{BE})/R_b \tag{2-3-2}$$

在式(2-3-2)中，U_{BE} 和 V_{CC} 是固定值，基极静态电流的大小需要通过调节 R_b 来实现。

三极管有截止、放大、饱和三种状态，在图 2-3-4 电路中，由于 V_{CC} 已经给基极通路提供了电流，故它是非截止状态，只有放大和饱和两种状态的可能。由输出回路的 KVL 方程，得电路在饱和状态下集电极饱和电流 I_{CS} 和饱和电压 U_{CES} 之间的关系为 $V_{CC}=R_cI_{CS}+U_{CES}$，考虑到 U_{CES} 约 0.3V 可以忽略，得饱和电流

$$I_{CS}\approx\frac{V_{CC}}{R_c} \tag{2-3-3}$$

饱和电流反映了该电路在 V_{CC} 和 R_c 参数条件下，集电极电流可能达到的最大值，若按 $I_C=\beta I_B$ 计算集电极电流得出的结果大于饱和电流 I_{CS}，则说明三极管已处于饱和状态，实际电流为 I_{CS}。否则，则处于放大状态，集电极的实际电流为 $I_C=\beta I_B$。

由图 2-3-4 知输出回路的 KVL 方程为

$$U_{CE}=V_{CC}-R_cI_C \tag{2-3-4}$$

由上式知，静态电压 U_{CE} 是 I_C 的函数。I_C 为零时，U_{CE} 达最大值为 V_{CC}；I_C 达最大值 I_{CS} 时，U_{CE} 达最小值为 U_{CES}，可见 U_{CE} 的变化范围是限定在 U_{CES} 到 V_{CC} 这个区间的。图 2-3-5(a)给出了静态电压分别为 U_{CE1}、U_{CE2} 和 U_{CE3} 时所能得到的最大不失真输出电压波形。对于静态电压 U_{CE1}，当输入信号进一步增加时，输出波形底部因已进入饱和状态无法继续降低出现平底现象，被称为削底失真或饱和失真，其波形见图 2-3-5(b)；对于静态电压 U_{CE3}，当输入

信号进一步增加时，输出波形顶部因已进入截止状态($i_C=0$)无法继续增加而出现平顶现象，被称为削顶失真或截止失真，波形见图 2-3-5(c)；由于会出现上述两种失真，所以输出信号的幅度不能过大。为了能使输出信号的幅度尽可能的大，在忽略 U_{CES} 情况下，通常应将静态工作点 U_{CE} 设置在 $V_{CC}/2$ 处较为合理。

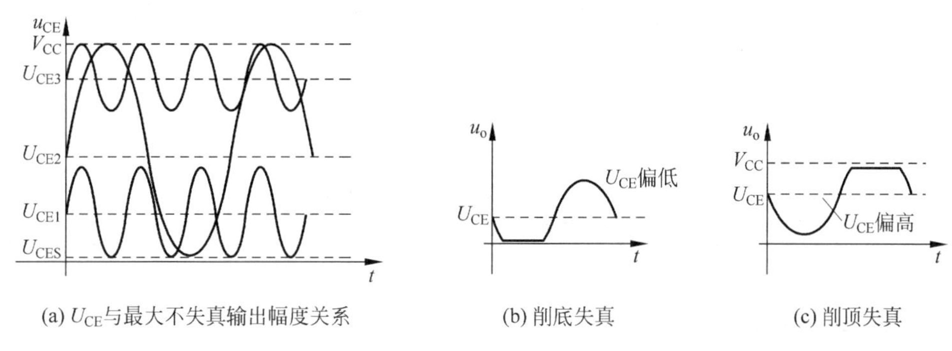

(a) U_{CE}与最大不失真输出幅度关系　　(b) 削底失真　　(c) 削顶失真

图 2-3-5　静态电压 U_{CE} 与输出信号幅度关系

3.5　电路故障及分析思路

电路故障可分为静态故障和动态故障两大类。调试时必须按照先调试静态，后调试动态的原则进行。这是因为静态信号是动态信号波动的原点，静态不对，动态就会因失去了波动的原点而无从谈起。就电路本身而言，静态故障问题相对较多，对电路的影响也相对较大。

(1) 静态调试流程。表 2-3-2 给出了以输出端电压 U_{CEQ} 为最终观测目标，由后向前推断的故障分析流程，按此流程检查会较快地发现问题所在。

表 2-3-2　基本共射放大电路静态故障检查表

<table>
<tr><th colspan="2">U_{CEQ}约等于 0V</th><th colspan="2">U_{CEQ}偏大或偏小</th><th colspan="2">U_{CEQ}约等于 V_{CC}</th></tr>
<tr><td rowspan="3">断开 R_b，U_{CEQ}是否仍约等于 0V</td><td>R_c 是否过大或开路</td><td rowspan="3">U_{CEQ}是否偏大</td><td rowspan="3">减小 R_b 或增加 R_c</td><td>U_E 是否不等于 0</td><td>发射极是否未接地</td></tr>
<tr><td>射极是否未接地</td><td rowspan="3">U_{BE}是否小于 0.5V</td><td>基极是否接地</td></tr>
<tr><td>三极管集-射间是否短路</td><td>R_b 是否过大或未接电源 V_{CC}</td></tr>
<tr><td rowspan="2">断开 R_b，U_{CEQ}是否等于 V_{CC}</td><td>R_b 是否过小</td><td rowspan="2">U_{CEQ}是否偏小</td><td rowspan="2">增加 R_b 或减小 R_c</td><td>发射结是否损坏</td></tr>
<tr><td>R_c 是否过大</td><td>R_c 是否过小或短路</td><td></td></tr>
</table>

(2) 动态调试流程。确定静态参数已经正常后，可以开始动态调试，若发现无法正常观察电路的动态波形时，请参考表 2-3-3 提示的流程进行检查。

表 2-3-3　基本共射放大电路动态故障检查流程表

序号	排查项目	排 查 对 象
1	示波器无自检波形	面板各控制按键状态是否正确(通道选择？自动扫描？信号模式接地？X 轴量程？Y 轴量程？上下位移？水平位移？同步控制？信号线损坏？)

续表

序号	排查项目	排 查 对 象
2	测量信号发生器 无输出波形	检查信号线 检查连接信号插孔是否正确 幅度衰减粗调和细调操作是否正确
3	三极管基极 对地无信号	示波器是否设置在交流(AC)模式 耦合电容连线是否断路
4	三极管集电极 对地无信号	输出耦合电容是否短路
5	输出信号有 削顶或削底失真	检查静态工作点U_{CEQ}是否在$V_{CC}/2$处 输入信号幅度是否过大

4. 实验设备与器件

(1) 直流稳压电源一台。

(2) 信号发生器一台。

(3) 双踪示波器一台。

(4) 数字万用表一块。

(5) 三极管、电阻、电位器、电容若干。

5. 实验项目与步骤

5.1　静态工作点的调试

5.1.1　要点概述

测试静态工作点，就是在输入信号开路情况下，通过调节偏置电阻R_b，使三极管集-射极之间电压U_{CEQ}达到要求数值的过程。U_{CEQ}可用直流电压表或示波器直流模式(DC)来测量，详细原理请参考本实验3.4和3.5。

5.1.2　实验步骤

(1) 按照左边输入、右边输出、上正下负，尽可能与电路图布局结构相一致的结构连接图2-3-1电路。

(2) 测量静态电压U_{CEQ}，将测量值和R_b记录于表2-3-4中相应处。

(3) 按照表2-3-4右侧的要求，调节R_b的阻值，使U_{CEQ}等于7.5V，将此时R_b的数值，记录于表2-3-4中相应处。

表2-3-4　静态参数调试数据

U_{CEQ}初始值		U_{CEQ}调整值	
U_{CEQ}/V	R_b/Ω	U_{CEQ}/V	R_b/Ω
		7.5	
U_{CEQ}与偏置电阻R_b之间作用关系机理的分析			

5.2　观察信号放大作用及缩顶失真

5.2.1　要点概述

可以用双踪示波器的两个通道分别测量输出信号和输入信号的幅度，从中看到信号放大的作用，以及它们的相位关系。缩顶失真是指输出信号的顶部变矮了一段，它是 be 结特性曲线具有非线性引起的非线性失真，它可以通过示波器的 X-Y 模式直观看出。

5.2.2　实验步骤

（1）将信号源参数设置为：2kHz 正弦波，幅度暂定为 $20\text{mV}_{\text{P-P}}$。

（2）示波器选择双踪模式，CH1(X)通道接放大器输入端，CH2(Y)通道接放大器输出端；零位线居中，信号模式选交流(AC)；同步信号选 CH2。

（3）调节输入信号 u_i 幅度，使输出信号 u_o 波形的上部或下部将要出现较明显的被削平的情况为止。用示波器分别测量输入信号 u_i 和输出信号 u_o 的幅值，记录于表 2-3-5 中。

（4）观测输入输出信号波形的相位关系，将波形记录于表 2-3-5 中相应处。

（5）将示波器的 X 轴量程旋钮置于 X-Y 模式，观测基本共射极放大电路存在较大的非线性失真现象，将波形记录于表 2-3-5 中相应处。

（6）断开偏置电阻 R_b，观察示波器 Y 轴信号是否消失，请分析原因？

表 2-3-5　输入输出信号关系分析

测量条件	测量数据		计算分析	
U_{CEQ}/V	u_i 电压幅值	u_o 电压幅值	A_u 的实验计算值	A_u 的理论计算值
7.5				
波形及相位关系图			X-Y 模式图形记录	
产生反相位关系的机理分析			相关分析： 图形在第Ⅱ、Ⅳ象限，说明输入信号和输出信号的相位关系如何	
电压放大倍数计算			如何在 X-Y 模式图形中，观测出电压放大倍数	

5.3　观察削顶(截止)失真与削底(饱和)失真

5.3.1　要点说明

静态工作点 U_{CEQ} 偏高,说明静态电流偏小,在电流波动幅度加大的过程中,将首先出现截止(削顶)失真;静态工作点 U_{CEQ} 偏低,说明静态电流偏大,在电流波动幅度加大的过程中,将首先出现饱和(削底)失真。静态参数的调整,是通过调整偏置电阻 R_b 来实现的。相关原理请参见本实验 3.4 部分。

5.3.2　实验步骤

(1) 断开信号源,改变 R_b 阻值,使 $U_{CEQ}=3V$。

(2) 接通信号源,使信号幅度由最小逐渐增加,直至输出信号 u_o' 的底部发生较明显的平底现象(饱和失真)。用示波器测量输出信号 u_o' 的波峰电压值及波谷电压值,将数值记录在表 2-3-6 中相应处。

(3) 断开信号源,改变 R_b 阻值,使 $U_{CEQ}=12V$。

(4) 接通信号源,使信号幅度由最小逐渐增加,直至输出信号 u_o' 的顶部发生较明显的上升迟缓现象(截止失真)。用示波器测量输出信号 u_o' 的波峰电压值及波谷电压值,将数值记录在表 2-3-6 中相应处。

表 2-3-6　削顶与削底实验数据及分析

$U_{CEQ}=3V$		$U_{CEQ}=12V$	
u_o' 波峰电压=	u_o' 波谷电压=	u_o' 波峰电压=	u_o' 波谷电压=
输出电压向上波动空间的分析		输出电压向上波动空间的分析	
输出电压向下波动空间的分析		输出电压向下波动空间的分析	
最大不是真幅度分析		最大不是真幅度分析	

6. 预习思考题

(1) 基本共射极放大电路有几个输入端?谁是提供能量的,谁是需放大的微变信号?

(2) 微小信号在放大电路中的作用是什么?

(3) 放大电路的基本作用是什么?

(4) 放大电路的核心器件是什么?它的具体作用是什么?

(5) 默画图 2-3-1 电路图,并理解每一个元件的作用。

(6) 放大电路中为什么会同时有交流和直流两种分量?

(7) 正弦波电压在一个周期内积分为零,所以它是纯交流分量,这个说法对吗?

(8) 如果一个波形是把正弦波向上平移一段所得,则该波形中含有一定的电压值为正的直流分量,对吗?

(9) 某参数用小大写组合的符号，表示该参数中既包含了直流分量，也包含了交流分量，对吗？

(10) 某参数用小大写组合的符号，表示该参数中一定含有直流和交流分量，对吗？

(11) 请指出表达式 $u_i=5+0.1\sin\omega t$(V)和 $u_I=5+0.1\sin\omega t$(V)哪一个正确？直流分量多少伏？

(12) 对于图 2-3-3，若 PN 结的死区电压为 0.5V，左边的微小信号可否在基极产生响应电流？

(13) 请问用什么方法，可以使死区电压为 1.8V 的器件，对幅值为 0.05V 的正弦波电压产生响应电流？

(14) 请结合图 2-3-3 三极管输入曲线分析，如果电路设计者通过某种手段使基极和发射极之间产生了直流电流，是否意味着它们之间也就必定存在了直流电压？

(15) 在调试静态参数时，是否允许有交流信号？

(16) 放大电路调试的第一步是调试什么参数？为什么说这一步是最重要的？

(17) 对于表达式 $u_I=5+0.1\sin\omega t$(V)，请解释"交流电压是以直流电压为原点波动"及"直流电压改变交流信号运行区间"的含义。

(18) 基本共射极放大电路的主要静态参数有哪三个？

(19) 对于式(2-3-4)，若 V_{CC} 和 R_c 已确定，调节 U_{CE} 应该改变电路中哪个元件的参数？

(20) 请指出图 2-3-1 电路中，集电极电流 i_C 的变化范围，集-射间电压 u_{CE} 的变化范围。

(21) 在示波器上观察波动电压，波动的最高点对地电压称为波峰电压，波动的最低点对地电压称为波谷电压。请问如何在示波器上确定地(零)电位的位置？

(22) 若在示波器上观测到某正弦波动电压的波峰电压是 12V，波谷电压是 6V，请问该波形的直流分量是多少伏？

(23) 如何确定静态工作点 U_{CE} 的值，才能使输出电压可以有最大的波动范围？

(24) 图 2-3-5 哪一种是饱和失真？哪一种是截止失真？

(25) 把示波器置于普通模式观察波形时，横轴代表什么物理量？

(26) 把示波器置于 X-Y 模式观察信号时，横轴代表什么物理量？纵轴代表什么物理量？

(27) 用示波器 X-Y 模式测量图 2-3-1 基本共射极放大电路时，CH1 通道接放大器输入信号，CH2 接输出信号，显示的图形为斜率绝对值为 50 的直线，请问放大倍数是多少？

(28) 共射极放大器的电压放大倍数为负值，问(27)题的直线应在第Ⅰ、Ⅲ象限还是第Ⅱ、Ⅳ象限？

(29) 有两个放大器，在用 X-Y 模式观察时，一个是直线，另一个不是直线，问哪一个保真度好？

(30) 对于(27)题，当把基极电阻 R_b 断开后，直线斜率变为零，请分析原因？

实验 2-4　射极偏置放大电路设计及主要参数的测试

1. 实验项目

(1) 射极偏置放大电路 Q 点的设计。

(2) 射极偏置放大电路稳定 Q 点作用观察。

(3) 射极电阻 R_e 对输入端映射效应的实验。

(4) 射极偏置电阻改善线性度的观察。

(5) 射极旁路电容 C_e 对电路动态特性的影响。

2. 实验目的

(1) 通过设计、计算和实际调试，掌握射极偏置放大电路 Q 点的设计方法。

(2) 体会射极偏置电路稳定 Q 点的作用。

(3) 理解射极回路电阻对基极端头映射作用的分析和计算方法。

(4) 了解射极偏置电阻对线性度的改善作用。

(5) 了解射极偏置电容 C_e 对电压放大倍数和静态参数 U_{CEQ} 设计的影响。

3. 实验原理

3.1　射极偏置放大电路稳定静态工作点的原理

图 2-4-1 所示射极偏置放大电路，在三极管的 β、环境温度等变化的情况下，具有稳定静态工作点的作用，其工作原理如下。

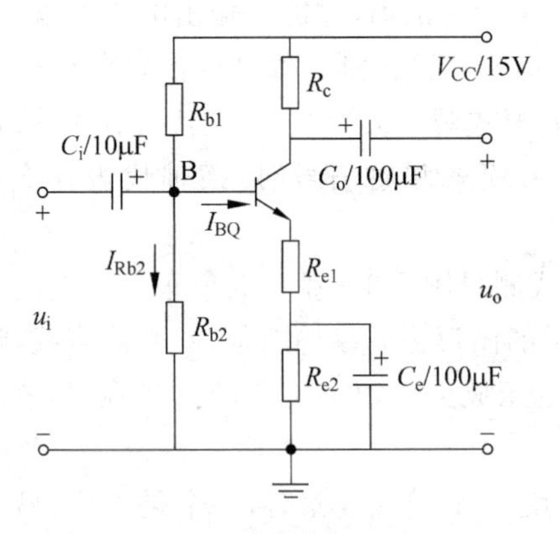

图 2-4-1　射极偏置放大电路

通过适当选择 R_{b1} 和 R_{b2} 的阻值，使 I_{Rb2} 的电流远大于 I_{BQ}(通常取 $I_{Rb2}>10I_{BQ}$)，这样在分析 B 点电压 U_B 时可以忽略 I_{BQ}，即 U_B 的大小不受 I_{BQ} 变化影响而是稳定的。当因某种原因使静态电流 I_{EQ} 增加时，将使 U_{EQ} 增加($U_{EQ}=(R_{e1}+R_{e2})I_{EQ}$)，而 be 结的静态电压 U_{BEQ}($U_{BEQ}=U_{BQ}-U_{EQ}$)将随之下降，从而使 I_{BQ} 下降，抑制了 I_{EQ} 的增加，实现了稳定静态工作点的作用。

3.2　射极偏置放大电路的设计方法

设计射极偏置放大电路时，一般要先确定射极静态电流 I_{EQ}、电压放大倍数 A_u、电源电压 V_{CC}、三极管电流放大倍数 β 的取值范围等参数。具体设计步骤如下。

(1) 确定 U_{BQ}。因为 U_{BQ} 基本不受电路参数变化的影响而相对独立，故应先确定 U_{BQ} 的值。一般取 $U_{BQ}=3\sim5V$，或等于三分之一的电源电压($V_{CC}/3$)，对于图 2-4-1 电路，可取 U_{BQ} 等于 5V。

(2) 确定电流 I_{Rb2}。假设设计要求为 $I_{EQ}=5mA$，则 $I_{BQ}=I_{EQ}/\beta$，因为要求 $I_{Rb2}>>I_{BQ}$，故本设计可取 $I_{Rb2}=20I_{BQ}$。

(3) 确定 R_{b2} 和 R_{b1} 的阻值。由图 2-4-1 得

$$R_{b2}=\frac{U_{BQ}}{I_{Rb2}}=\frac{U_{BQ}}{20I_{BQ}} \tag{2-4-1}$$

$$R_{b1}=\frac{V_{CC}-U_{BQ}}{I_{Rb2}+I_{BQ}}=\frac{V_{CC}-U_{BQ}}{20I_{BQ}+I_{BQ}} \tag{2-4-2}$$

若电阻计算值与实物数值的大小有一定差距，应按照取小不取大的原则处理。

(4) 确定 R_c。对于图 2-4-1 所示共射极放大电路，R_c 的计算公式为

$$R_c=V_{CC}-U_{BQ}/2I_{EQ} \tag{2-4-3}$$

(5) 由放大倍数确定 R_{e1} 阻值。根据图 2-4-1 的交流等效图，可得电压放大倍数 A_u 表达式为

$$A_u=-\beta\frac{R_c}{r_{be}+(1+\beta)R_{e1}}\approx-\frac{R_c}{R_{e1}} \tag{2-4-4}$$

由此可得

$$R_{e1}=-R_c/A_u \tag{2-4-5}$$

(6) 确定 R_e($R_e=R_{e1}+R_{e2}$)及 R_{e2} 的阻值。由图 2-4-1 得

$$R_e=\frac{U_{EQ}}{I_{EQ}}=\frac{U_{BQ}-U_{BEQ}}{I_{EQ}} \tag{2-4-6}$$

$$R_{e2}=R_e-R_{e1} \tag{2-4-7}$$

(7) 确定耦合电容。耦合电容的作用是通过交流信号，隔断直流信号。耦合电容容量确定的原则是：电容和所连接电路形成的时间常数 τ 应远远大于信号各种频率成分中最低频率的周期 T_{max}。本电路取 C_i 不小于 $10\mu F$，C_o 和 C_e 不小于 $100\mu F$。

3.3　射极电阻 R_e 对输入端映射变换的效应

在图 2-4-1 电路中，三极管输入端的电流通路是从基极流入，射极流出，再经由 R_{e1}、R_{e2} 和 C_e 组成的电路后到地。对于直流分析而言，电容 C_e 开路，输入通路是由 be 结、R_{e1} 和 R_{e2} 连接而成；对于交流分析而言，电容 C_e 短路，输入通路是由 be 结和 R_{e1} 连接而成。由于 R_{e1} 等元件是处于基极(输入)回路和集电极(输出)回路两路电流的汇合支路上，故 be 结和 R_{e1} 等元件不是串联关系，在计算从输入端望入的电阻时，需要用电阻映射变换的思维方式处理。图 2-4-2(a)是射极含有电阻 R_e 的电路，图 2-4-2(b)是在分析基极端望入的电阻时，把射极电阻 R_e 换成 R_b' 射极到基极端的等效电路。R_e 与 R_b' 之间的换算关系分析如下。

以静态分析为例，基极电压 U_B 和基极电流 I_{BQ} 之比，反映了从基极望入的输入电阻 R_b，即

$$
\begin{aligned}
R_b &= \frac{U_{BQ}}{I_{BQ}} = \frac{U_{BEQ} + U_{Re1} + U_{Re2}}{I_{BQ}} \\
&= \frac{U_{BEQ} + R_{e1} I_{EQ} + R_{e2} I_{EQ}}{I_{BQ}} \\
&= \frac{U_{BEQ} + (R_{e1} + R_{e2})(1+\beta) I_{BQ}}{I_{BQ}} \\
&= \frac{U_{BEQ}}{I_{BQ}} + (1+\beta)(R_{e1} + R_{e2}) \\
&= \frac{U_{BEQ}}{I_{BQ}} + R_b'
\end{aligned}
$$

由上式可知：①由于 R_e 的存在（$R_e = R_{e1} + R_{e2}$），使三极管的输入阻抗增加了一个部分 R_b'，这部分的特点是将 R_e 扩大了$(1+\beta)$倍；②第一项 U_{BEQ}/I_{BQ} 反映的是 be 结对静态电压表现的电阻，它和$(1+\beta)R_e$ 相加，反映了它们是串联关系；③考虑到第一项中反映 be 结电压的 U_{BEQ} 事实上变化很小，故仍然可以用 0.7V 电压源的模型替代。这样在分析三极管输入回路的直流等效电路时，可用图 2-4-2(c)虚线右半部分的 R_b' 和 0.7V 恒压源相串联进行等效变换，并且它告诉我们一个重要结论：当要研究发射极电阻 R_e 对基极电阻的影响时，可将 R_e 扩大$(1+\beta)$倍后移入基极电路即可。

图 2-4-2(c)虚线的左半部分是图 2-4-2(b)从 B 点和地之间的端口向左边望入的戴维南等效电路，V_{th} 是基极开路时测量端口电压得到的戴维南端口开路电压值，$R_{th} = R_{b1} \parallel R_{b2}$ 为端口的戴维南等效电阻。虚线的右侧是 B 点和地之间的端口向右边望入的基极回路等效电路。

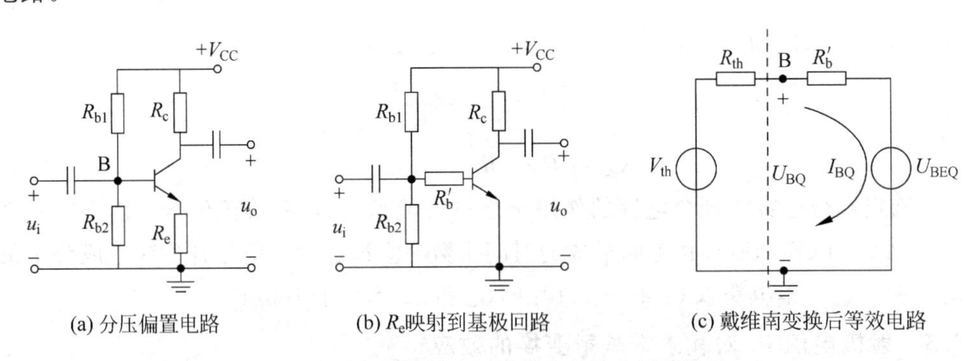

图 2-4-2　三极管输入回路静态电流分析等效图

3.4　射极电阻 R_{e1} 改善线性度的原理

在前边的实验中会发现，图 2-4-3(a)的基本共射极放大电路存在较明显的缩顶失真，该电路电压放大倍数的表达式为

$$A_u = -\beta \frac{R_c}{r_{be}}$$

其中，r_{be} 是三极管 be 结对交流信号表现的阻抗，即图 2-4-3(b)中 be 结伏安曲线斜率的倒数。显然在 A、Q、B 三个点上，r_{be} 是在逐渐增加的，这就意味着信号 u_{BE} 波动在波峰时对应

的 r_{be} 最小，信号放大倍数变得最大；u_{BE} 波动在波谷时对应的 r_{be} 最大，放大倍数变得最小。由于共射极放大电路输入和输出信号相位是相反关系，所以我们在输出端看到的现象是输出信号的波峰变矮，出现“缩顶”。

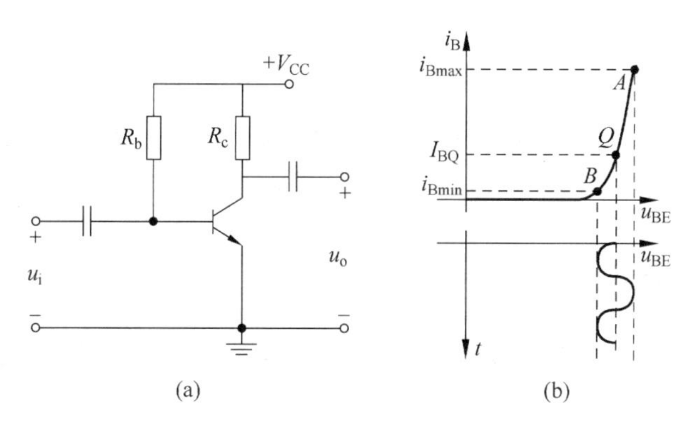

图 2-4-3　基本共射极放大电路缩顶失真分析

对于图 2-4-1 电路，电压放大倍数的表达式为

$$A_u = -\beta \frac{R_c}{r_{be} + (1+\beta)R_{e1}} \tag{2-4-8}$$

由于三极管的 β 通常在百倍以上，所以式(2-4-8)中的 r_{be} 和 β 项都可以忽略，而简化成

$$A_u = -\frac{R_c}{R_{e1}} \tag{2-4-9}$$

在式(2-4-9)中，放大倍数与 r_{be} 和 β 项均无关，仅和电阻有关，因此该电路的电压放大倍数相对变得稳定，缩顶现象基本消失。

3.5　射极偏置电容 C_e 对静态参数 U_{CEQ} 设计的影响

由于在设计耦合电路电容的容量时，时间常数 τ 要远远大于信号频谱中最低频率的周期，使电容上的电压变化相对较小，因此在电路分析中，各种耦合电容均可以作为恒压源等效变换。图 2-4-1 中电容 C_e 的静态电压为 U_{Re2}($U_{Re2}=R_{e2}I_{EQ}$)，将该电容用电压值为 U_{Re2} 的恒压源进行等效，得到如图 2-4-4 所示电路。

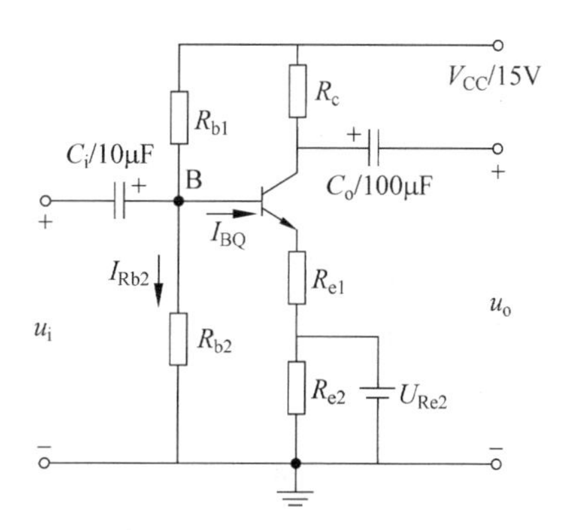

图 2-4-4　对射极偏置电容 C_e 等效变换的电路

在图 2-4-4 中，当三极管电流最小（截止）时，三极管集-射极之间电压 u_{CE} 最大，$u_{CE(max)}=V_{CC}-V_{Re2}$；当三极管饱和，集-射极之间电压达到最小，$u_{CE(min)}=u_{CES}\approx 0V$，$u_{CE}$ 的变化范围为 $u_{CE(max)}-u_{CE(min)}=V_{CC}-U_{Re2}$。为了在 u_{CE} 上能得到信号的最大波动幅度，静态工作点应按照 $U_{CEQ}=(V_{CC}-U_{Re2})/2$ 的原则设计为好。

通过上述分析示例可知，对于射极有耦合电容的电路，只要将该电容上的静态电压用相应的恒压源替换，在分析输出回路动态信号时，凡是涉及直流电源 V_{CC} 时，均用 $V_{CC}-U_{Re2}$ 替换即可。

4. 实验设备与器件

直流稳压电源、示波器、信号发生器各一台，数字万用表一块，三极管、电阻、电容若干。

5. 实验项目与步骤

5.1　射极偏置放大电路静态参数的调试及稳定静态工作点的实验

5.1.1　要点概述

射极偏置放大电路静态工作点的调试流程，与设计流程相同，即按照调试 U_{BQ}，U_{EQ}，U_{CEQ} 的顺序进行。在电路调试和故障现象分析时，可参考本实验 3.1 和 3.2 的原理及计算方法部分；关于射极电阻对基极的映射作用，请参见本实验 3.3 部分。

5.1.2　实验步骤

(1) 测量三极管 β 记录于表 2-4-1 β_1 栏中。

(2) 连接自己设计的射极偏置放大电路。

(3) 将三极管拆掉后，测量 B 点电压是否接近设计值，并将数据记录于表 2-4-1 中 U_{th} 处。

(4) 重新连接三极管后，再次测量 B 点电压，该电压应较 U_{th} 略有下降，将数据记录于表 2-4-1 中 U_{BQ} 处（若电压下降较大，说明三极管没有起到放大作用，应重点检查集电极部分通路是否正常）。

(5) 将集电极电阻 R_c 断开，再次测量 B 点电压，该电压应较 U_{BQ} 有明显下降，将数据记录于表 2-4-1 中 U'_{BQ} 处。

(6) 测量 be 结和电阻 R_{e2} 上电压，记录于表 2-4-1 中相应处。

(7) 测量集电极-发射极之间电压 U_{CEQ}，该电压应约等于 $(V_{CC}-U_{Re2})/2$，将数据记录于表 2-4-1 中 U_{CEQ1} 处（若该电压差距较大，应调整集电极电阻 R_c）。

(8) 拆下原三极管，测量另一只三极管 β 值并记录于表 2-4-1β_2 栏中；安装此三极管，测量此时静态电压 U_{CEQ}，并记录于表 2-4-1 中 U_{CEQ2} 处。

表 2-4-1　射极偏置放大电路静态工作点测试表

β_1		U_{th}		U_{BQ}		U'_{BQ}		U_{BEQ}	
U_{Re2}		U_{CEQ1}		β_2		U_{CEQ2}			

实验数据分析：

请分析为什么在做 5.1.2 实验步骤(4)时，U_{BQ}相对 U_{th}只发生了微小的下降？

为什么在做 5.1.2 实验步骤(5)时，断开 R_c 后 U'_{BQ}发生了明显的下降？

请参考图 2-4-2 所示等效电路，写出利用 U_{th}、U_{BQ}和 U_{BEQ}等测量值，计算射极映射到基极的电阻R'_b的表达式，并计算 R'_b的值。

根据计算的 R'_b和电路中 R_e 阻值，计算三极管的电流放大倍数 β'_1，与实测值 β_1 比较，分析数据是否正常

请分析在断开集电极电阻 R_c 后，以下相关问题

- 三极管是否还有放大作用________________
- 射极电阻 R_e 是否对基极还有$(1+\beta)$倍的映射作用________________
- 对于图 2-4-2 所示电路，R'_b和 R_e 是什么关系________________
- 解释为什么 U'_{BQ}会明显小于 U_{BQ}________________
- 请参考图 2-4-2 所示电路模型和测得的 U'_{BQ}电压值，计算 R'_b与 R_e 的阻值进行比较，说明原因

请计算以下数据：

- $|U_{CEQ1}-U_{CEQ2}|/U_{CEQ1}=$________________
- $|\beta_1-\beta_2|/\beta_1=$________________

比较上述两个计算结果，能看出射极偏置放大电路有什么优点

5.2　射极偏置电阻改善线性度的观察

5.2.1　要点概述

相对基本共射极放大电路，射极偏置放大电路可以极大地改善缩顶失真现象，相关原理请参见本实验 3.4 部分。

5.2.2　实验步骤

(1) 输入端接 2kHz 正弦波，信号幅值取最小值。

(2) 示波器置于双踪模式，CH1 接输入端 u_i，CH2 接输出端 u_o。

(3) 调整 u_i 幅度，使输出 u_o 幅度为 3V，观察输出波形缩顶情况。

(4) 将电阻 R_{e1} **短路，再次**调整 u_i，使输出 u_o 幅度为 3V，观察缩顶失真加大的现象。

(5) 在示波器置于 X-Y 模式下，重复步骤(3)、(4)，观察射极偏置放大电路非线性失真的情况。

5.3 关于射极旁路电容 C_e 对电路动态特性影响的实验

5.3.1 要点概述

因为射极旁路电容 C_e 电压基本恒定，故根据互易定理它可等效为一个恒压源，并按恒压源的性质对电路的动态特性产生影响，相关原理请参见本实验 3.5 部分。

5.3.2 实验步骤

(1) 调整 u_i 幅度，使输出 u_o 幅度为 3V，在表 2-4-2 中相应处记录下 u_i 和 u_o 的幅值。

(2) 保持 u_i 幅度不变，断开射极旁路电容 C_e，观察输出幅度 u_o 变化情况，记录于表 2-4-2 中 u_o' 处。

(3) 调整 u_i 幅度，使输出 u_o 无明显失真时的电压幅度达到最大，将该数据记录于表 2-4-2 中 u_o'' 处。

(4) 恢复射极旁路电容 C_e，调整 u_i 幅度，使输出 u_o 无明显失真时的电压幅度达到最大，将该数据记录于表 2-4-2 中 u_o''' 处。

表 2-4-2 旁路电容 C_e 对电路动态特性影响实验数据记录表

实验数据记录									
u_i		u_o		u_o'		u_o''		u_o'''	

实验数据分析：

请写出有旁路电容 C_e 时，计算电压放大倍数 A_u 的近似表达式及数值；根据 u_i 和 u_o 的测量值，计算实际 A_u 值；比较两者差别，分析原因。

请根据 u_o' 的测量值，计算在没有旁路电容 C_e 时，电路的电压放大倍数 A_u' 是多少？相对有旁路电容 C_e 时，A_u' 是增加还是减少？指出产生这种现象的原因。

请指出在没有旁路电容 C_e 时，输出 u_o'' 无明显失真时的最大电压幅度是多少？

请指出在有旁路电容 C_e 时，输出 u_o''' 无明显失真时的最大电压幅度是多少？

请指出有旁路电容 C_e 时，电压放大倍数是增加还是减少了？无明显失真时的最大电压幅度是否发生变化

6. 预习思考题

(1) 图 2-4-1 所示射极偏置放大电路的主要作用是什么？

(2) 射极偏置放大电路中，电阻 R_e 的作用是什么？

(3) 在什么电流关系条件下，可以把图 2-4-1 中 B 点的电压看成是稳定的？

(4) 图 2-4-1 所示射极偏置放大电路中，若直流电源 $V_{CC}=18V$，请问应如何确定 U_{BQ} 的值？

(5) 在设计射极偏置放大电路时，如果已知发射极静态电流 $I_{EQ}=2mA$，$\beta=100$，请问设计 I_{Rb2} 电流时，应不低于多少毫安比较合适？

(6) 如果计算图 2-4-1 中 R_{b2} 和 R_{b1} 的阻值时，结果分别是 13kΩ 和 47kΩ，实际取值时分别是 15kΩ 和 43kΩ，请问哪个取法正确？

(7) 如果要使三极管始终保证处于放大状态，请问集电极电压 u_C 与基极电压 u_B 之间应满足什么关系？

(8) 请分析图 2-4-1 中集电极电阻 R_c 上电压波动的最大值和最小值是多少伏？

(9) 图 2-4-1 所示射极偏置放大电路的电压放大倍数近似值由哪些参数确定？

(10) 图 2-4-1 中射极旁路电容 C_e 对静态参数是否有影响？对交流参数是否有影响？去掉 C_e 后，电压放大倍数会增加还是减少？

(11) 图 2-4-1 中耦合电容的作用是什么？

(12) 如果两个元件串联，它们的电流关系如何？图 2-4-1 中，be 结的电流和 R_{e1} 上的电流是否相等？它们是否构成串联关系？

(13) 图 2-4-1 中，若 $R_{e1}=1k\Omega$，$R_{e2}=5k\Omega$，$\beta=99$。对直流信号而言，这些电阻折算到基极端阻值是多少？对交流信号而言，这些电阻折算到基极端阻值是多少？

(14) 对于图 2-4-1，求 B 点和地点之间端口向左望入的戴维南等效电压 U_{th} 时，可以通过用电压表直接测量 B 点和地点之间电压的方法得到，请问这种操作方法依据的理论是什么？

(15) “图 2-4-1 中，B 点和地点之间端口向左望入的戴维南电阻是 R_{b2} 和 R_{b1} 的并联值，其他电路部分因为是和电压源相并联，故可以将它们等效为开路。这种思路是利用了和电压源并联的多个电路，当分析其中一个电路时，可将其他电路断开的等效原理。”你同意这种说法吗？

(16) 为什么耦合电容上的电压变化都很小？在这种情况下可以把耦合电容等效为什么器件？

(17) 在做“5.1 射极偏置放大电路静态参数的调试”的实验中，测量各种电压时，应该用数字表的交流电压挡还是直流电压挡？为什么？

(18) 对于图 2-4-1，若直流电压源 $V_{CC}=15V$，$I_{EQ}=5mA$，$A_u=20$，$\beta=200$。请设计电路中各电阻的阻值。(必做题)

实验 2-5　共集电极放大电路

1. 实验项目

(1) 观察射极跟随器电压跟随的特性。
(2) 观察射极跟随器阻抗变换的特性。
(3) 体验用射极跟随器驱动扬声器工作。
(4) 观察射极跟随器的频率特性。

2. 实验目的

(1) 了解射极跟随器电压放大倍数为 1 的特性。
(2) 掌握测量电路输入输出阻抗的方法。
(3) 了解射极跟随器高输入低输出阻抗的特性。
(4) 了解射极跟随器电流放大的作用。
(5) 学习测试电路频率特性的方法。

3. 实验原理

3.1　射极跟随器静态工作点的调试

图 2-5-1 是一个基本的射极跟随器电路。它的结构特点是输入信号加在基极，输出信号取自发射极。在设计输出端的静态工作点时，通常情况下仍按照静态最大值和静态最小值之间的中间值来取值。就图 2-5-1 电路来说，当三极管饱和，发射极静态电压达到最大值(约等于 V_{CC})；当三极管截止时(发射极电流 i_E 为零)，发射极静态电压达到最低值(0V)，因此静态工作点 U_{EQ} 应该取两者之间的中间值，即 $V_{CC}/2$。

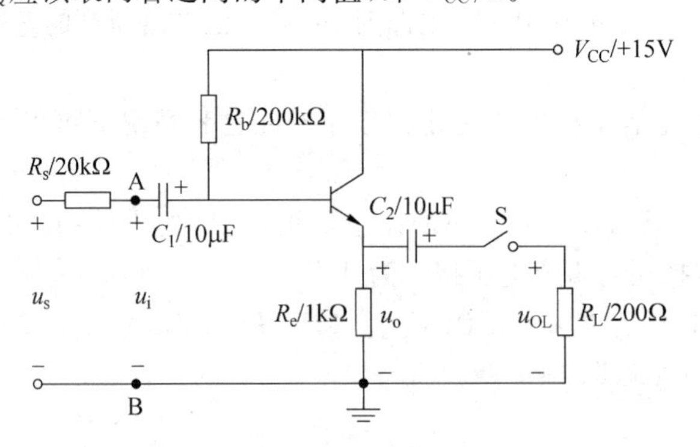

图 2-5-1　射极跟随器电路

因为发射极电阻 R_e 和输出端相连，调节该电阻将对输入和输出回路都带来影响，因此在调整静态工作点的时候，最好的方法是调整基极电阻 R_b，当需要静态电压 U_{EQ} 降低或升高时，则需要将电阻 R_b 增加或减小。

3.2　放大电路的基本模型

对于任何放大器，它的电路模型均可用图 2-5-2 虚线方框内的图来等效。放大器输入端的特性之所以要用电阻来做模型，是因为这样可以有效地分析出在放大器的输入端能够得到多大的输入电压 u_i 或输入电流 i_i。由分压定理知，当信号源的内阻 R_s 较大时，可以利用射极跟随器输入端的阻抗 R_i 可以做得很大的特点，使输入端得到较大的输入电压 u_i。

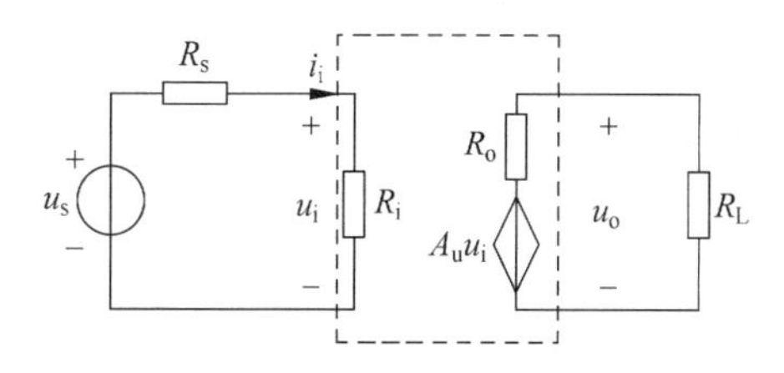

图 2-5-2　放大电路的一般模型

由图 2-5-2 可知，放大器输出端的模型就是戴维南电路模型，根据最大功率传输定理，输出端的负载可以得到的最大功率为

$$P_{\mathrm{Omax}}=\frac{U_{\mathrm{OC}}^2}{4R_o} \tag{2-5-1}$$

可见，对于电压源 U_{OC} 大小一定的情况，通过降低输出阻抗 R_o 就可以大大提高该放大器向负载输出的功率。射极跟随器正是利用自己的输出阻抗 R_o 比信号源内阻 R_s 可以降低许多的特点，使得虽然电压没有被放大，但输出功率却可以得到大大提高。

3.3　放大器输入电阻的测量方法

由图 2-5-2 的放大器电路模型可知，对于任何放大器的输入端或是任意电路的端口，如果我们需要知道该端口向内望进去阻抗的大小，可以利用分压原理的办法来测量计算。分压法需要的条件仅仅是一个信号源、一个已知电阻和一台测量电压的仪表而已。操作中需要测量的参数也只有信号源电压 u_s 和输入端口的电压 u_i。

对于图 2-5-2 的输入部分，由分压定理知

$$u_i=\frac{R_i}{R_i+R_s}u_s \tag{2-5-2}$$

因为 R_s、u_s、u_i 均已知或可测量，由式(2-5-2)得

$$R_i=\frac{u_i}{u_s-u_i}R_s \tag{2-5-3}$$

放大器的输入阻抗不可以用欧姆表直接测量。这是因为欧姆表测电阻时，用的是表内的直流电源，测得的阻抗是对直流电源表现的阻抗。而我们研究放大器的输入阻抗，是看它对我们给它输入信号的特定频率所表现出的阻抗。因此在用分压法测量输入阻抗时，信号源 u_s 的频率一定要与实际输入信号的频率相仿才行。

3.4　放大器输出电阻的测量方法

对于图 2-5-2 放大器电路模型的输出端部分，将 $A_u u_i$ 替换成 u_O，得到图 2-5-3。在求输出阻抗 R_o 时，我们同样可用分压法来测量计算。有所不同的是，电压源 u_O 是在放大器的内部，且它是一个等效出来的模型，并不能找到一个原始的电路与之直接对应进行测量，我们可以实施测量的位置又仅仅局限在输出端的端口上。但是我们考虑到在图 2-5-3 中，当开关 S 断开(未接负载)时，我们测量到的端口开路电

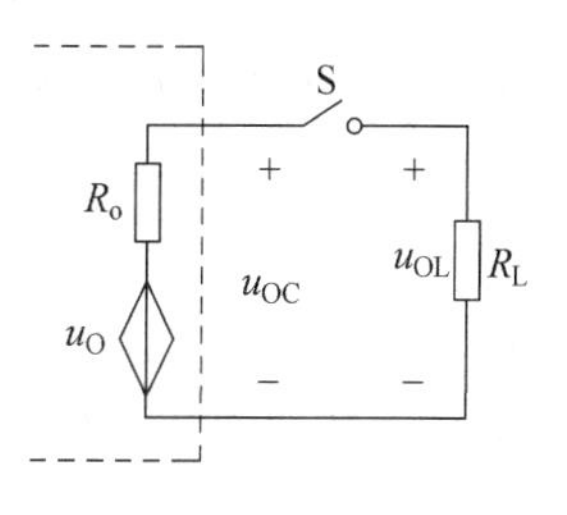

图 2-5-3　输出阻抗测试原理图

压 u_{OC} 就是放大器内部的电压源 u_O 这一事实时，以及在接通负载时可测得负载 R_L 上的电压 u_{OL}，由分压定理可得关系

$$u_{OL} = \frac{R_L}{R_L + R_o} u_O \tag{2-5-4}$$

因为 R_L、u_O、u_{OL} 均已知或可测量，由式(2-5-4)可得

$$R_o = \frac{u_O - u_{OL}}{u_{OL}} R_L \tag{2-5-5}$$

3.5　放大器幅频特性及其测量方法

放大器并不是对各种频率的信号都有同样的电压放大倍数。一般来说它只是对某个频率范围内的电压信号放大能力较强，对于这个频率范围之外的更高和更低一些频率的信号，放大能力都会衰弱。通常用幅频特性来描述放大器输出信号电压幅度和信号频率之间的关系，它反映了在输入电压的幅度保持不变的条件下，仅仅改变输入信号的频率，观察输出电压的幅度随频率改变而发生变化的情况。图 2-5-4(a)给出了一般的交流放大器幅频特性曲线的形态，图 2-5-4(b)则给出了一般的直流放大器幅频特性曲线的形态(直流放大器仅对频率较高的信号衰减增加)。在这两个图中，横坐标是表示频率从低向高的连续变化过程，U_{om} 是在频率从低向高的连续变化过程中，输出电压所能够达到的最大值，纵坐标的参数是反映在不同的频率条件下，放大器输出电压的幅度和输出所能达到的最大幅度 U_{om} 的比值，显然纵坐标的最大值是"1"。

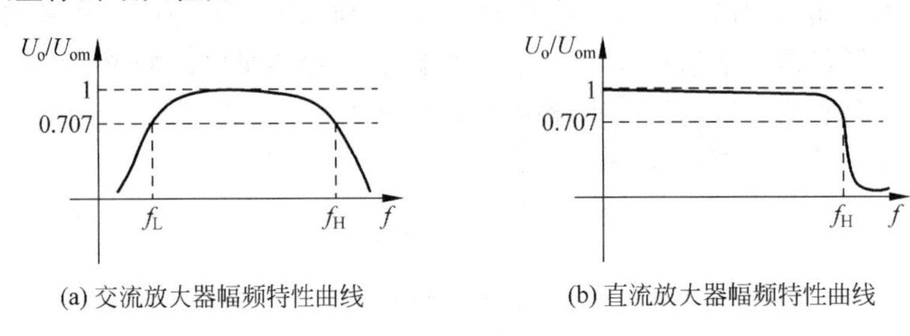

(a) 交流放大器幅频特性曲线　　(b) 直流放大器幅频特性曲线

图 2-5-4　放大器的幅频曲线示意图

测量某个电路的幅频特性，一方面是要观察该电路在信号的频率从低到高的整个变化过程中，电路输出端的电压幅度的变化的完整规律如何，另一个重要方面就是测出它的上限截止频率 f_H 和下限截止频率 f_L 这两个重要参数。从图 2-5-4(a)中可以看出，下限频率 f_L 是频率从中间对应电压为最大值 U_{om} 的位置开始向减小变化的过程中，u_O 也随之减小，当 u_O 降低到 U_{om} 的 0.707 倍时，对应的频率即为下限频率 f_L；上限频率 f_H 则是频率从中间对应电压为最大值 U_{om} 的位置开始向增加方向变化的过程中，u_O 同样也还会随之减小，同样是当 u_O 降低到 U_{om} 的 0.707 倍时，对应的频率即为上限频率 f_H。

在测量上下限频率的操作中，需要特别注意以下几点：①U_{om} 的值必须是在频率从低端到高端完整的变化一遍中所观察到的最大输出电压值；②在频率变化过程中，观察的波形不应有明显失真；③确定输出电压值 U_{om} 后，信号源输出电压的幅度必须保持恒定，不得发生变化！需要调整的仅仅是激励源的频率值。

关于放大器幅频特性的一个重要指标是通频带 f_B，通频带的计算公式为

$$f_B = f_H - f_L$$

3.6 射极跟随器阻抗变换的功能

射极跟随器的根本作用就是实现**阻抗变换**，以达到提高信号源带动负载的能力。

在图 2-5-1 的电路中，信号源 u_s 和电阻 R_s(20kΩ)相串联，构成了一个内阻大于 20kΩ 的**高阻信号源**(信号源自身还有一定的内阻，两者是相加关系)。如果把高阻信号源的输出端 A、B 不接射极跟随器，而改接 1kΩ 的负载 R_L，则负载 R_L 只能得到约为信号源 u_s 二十分之一的电压信号。但是如果将射极跟随器的输入端接在信号源 A、B 端，利用射极跟随器的输入阻抗很高，可以将信号源 u_s 的大部分电压信号承接到它的输入端 u_i 上，且由于射极跟随器的电压放大倍数接近为 1，所以它可以将输入端承接下来的电压，几乎全部传递到输出端 u_O 上。同时由于射极跟随器的输出阻抗 R_o 很小，因此负载 R_L 接在射极跟随器的输出端上，信号就不会有大的衰减。这就是用射极跟随器实现阻抗变换的作用。

因为射极跟随器有阻抗变换作用，所以它又常被称为"电流放大器"。这个称谓源于它输入端接的是高阻信号源，得到的电流非常小，而它输出端的内阻很小，可以输出较大的电流。小电流进、大电流出，故称其为电流放大器。在很多集成电路中，由于微型化的原因使这些器件允许输出的电流都很小，无法直接驱动负载工作。对于这种情况，通常都是用加一级电流放大器的办法予以解决。

4. 实验仪器和元件

(1) 直流稳压电源一台。

(2) 示波器一台。

(3) 信号发生器一台。

(4) 数字万用表一块。

(5) 三极管、电阻、电容若干。

5. 实验内容与步骤

5.1 射极跟随器基本特性的观察

5.1.1 要点概述

关于射极跟随器静态工作点设计的相关问题，请参见本实验原理介绍 3.2。

5.1.2 实验步骤

(1) 测量三极管的 β 值，记录于表 2-5-1 中。

(2) 按图 2-5-1 连接线路，调整偏置电阻 R_b 阻值，使 U_{EQ} 等于 $V_{CC}/2$，将 R_b 阻值记录于表 2-5-1 中。

(3) u_s 取 1kHz 正弦波，逐渐增加输入信号幅度直至输出电压 u_{OL}(带负载的输出电压)为最大不失真电压。在带载情况下，分别测量信号源电压 u_s 的峰峰值 $U_{SP\text{-}P}$，射极跟随器输入端电压 u_i 的峰峰值 $U_{iP\text{-}P}$，发射极电压 u_E 的波峰电压和波谷电压，带载电压 U_{OL} 的峰峰值 $U_{OLP\text{-}P}$，以及断开负载后测量输出端开路电压 U_{OC} 的峰峰值 $U_{OCP\text{-}P}$，将上述数据记录于表 2-5-1 相应处。

(4) 用双踪示波器同时测量射极跟随器输入端电压 u_i 和输出端开路电压 u_{OC}，并利用示波器上下位移旋钮，观察两个波形是否几乎完全可以重合？将波形重叠情况画在

表 2-5-1 相应处，并标明电压的峰峰值。

(5) 将负载电阻 R_L 连接到 A、B 两点之间，测量此时负载电阻上的电压 u'_{OL} 的峰峰值 U'_{OLP-P}，记录于表 2-5-1 中相应处。

表 2-5-1　射极跟随器信号电压测量数据

β	R_b	U_{SP-P}	U_{iP-P}	u_E 波峰电压	u_E 波谷电压	U_{OLP-P}	U_{OCP-P}	U'_{OLP-P}

u_i 和 u_{OC} 波形重叠情况波形记载

请写出根据 U_{SP-P}、U_{iP-P} 和信号源内阻 R_s 计算射极跟随器输入阻抗 R_i 的表达式，并计算其阻值。

请不用测试的电压数据，而用把射极电阻折算到基极回路的方法，计算射极跟随器的输入阻抗 R'_i，与用测量数据计算的 R_i 值比较误差并分析原因。

请写出根据 U_{OCP-P}、U_{OLP-P} 和负载电阻 R_L 计算射极跟随器输出阻抗 R_o 的表达式，并计算其阻值。

请不用测试的电压数据，而用理论分析的方法，计算射极跟随器的输出阻抗 R'_o，与用测量数据计算的 R_o 值比较误差并分析原因。

请分析 u_i 和 u_{OC} 的波形几乎完全重叠说明什么问题？

请分析，为什么输入端电压 u_i 和输出端电压 u_{OC} 几乎完全一样，但是 R_L 接在输出端时得到的电压 u_{OL} 却远远大于接在输入端时得到的电压 u'_{OL}？

请分析 u_E 波峰电压和波谷电压的数值，分析原因

5.2　电路幅频特性的测试

5.2.1　要点概述

关于电路幅频特性测试的问题，请参见本实验原理介绍 3.5 部分。

5.2.2　实验步骤

(1) u_s 暂取 100kHz 正弦波，调整输入信号幅度使输出电压 U_{OP-P} 为 2V 左右。

(2) 快速粗略地调整信号频率由低到高变化一遍，观察在哪个频段下输出电压幅值相对最高，将该频率定义为 f_M。

(3) 将频率设置在 f_M 上，再次调节输出电压幅度，使其等于 $2V_{P-P}(U_{om}=2V)$，然后保持输入信号幅度恒定不变。

(4) 在降低输入信号频率的同时观察输出电压幅度，当输出电压幅度降低到 $0.707U_{om}=1.414V$ 时，对应的信号频率即为该放大器的下限频率 f_L，将 f_L 记录到表 2-5-2 中。

(5) 反过来开始增加频率，输出电压幅度呈现由低到高达到 U_{om} 后又开始下降的过程，当电压再次降低到 $0.707U_{om}=1.414V$ 时，对应的信号频率即为该放大器的上限频率 f_H。

表 2-5-2　幅频特性测试记录表

f_L	f_H	f_B

5.3　用射极跟随器驱动扬声器工作的实验

5.3.1　要点概述

关于用射极跟随器做驱动的问题，请参见本实验原理介绍 3.6 部分。

5.3.2　实验步骤

(1) 用插头将手机的耳机信号引出(引出线一定要焊接一个 200～470Ω 之间的电阻，以防短路烧坏手机)，将引出线连接到射极跟随器输入端。

(2) 射极跟随器输出端接 8Ω 或 16Ω 的 0.25W 扬声器。

(3) 调节手机输出音量控制键，使扬声器声音达到最佳状态，体验射极跟随器驱动负载的效果。

6. 预习思考问题

(1) 如果要把图 2-5-1 电路的 V_{EQ} 调高，R_b 应变大还是变小？

(2) 放大电路输入端的模型为什么要用电阻？如果用电压表测量输入端有 2.2V 电压，可不可以用 2.2V 电压源作为输入端的模型？

(3) 查找教科书，写出射极跟随器输入阻抗 R_i 的表达式，请分析它与负载 R_L 有什么关系？

(4) 如果信号源的内阻较大，应采用什么样的电路来获得较大的输入信号？

(5) 放大器输出端的模型中含有电阻 R_o 是反映了什么问题？

(6) 如果放大器的输出电压已经不能继续增加，但是还需要增加它输出功率的能力，请问这种情况该如何解决？

(7) 查找教科书，写出射极跟随器输出阻抗 R_o 的表达式，请分析它与信号源内阻 R_s 有什么关系？

(8) 射极跟随器的输出阻抗比信号源的输出阻抗降低了很多，意义是什么？

(9) 用分压法测量放大器的输入阻抗，需要测量哪两个电压值？

(10) 如果某放大器放大信号的频率范围是 1000～2000Hz 之间，测输入阻抗时，信号源的频率取多大比较合适？

(11) 请画出放大器输出回路的电路模型，如何在输出端口测得受控电压源两端的电压？

(12) 测量放大器输出阻抗时，测量电压仪器的测量位置是否需要移动？

(13) 如果测得的带载电压 u_{OL} 大于空载电压 u_{OC}，结果可信吗？

(14) 研究电路的幅频特性，是研究哪两个参数间的关系？谁是自变量，谁是函数？

(15) 在测量电路的幅频特性时，输入信号的幅度可以改变吗？

(16) 上下限频率是怎样定义的？输出电压最大值 U_{om} 对应的频率 f_M 应该比 f_H 高还是低？比 f_L 高还是低？怎样找到 U_{om} 对应的频率 f_M？

(17) 如果某个芯片允许输出电流为 0.5mA，但是它的负载却需要 15mA 的电流才能正常工作，请问应如何解决这一问题？

实验 2-6 差分放大器(设计型)

1. 实验项目

(1) 按照要求设计并调试差分放大器电路的参数。

(2) 差模放大倍数 A_{ud} 测试。

(3) 共模放大倍数 A_{uc} 测试。

(4) 双端输入单端输出的共模抑制比测试。

(5) 单端输入单端输出的共模抑制比测试。

2. 实验目的

(1) 加强电路设计能力培养。

(2) 加深对差分电路性能的认识。

3. 实验原理

3.1 差分放大器的基本结构及静态工作点设计

如图 2-6-1 所示,差分放大器有两个输入端,给它们所加的信号分别用 u_{i1} 和 u_{i2} 表示。为了能从共性问题上反映差分放大器的特性,在分析电路时都是把两个输入端的信号看成是由差值信号 u_{id} 和均值信号(也叫共模信号) u_{ic} 这两种成分相叠加而成的,这两个信号的定义是

$$u_{id} = u_{i1} - u_{i2} \tag{2-6-1}$$

$$u_{ic} = \frac{u_{i1} + u_{i2}}{2} \tag{2-6-2}$$

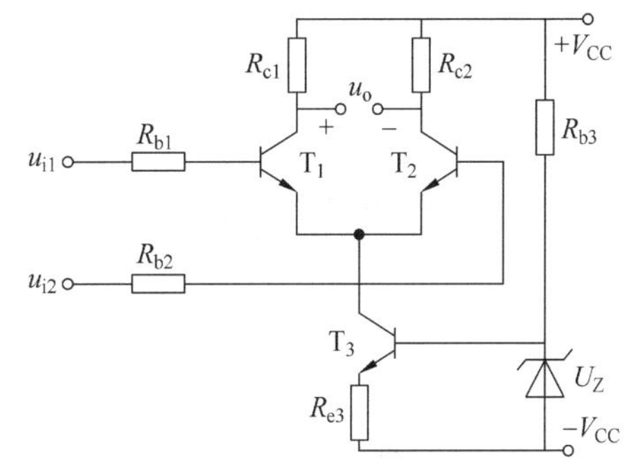

图 2-6-1 长尾式差分放大器电路

根据式(2-6-1)和式(2-6-2),我们可以得出以下关系:

$$u_{i1} = u_{ic} + \frac{u_{id}}{2} \tag{2-6-3}$$

$$u_{i2} = u_{ic} - \frac{u_{id}}{2} \tag{2-6-4}$$

式(2-6-3)和式(2-6-4)告诉我们,在差分放大器的两个输入端上,总是同时存在着两种信号:一种是两边大小一样、极性相同的信号,即共模信号 u_{ic};另一种是两边信号的幅值相同(差值信号的一半),但极性是相反的信号,我们称之为差模信号。u_{i1} 等于共模信号加差模信号,u_{i2} 等于共模信号减差模信号(在许多教材中,差值信号和差模信号是不加区分的,统统称之为“差模信号”,请读者注意内涵上的差别)。差分放大器的结构和参数具有对称性,所以它具有放大差模信号,抑制共模信号的功能。

在图 2-6-1 中,R_{b3}、U_Z、T_3、R_{e3} 构成了恒流源电路,恒流源电流的大小由 U_Z 和 R_e 决定,其关系为

$$I_{C3} \approx \frac{U_Z - U_{BEQ}}{R_e} \tag{2-6-5}$$

由式(2-6-5)知，恒流源电流的大小可通过调节电阻 R_{e3} 实现。

静态分析就是输入电压为零时对电路变量的分析，依据这个基本概念，可以得出把图 2-6-1 中 u_{i1} 和 u_{i2} 接地后，关于差分放大器静态分析的以下结论：电压 U_{C3Q} 等于 R_{b1} 上的静态电压降与 U_{BE1Q} 电压之和，U_{C1Q} 等于 V_{CC} 减去电阻 R_{c1} 上的静态电压降。为了有较大的不失真输出幅度，U_{CE1Q} 和 U_{CE2Q} 应取约等于 $(2V_{CC}-U_Z)/2$ 数值较为合适。

静态参数的调试可按以下三个基本步骤进行。

(1) 将 R_{b1}、R_{b2}、R_{c1}、R_{c2} 短路，调整 R_{e3} 使电流源达到设计要求；

(2) 调节 R_{b1} 和 R_{b2}，使 U_{C3Q} 达到设计要求；

(3) 调节 R_{c1} 和 R_{c2}，使 $U_{C1Q}=U_{C2Q}$ 并达到设计要求。

3.2　关于恒流源

理想恒流源对于信号的等效电阻为无穷大，利用这一特性，可以解决既为电路提供静态电流，又可以阻断信号的通路的问题。由于差模信号不通过恒流源，所以这种阻断作用不影响对差模信号的放大；而共模信号需要通过恒流源，受它的阻断作用影响，共模信号很难形成信号电流，故对共模信号的放大作用就很微小，这就是在差分放大器中引入恒流源的原因。

在放大状态下，三极管集电极的电流受基极控制，即 $i_C=\beta i_B$，这说明集-射极之间的电压变化不能够影响集电极电流的变化，集电极的电流表现出恒流性，故可以把它看成是一个恒流源。

在图 2-6-1 电路中，R_{b3} 和 U_Z 构成了稳压管稳压电路，它使 T_3 的基极电压 U_{B3Q} 得以稳定，集电极电流为

$$I_C \approx I_E = \frac{U_Z - U_{BE3Q}}{R_{e3}} \tag{2-6-6}$$

可见，恒流源电流的大小可通过调节 R_{b3} 来实现，R_{b3} 的作用与射极偏置放大电路稳定静态工作点的原理相同，其负反馈的作用机理如下

$$I_{E3}\uparrow \Rightarrow U_{E3}\uparrow \Rightarrow U_{BE3} = U_Z - U_{E3}\downarrow \Rightarrow I_{B3}\downarrow \Rightarrow I_{E3}\downarrow$$

通过上述分析可知，由于 R_{e3} 的存在，使任何原因引起集电极电流的趋势都将得到控制。

4. 实验设备与器件

直流稳压电源、示波器、信号发生器各一台，数字万用表一块，三极管、稳压二极管、电阻、电容若干。

5. 实验项目与步骤

5.1　静态工作点的调试

5.1.1　要点概述

恒流源部分调试请参见本实验原理 3.2 部分。

静态工作点调试请参见本实验原理 3.1 部分。

5.1.2　实验步骤

在调试差分放大器元件参数时，应注意尽可能保持电路的对称性。

(1) 选择一对 β 尽可能接近的三极管，作为差分放大器用三极管。

(2) 调试 R_{e3} 使 T_3 管构成的恒流源满足电流为10mA 的设计要求。

(3) 调整 R_{b1} 和 R_{b2} 的阻值，使满足 $U_{C3Q}=-7V$ 的要求。

(4) 调整 R_{c1} 和 R_{c2} 的阻值，使满足 $U_{C1Q}=U_{C2Q}=0V$ 的要求。

5.2　测试双端输入双端输出模式的共模抑制比

5.2.1　要点概述

共模信号实际上是一个信号源，它的负端接地，正端同时接差分放大器的两个输入端；差模信号而是把信号源二分之一分压，分压的中心点作为地电位，信号源正负极分别作为差分放大器两个输入端的信号。

5.2.2　实验步骤

(1) 信号源 u_s 取 $10mV_{P\text{-}P}$，1kHz 正弦波。

(2) 按图2-6-2所示电路连线，使 u_{i1} 和 u_{i2} 形成大小相等、极性相反的差模信号，并连接到图2-6-1的差放电路中。

(3) 测量差放差模输出电压 U_{od} 记录于表2-6-1中。

(4) 将信号源 u_s 负极接地，正极同时连接图2-6-1的 u_{i1} 和 u_{i2} 两个输入端，使构成共模输入信号。

(5) 测量差放共模输出电压 U_{oc} 记录于表2-6-1中。

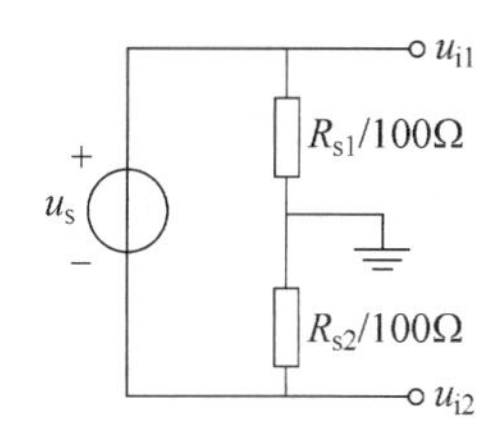

图2-6-2　差模信号的产生电路

5.3　测试双端输入单端输出模式的共模抑制比

5.3.1　要点概述

(略)

5.3.2　实验步骤

(1) 信号源 u_s 取 $10mV_{P\text{-}P}$，1kHz 正弦波不变。

(2) 把 u_O 的正极和地之间作为输出端，使形成差分放大器的单端输出模式。

(3) 分别重复上述输入差模信号和共模信号的操作，测量单端差模输出电压 U_{ods} 和单端共模输出电压 U_{ocs}，记录于表2-6-1中。

表2-6-1　差分放大器测试记录表

双入双出					双入单出				
U_{od}	A_{ud}	U_{oc}	A_{uc}	K_{CMR}	U_{ods}	A_{uds}	U_{ocs}	A_{ucs}	K_{CMRS}

请分析双端输出和单端输出的共模抑制比有是否一致，并分析原因

5.4　测试单端输入单端输出模式的共模抑制比

自行设计单端输入单端输出工作模式下的共模抑制比实验方案，并对共模抑制比数据进行测试。

6．预习思考题

(1) 差分放大器的差模信号是怎样定义的？

(2) 差分放大器的共模信号是怎样定义的？

(3) 差分放大器输入端的信号可以看成是怎样的叠加关系？

(4) 差分放大器的基本作用是什么？

(5) 共模抑制比是怎样定义的？反映的是什么概念？

(6) 怎样用一个信号源构成差模信号？

(7) 怎样用两个信号源构成差模信号？

(8) 请写出差模放大倍数的计算表达式。

(9) 请写出共模放大倍数的计算表达式。

(10) 恒流源对交流信号的等效阻抗为多少？

(11) 差分放大器中引入恒流源的作用是什么？

(12) 图 2-6-1 中电阻 R_{b3} 的取值该如何计算？该电阻过大产生什么影响？过小会产生什么影响？

(13) 恒流源电流的大小可通过调节哪个电阻改变？

(14) 对于图 2-6-1 所示电路结构，请计算差分放大器元件的相关参数，要求为：$I_{E1Q}=I_{E2Q}=5\text{mA}$，$U_{C3Q}=-7\text{V}$，$U_{C1Q}=U_{C2Q}=0\text{V}$，$U_Z=3.3\text{V}$，$I_{Zmin}=2\text{mA}$，$I_{Zmax}=10\text{mA}$，$\beta_1=\beta_2=\beta_3=200$，$V_{CC}=15\text{V}$。

实验 2-7　三极管电路的应用(一)——电平指示电路

1. 实验项目

安装一个由半导体二极管和半导体三极管为主要元器件构成的电平指示电路。

2. 实验目的

通过电路实例,了解应用二极管恒压降模型法和三极管饱和及截止状态的实例。

3. 实验原理

电平指示电路,是在生活中常见的一种功能电路,如许多音响设备在它的前面板上有一排指示灯,随着音乐强弱的变化,给这排指示灯供电的电平也随之相应产生高低变化,这排指示灯便一会亮的多,一会亮的少,以此通过用视觉的方式来指示音量的大小。再比如充电器,当电池电压较低时黄灯亮,电压充好时绿灯亮,电压过高时红灯亮,也是电平指示电路应用的一个例子。电平指示电路有专门的集成芯片,AN6878 便是其中的一种。

在这里,为了能更好地理解三极管饱和与截止状态以及二极管大信号模型的应用,我们用分立元件来设计一个电平指示电路,体会其中的道理。电平监测电路的原理图如图 2-7-1 所示。

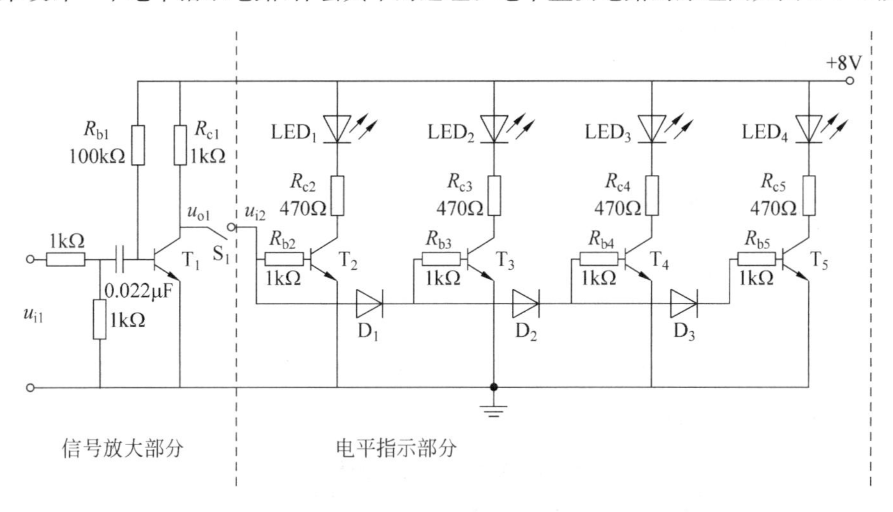

图 2-7-1　电平指示电路

在图 2-7-1 的电路中,三极管 $T_2 \sim T_5$ 组成的电路是用来检测电平的,需要被检测的**电平信号**加在输入端 u_{i2} 处,若 u_{i2} 的电平值(对地电压值),等于 0.7V 左右时,则会有电流经 R_{b2} 流入 T_2 的基极,使 T_2 处于导通状态。因为 R_{b2} 的阻值比较小,所以当 u_{i2} 的电压略高于 0.7V 时,T_2 的基极电流 I_{B2} 就会变得比较大,导致 T_2 进入饱和状态($V_{CE2} \approx 0V$),LED1 发光二极管被点亮,表明此时输入电平电压大于 0.7V。而对于三极管 T_3 的基极回路来说,待比较的电平信号 u_{i2},要通过二极管 D_1、电阻 R_{b3} 和 T_3 的 be 结,由于回路中有两个 PN 结相串连,显然只有 u_{i2} 的电平值大于 1.4V 时,三极管 T_3 才会处于导通状态,否则 T_3 处于截止状态。同理，只有当 u_{i2} 的输入电压分别大于 2.1V 和 2.8V 时，T_3、T_4 才会分别导通。

LED_1～LED_4 是 4 个发光二极管，它的 V-A 特性曲线与二极管的非常相似，只是发光二极管的死区电压不是 0.5V，而是 1.8V 左右，当它两端的电压大到 2.0V 左右时，其电压将不再随着流过发光二极管的电流的增加而增加，因此说它也是一个非常典型的非线性器件。本实验中使用的发光二极管的正常工作电流为 10～15mA，使用中不允许超过此电流值，电阻 R_{c2}～R_{c5} 就是为了防止发光二极管发生过流而设置的。发光二极管的 V-A 特性曲线示意图如图 2-7-2 所示。

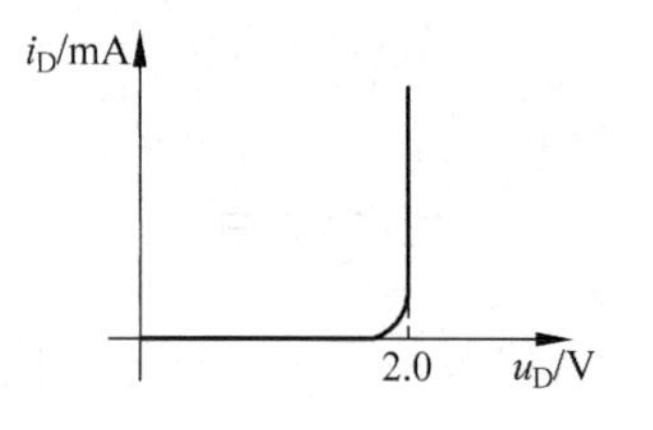

图 2-7-2 某 LED 伏安曲线

u_{i1} 是音频信号输入端，信号可以是来自 MP3 的音频信号（频率一般为 300～3000Hz）。T_1 是一个简单的共射极放大电路，当没有音频信号输入时，它工作在临界饱和状态（$V_{CE}\approx$ 0V），以保证在无音频信号输入时，u_{i2} 的电平是一个接近于 0V 的数值。因为共射极放大器输入输出信号是反相的，所以当输入的音频信号 u_{i1} 处于负半周时，在 u_{o1} 处便得到一个正的电压信号，将该信号作为电平信号送入 u_{i2}，它的强弱变化可使 LED_1～LED_4 的灯，或一个或几个或全部发光，达到指示输入信号强弱的作用。

4. 实验设备和元件

(1) 双路直流稳压电源一台。
(2) 万用表一块。
(3) NPN 三极管 5 只。
(4) LED 发光管 4 只。
(5) 二极管 3 只。
(6) 电阻若干。
(7) MP3 播放器一个（建议自备一个耳机插孔是圆形的 MP3 播放器）。

5. 实验内容和步骤

(1) 按图 2-7-1 连接电平指示线路。

(2) 断开 S_1，用双路直流稳压电源中的其中一路，作为输入电平接 u_{i2} 端，调节 u_{i2} 从 0 至 3V 变化，观察电路工作状态，并将各 LED 开始发光时对应的输入电压 u_{i2} 记录在表 2-7-1 中。

表 2-7-1 实验数据记录分析表 1

项目	LED_1 亮	LED_2 亮	LED_3 亮	LED_4 亮
u_{i2} /V				

(3) 调节 u_{i2} 电平，使 LED_1、LED_2 亮，LED_3、LED_4 灭，测试 T_2～T_5 的工作状态，完成表 2-7-2 的测试内容。

表 2-7-2 实验数据记录分析表 2

V_{CE2}（LED_1 亮）	V_{CE3}（LED_2 亮）	V_{CE4}（LED_3 灭）	V_{CE5}（LED_4 灭）

(4) 通过前面实验，确认由 $T_2 \sim T_5$ 管组成的电平指示电路工作正常后，将 S_1 开关接通，用 MP3 输出的音频信号，作为 u_{i1} 的输入信号，经 T_1 的半波放大作用后，把信号送入电平指示电路。这时可看到指示灯会随着音乐强弱变化而亮灭变化，可用示波器估测 u_{o1} 的电平最大值是多少。

(5) 对预习思考题中不清楚的问题展开实验，寻求正确答案。

6. 预习思考题

(1) 请说出当图 2-7-1 中 u_{i2} 为 1.0V 时，哪个灯亮？为什么？

(2) 如果图 2-7-1 中 LED_2 处于点亮状态，问 u_{i2} 应在什么范围？

(3) 请分析图 2-7-1 的电路中 $T_2 \sim T_5$ 饱和时，集电极流过的最大电流应是多少，该电流的取值受哪几个因素影响，应由哪个元件来调整该电流的大小？

(4) 请计算，图 2-7-1 中输入端电平电压 u_{i2} 等于多少伏时，三极管 T_2 开始饱和？三极管 T_3 开始饱和时，输入端电平电压 u_{i2} 又应是多少伏？设三极管的 $\beta=150$，PN 结压降按 0.6V 计算。

(5) 请分析图 2-7-1 中 $D_1 \sim D_3$ 的作用是什么？

(6) 请分析图 2-7-1 中 $R_{b2} \sim R_{b5}$ 的作用是什么？

(7) 请分析如果把图 2-7-1 中 $R_{b2} \sim R_{b5}$ 的位置，都改在发射极和地之间串联(阻值大小可以重新调整)，这种电路结构合理吗？电路的工作情况会发生什么变化？

实验 2-8　三极管电路的应用(二)——电子测光电路

1. 实验项目

由半导体二极管和三极管构成的电子测光电路。

2. 实验目的

(1) 熟悉光敏电阻的特性。

(2) 学习用光敏电阻组成的测光电路。

(3) 了解用正反馈电路组成双稳态电路。

3. 实验原理

测光电路在日常生活中应用很多,如在照相机、楼道感应灯(识别是白天还是晚间)、电视机及工业控制等场合均有应用。

用光敏电阻组成的电子测光电路如图 2-8-1 所示。其中 R_{cds} 是用来测试光照强弱的光敏电阻。

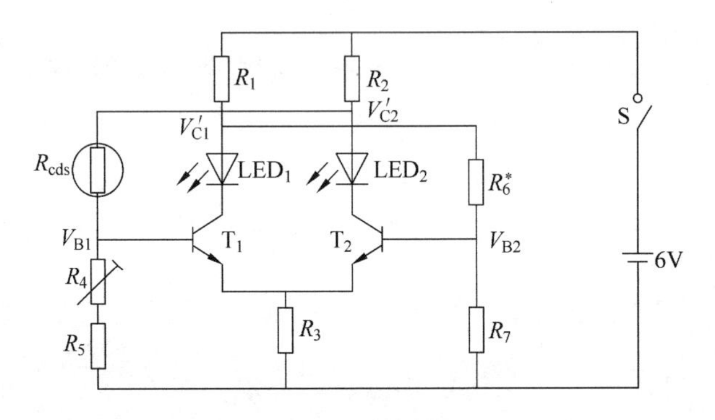

图 2-8-1　测光电路

光敏电阻的特性是,其表征电阻随着光照强弱而产生强烈变化。即光照越强电阻越小,光照越弱电阻越大,完全无光照时,电阻值变为最大。光敏电阻通常用硫化镉(CdS)制作。它有一个感光窗口,两个电路引脚,无极性之分。

图 2-8-1 的电路,是一个正反馈电路。其信号关系为

$$V_{B1}\downarrow \Rightarrow V'_{C1}\uparrow \Rightarrow V_{B2}\uparrow \Rightarrow V'_{C2}\downarrow \Rightarrow V_{B1}\downarrow$$

同理,对 V_{B2} 信号也存在这种正反馈的关系。正反馈是一个加速电路状态变化的电路,直至电路的状态变化到极致为止。因此该电路只有两个稳定的状态,要么 T_1 饱和 T_2 截止;要么 T_1 截止 T_2 饱和,这两种状态分别使 LED_1 或 LED_2 指示灯处于发光状态。通过光照强度的变化改变光敏电阻 R_{cds} 的电阻值,可控制 LED_1 和 LED_2 的亮灭。

4. 实验仪器和元件

(1) 直流稳压源一台。

(2) 万用表一块。

(3) 光敏电阻一只。

(4) 三极管、电阻、发光二极管等。

5. 实验内容与步骤

(1) 测试光敏电阻 R_{cds} 在实验室光照条件下及无光条件下的阻值。分别记录下亮阻和暗阻的阻值于表 2-8-1 中。

表 2-8-1　光敏电阻测试数据

亮阻/Ω	
暗阻/Ω	

(2) 按图 2-8-1 连接测光电路。其中 R_6^* 的阻值应选择介于 R_{cds} 的亮阻和暗阻之间的某一阻值。

(3) 改变光敏电阻的感光强度,尝试使 LED_1 和 LED_2 的状态发生改变。

(4) 若实验效果不佳,分析原因,自行修改电路参数,找出解决方案。

(5) 就预习报告中感兴趣的问题,按照拟定实验方案和步骤开展实验研究。

(6) 记录下实验中,元件参数调整的情况,及调试电路中出现的现象和参数值,以备实验总结中使用。

6. 预习思考题

(1) 请分析本电路中各元器件的作用。

(2) 如果实验中,不管如何调整光敏管的照度,LED_1 灯总是处于发光状态(不翻转),请分析出现这种故障的几种可能原因。

(3) 如果想改变感光电路的感光临界点(使电路状态发生翻转的那个光照强度),应改变电路中的哪个参数?

(4) 请分析本电路的 LED_1 和 LED_2 的导通状态相互转换时,是在相同的光照强度下实现的吗(R_{cds}是相同的吗)? 如果有差别,请从使用角度分析这种差别的利弊。若想缩小这个差别,请问应如何调整电路参数?

(5) 如果你有调试本电路的某些参数指标的想法,请拟定调试方法、调试步骤和数据测试记录表格。

实验 2-9　多级放大电路的设计(设计型)

请设计一个多级放大器,要求该放大器能将一个幅度为 20mV$_{P\text{-}P}$,内阻为 100kΩ,频率范围在 100～4000Hz 的正弦波信号进行放大,使之能够在阻值为 100Ω 的负载上得到 10V$_{P\text{-}P}$的不失真输出信号,放大器的电源电压为 15V。

实验 2-10 简易晶体管特性图示仪的设计(设计型)

晶体管特性图示仪是一种用来测试晶体管各种特性参数的专门仪器,其中最主要的一项,就是测试三极管的输出特性曲线。和我们在完成实验数据表 2-2-1 时的情况一样,在测试该项参数时,测试仪需要输出两种信号,其一是阶梯状的基极电流信号 i_B,其二是锯齿状的锯齿波电压 u_{CE},它们的波形分别如图 2-10-1 和图 2-10-2 所示,锯齿波扫描信号和阶梯波的基极电流信号在时间上的关系是,每当阶梯波变化一个阶梯,锯齿波便应完成一个扫描周期。

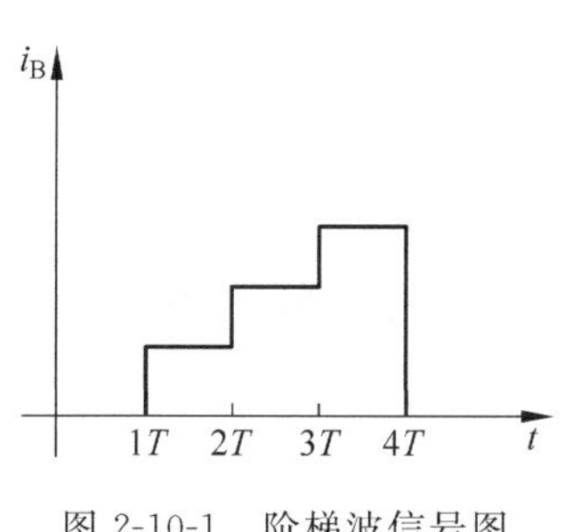

图 2-10-1 阶梯波信号图

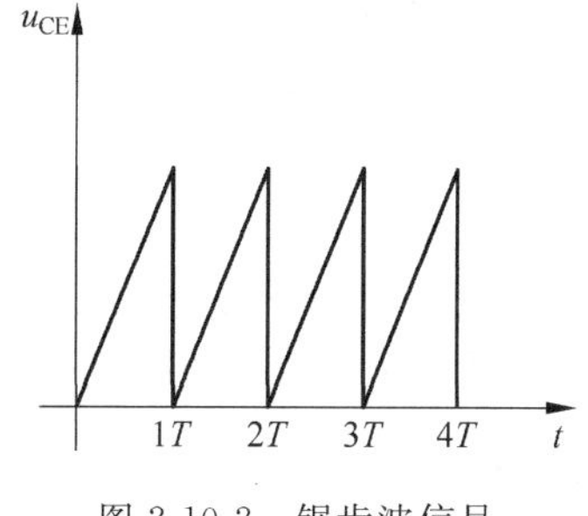

图 2-10-2 锯齿波信号

测试电路的基本原理图如图 2-10-3 所示,方波发生器发出的方波是测试电路的核心信号,将方波信号进行计数后再进行数模转换,便可形成阶梯形方波;对方波信号进行积分便可形成锯齿波。将双踪示波器置于 X-Y 模式,一路用来测量 A 点的电压,另一路用来测量 B 点的电压(B 点电压代表集电极电流,但极性和电流实际方向相反,可用示波器的反向功能将其再反相)。另外还需要强调的一点是,阶梯波发生器给基极提供的信号,应该是一个电流信号而不是一个电压信号,这就需要用到电流负反馈技术,在设计这个电路时必须要注意到这一点。

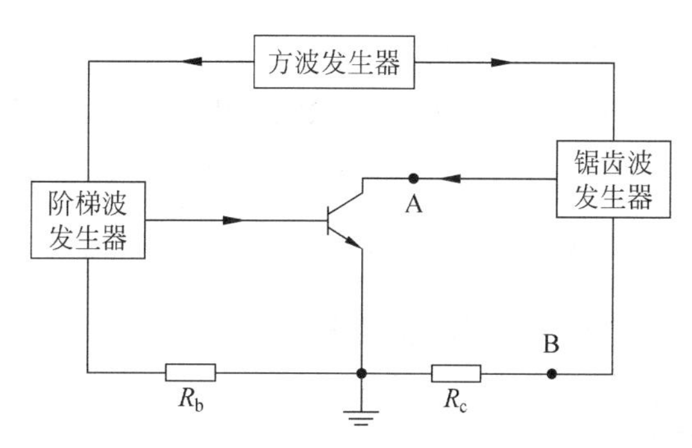

图 2-10-3 晶体管特性图示仪电路结构框图

第3单元　场效应管及其电路

实验3-1　场效应管放大电路的参数调试和测量

1. 实验项目

(1) 测试场效应管放大电路的静态工作点。

(2) 测试场效应管放大电路的输入阻抗和输出阻抗。

(3) 测试场效应管放大器的电压放大倍数。

2. 实验目的

(1) 了解结型场效应管的特点，掌握场效应管基本放大电路的工作原理。

(2) 进一步熟悉示波器等有关仪器的使用方法和基本放大电路的主要性能指标的测试。

3. 实验原理

场效应管放大器的静态工作点、电压放大倍数和输出电阻的测量方法，与前面实验中晶体管放大器的测量方法相同。但由于场效应管的输入电阻 R_i 比较大，限于测量仪器的输入电阻有限，其输入电阻的测量如果采用直接测输入电压 u_s 和 u_i 的方法，必然会带来较大的误差。因此为了减小误差，常利用放大器的隔离作用，通过测量输出电压 u_o 来计算输入电阻。测量电路原理图如图3-1-1所示。在放大器的输入端串联接入电阻 R，把开关S闭合($R=0$)，测量放大器的输出电压 $u_{o1}=A_u u_s$；保持 R 不变，再把开关S断开(接入 R)，测出相应的输出电压 u_{o2}。由于两次测量中 A_u 和 u_s 保持不变，所以有

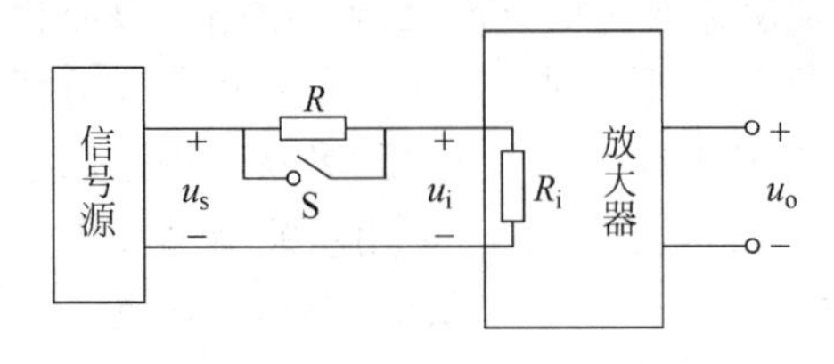

图3-1-1　输入阻抗测试介绍

$$u_{o2}=A_u u_i=A_u u_s\frac{R_i}{R+R_i}$$

从而得出

$$R_i=\frac{u_{o2}}{u_{o1}-u_{o2}}R$$

4. 实验设备与器件

(1) 直流稳压电源一台。

(2) 示波器一台。

(3) 信号发生器一台。

(4) 数字万用表一块。

(5) 结型场效应管 3DJ6、电位器、电阻和电容若干。

5. 实验项目与步骤

5.1　电路静态参数调试

5.1.1　要点概述

测量静态参数时,必须要把输入信号断开并把输入端接地。

5.1.2　实验步骤

(1) 按照图 3-1-2 所示原理图连接电路,确认电路接线无误之后接通电源。

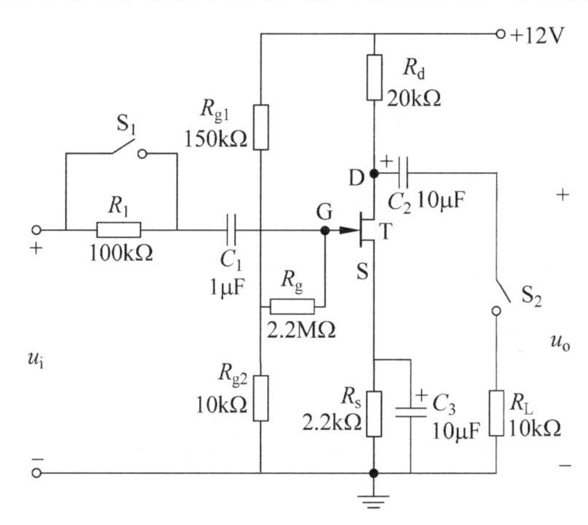

图 3-1-2　输出阻抗测试介绍

(2) 输入端接地,用万用表直流电压挡测量场效应管栅极电压 U_G、源极电压 U_S 和漏极电压 U_D,把结果记录下来填入表 3-1-1 前三列中,计算得到 U_{GS}、U_{DS} 和电流的数值 I_D 填入后三列中。

表 3-1-1　场效应管测试数据

U_D/V	U_S/V	U_G/V	U_{GS}/V	U_{DS}/V	I_D/mA

请分析所测量的静态参数是否具有合理性

请分析在该静态条件下,输出信号的波动范围(设夹断电压为 2V)

5.2　电路动态参数调试

5.2.1　要点概述

各项数据应在输出波形未出现明显失真的条件下进行。

5.2.2　实验步骤

(1) 输入信号取 $u_i=20\mathrm{mV_{P\text{-}P}}$，1kHz 正弦波。

(2) 将开关 S_1 闭合，S_2 打开，用示波器测量在最大不失真条件下，输入电压和输出电压峰峰值，填入表 3-1-2 中并计算电压放大倍数。

表 3-1-2　场效应管放大电路测试数据及分析

$u_{iP\text{-}P}$/V	$u_{oP\text{-}P}$/V	A_u

请结合理论计算公式和测试数据，计算跨导数值

5.3　输入输出阻抗测试

5.3.1　要点概述

各项数据应在输出波形未出现明显失真的条件下进行。

5.3.2　实验步骤

(1) 测量输入电阻 R_i。将开关 S_1 闭合($R=0$)，测量放大器的输出电压 u_{o1}；输入信号不变，再把开关 S_1 断开(接入 R)，测出相应的输出电压 u_{o2}，将测试数据填入表 3-1-3 中，计算输入电阻：

$$R_i=\frac{u_{o2}}{u_{o1}-u_{o2}}R$$

(2) 测输出电阻。将放大器输出端与负载电阻 R_L 断开(即开关 S_2 打开)，用毫伏表测出开路电压 u_o 值，然后接上负载 R_L(开关 S_2 闭合)，测得输出电压 u_{oL} 值，将测试数据及实验结果填入表 3-1-3 中，并按下式计算输出电阻 R_o：

$$R_o=\left(\frac{u_o}{u_{oL}}-1\right)R_L$$

表 3-1-3　输入及输出阻抗测试数据及分析

u_{o1}/V	u_{o2}/V	R_i/Ω	u_o/V	u_{oL}/V	R_o/Ω

请指出本实验为什么要通过输出端电压来测量输入阻抗

6. 预习思考题

（1）复习结型场效应管的特点及特性曲线。

（2）复习场效应管放大电路的工作原理。

（3）场效应管放大器输入回路的电容为什么可以取得小一些？

（4）在测量场效应管静态工作电压U_{GS}时，能否用直流电压表直接并在G、S两端测量？为什么？

（5）为什么测量场效应管输入电阻时，要用测量输出电压的方法？

（6）输入电阻大在电路中有什么好处？

第4单元　功率放大电路

实验4-1　乙类功率放大电路

1. 实验项目

乙类、甲乙类功率放大器电路的构成原理及测试。

2. 实验目的

(1) 了解乙类、甲乙类功率放大器电路的构成原理。
(2) 了解乙类、甲乙类功率放大电路主要静态参数的特点。
(3) 学习调试功放电路的方法,加深理解功放电路的设计原理。

3. 实验原理

3.1　静态电流与效率问题

三极管对信号在360°相角内全部可以产生响应的放大器叫甲类放大电路,这类放大器的特点是,必须要给三极管设置足够大的静态电流,以满足 I_{CQ} 的数值必须大于输出信号电流波动的幅值 I_{cm} 的要求;另外,从输入端来看,输入的小信号幅度一般都远小于be结的死区电压(0.5V),因此必须依赖一个数值相对较大的直流电压(流),来打开be结的"开启之门",使be结处于导通状态。但这样做存在着一个弊端,那就是这个足够大的静态电流的能量因本身不产生信号,而白白地被消耗掉。当要求输出信号的电流较大时(I_{cm} 较大),静态电流 I_C 也就必须设置得较大,放大器消耗的直流功率就会变得很大,这将成为电路设计中不容忽视的严重问题。为此人们研究了以提高电源转换效率为主要特点的"功率放大器"电路。

3.2　乙类功放电路克服静态直流功耗的原理

乙类功放电路用于输入信号的电压幅度已经足够大,而主要是以能提供较大的输出电流为目的的电路。图4-1-1是乙类功放电路的核心部分,它由一对NPN型和PNP型三极管组成,负载 R_L 接在这两只三极管的发射极上,因此对这两只三极管来说,均构成了射极跟随器电路,因此该电路具有较低的输出阻抗,即具有较强的电流输出能力。在信号的正半周内,信号电流是从 T_2 管的基极流入,射极流出,经负载 R_L 到地端,与此同时 $+V_{CC}$ 电源经三极管 T_2、负载 R_L 得到正向电流,T_3 管处于截止状态;在信号的负半周内,信号电流从地端经负载 R_L 流入 T_3 管的射极,从 T_3 管的基极流出回到信号源负极,与此同时 $-V_{CC}$ 电源经负载 R_L、三极管 T_3 得到反向电流。乙类放大电路的be结是靠幅度较大的输入信号电压直接开启,无须依赖直流偏压,没有了静态直流电流,因此也就消除了静态直流功耗的问题。因为输入信号在正负半周内,对 T_2、T_3 管交替驱动,其基极电流分别被一推(注入)一挽(拉出),故该电路又被广泛地称为"推挽电路"。静态电流为零的推挽电路,叫做**乙类放大电路**。

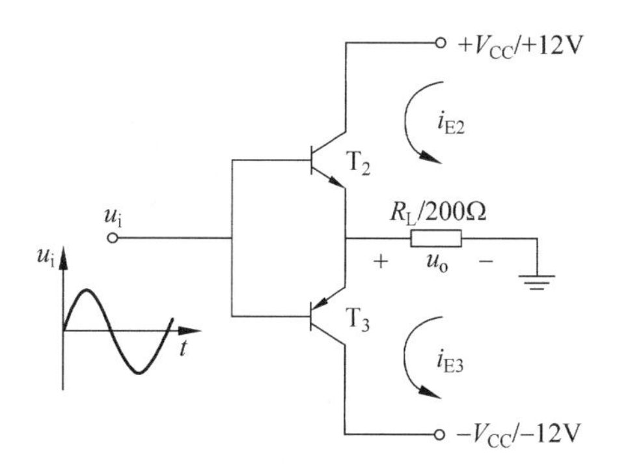

图 4-1-1　乙类功放原理图

3.3　交越失真及克服办法

在分析如图 4-1-1 所示的电路时，我们隐藏了一个“小”问题，即输入信号的瞬时电压值处于较小时（在 0V 附近，或者说信号相位在 0°或 180°附近时），由于此时信号的电压值尚小，不足以跨过 be 结的导通门槛形成导通电流，因此输出信号的波形会发生如图 4-1-2 所示的失真，由于这种失真是发生在输入信号正负半周交替时，故称其为“交越失真”。

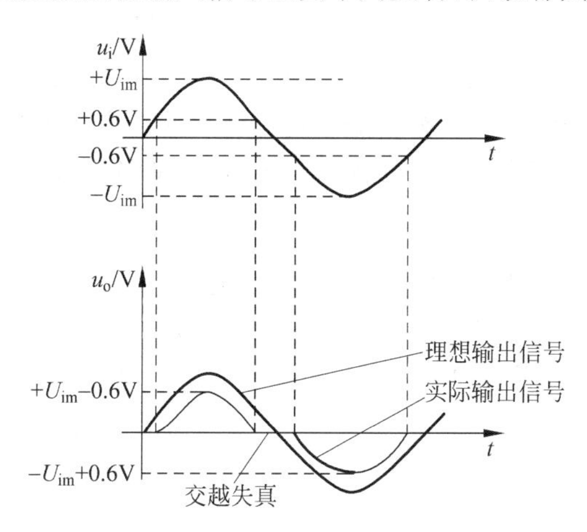

图 4-1-2　交越失真波形

既然交越失真是由于三极管的 be 结存在一个 0.5V 的门槛电压（死区电压）造成的，那么解决的办法也就归结到如何给 be 结预置一个门槛电压，使 be 结处于一个似导通非导通的临界状态，这样当输入信号略微出现时，由于电压叠加的作用，便会使三极管导通，从而克服交越失真。但必须注意，预置的门槛电压不可过高，否则会造成在没有输入信号的情况下，也有较大的电流由$+V_{CC}$经 T_2、T_3 到$-V_{CC}$流过，无端地引起很大的静态电流和管耗。预置门槛电压的电路有如图 4-1-3(a)和(b)两种主要形式。

图 4-1-3(a)电路，是利用二极管的导通电压和三极管 be 结的导通电压都是约 0.5V 的特点，这样让二极管处于微导通状态，使二极管 D_1 正极的电压约为+0.5V 左右，二极管 D_2 负极的电压约为−0.5V 左右，将此两端电压连接到 T_2、T_3 管的基极上，使 T_2、T_3 管的基极各自得到约 0.5V 的偏置电压，处于微弱的启动状态，以达到克服交越失真的目的。

图 4-1-3(b)是一个被称为 U_{BE}电压扩展的电路。在设计 R_1 和 R_2 的参数时，若满足

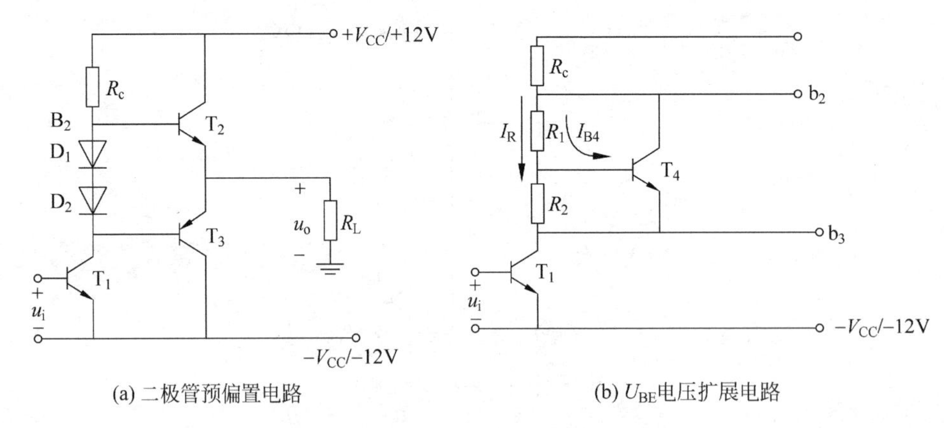

图 4-1-3　甲乙类功放的预偏置电路

$I_R \gg I_B$ 的条件，则有$\frac{R_1}{R_2}=\frac{U_{R1}}{U_{R2}}$，由于 $U_{R2}=U_{BE}\approx 0.6\text{V}$（be 结在弱导通状态下的电压），只要让 $R_1=R_2$，便可使 $U_{CE4}=1.2\text{V}$。该电路具有可以把 U_{CE4} 自动稳定在 1.2V 电压的功能，其工作机理为：

$$U_{CE4}\uparrow \rightarrow U_{BE4}\uparrow \rightarrow I_{B4}\uparrow \rightarrow I_{C4}\uparrow \rightarrow U_{C4}\downarrow \rightarrow U_{CE4}\downarrow$$

从而维持了 U_{CE4} 电压的稳定。该电路比图 4-1-3(a)电路的优点在于 U_{CE4} 的电压可以通过调整 R_1 的阻值得到精细的调整。同样，可以将 U_{CE4} 的电压连接到 T_2、T_3 管的基极上，使 T_2、T_3 管的基极各自得到约 0.6V 的偏置电压，处于微弱的启动状态，以达到克服交越失真的目的。

3.4　单电源供电技术(OTL 电路)

在要求功率放大器的输出功率不是很大的场合下，用一个电源比用两个电源显得更方便，因此产生了如图 4-1-4 所示的单电源供电的功率放大电路。

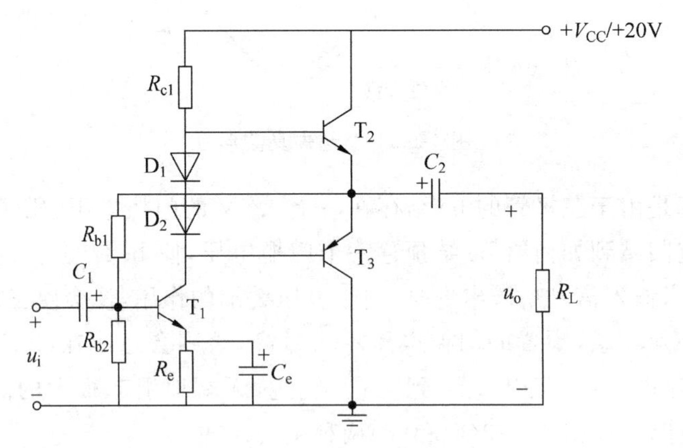

图 4-1-4　单电源供电功放电路

图中电容 C_2 是单电源技术的核心器件。在输入信号 u_i 为零时，通过适当调整电路中 R_{b1} 和 R_{b2} 的参数，可使 $U_{E2}=V_{CC}/2$，此时输出电压 u_o 为 0V，电容器 C_2 上也被充电至 $V_{CC}/2$。在有信号时，当信号处于负半周时，三极管 T_2 导通，在给负载 R_L 供电的同时，也给电容 C_2 补充电量；而当信号处于正半周时，三极管 T_3 导通，电容 C_2 上充好的电压代替了 $-V_{CC}$ 的作用，给 T_3 和负载 R_L 供电，如此往复，使电路中省掉了一个负电源。电容 C_2 容量的大小，决定了带动负载能力的大小，负载越大则要求电容 C_2 的容量越大，当电容 C_2 的容量足够大时，它的电压就基本保持在 $V_{CC}/2$ 左右，而不大随充放电过程有大的电压波动，较好地充当了 $-V_{CC}$ 的作用。

3.5 自举电路

在图 4-1-4 所示电路中，由于结构性的原因，T_2 管难以进入到接近饱和的最大输出状态，从而使输出电压的正的波峰值的大小受到了较严重的制约。究其根源是 T_2 要想接近饱和，必须要有较大的射极电流 I_{E2}，相应地也就必然需要足够大的基极电流 I_{B2}。而从图 4-1-4 中可以看出，这个基极电流是要由 $+V_{CC}$ 经 R_{c1} 给 T_2 管的基极供电，电阻 R_{c1} 上必定会存在一定的压降，因此 U_{B2} 的电压值一定会明显小于 $+V_{CC}$，而 U_{E2} 的电压值还要进一步地比 U_{B2} 的电压值再小 0.7V，正是这个原因使得 T_2 无法接近饱和状态。显然，要想使 T_2 管能够接近到饱和状态，就必须要使基极能够得到足够的电流，而要想加大基极的电流，就必须要提高给电阻 R_{c1} 供电的电压值，为此人们研究了图 4-1-5 所示的自举电路。

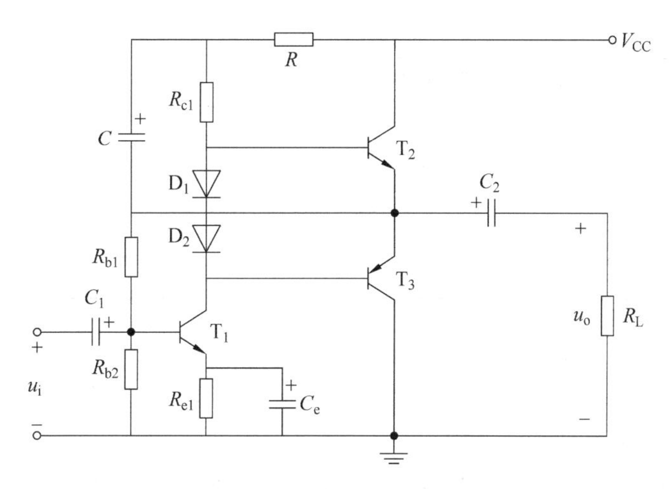

图 4-1-5 带有自举电路的甲乙类功放

电容 C 和电阻 R 是构成自举电路的两个元件，其作用是给 T_2 的基极产生一个高于 V_{CC} 的电压。产生自举电压的过程是在输出端的输出信号电压不断正负交替变化的过程中实现的。在输出信号负半周，U_{E2} 点电压下降，V_{CC} 便可以通过电阻 R 向电容 C 充电，若 T_3 饱和，则 C 可被充电到约等于 V_{CC} 大小的电压。而当输出电压处于正半周时，U_{E2} 点电位开始上升，电容 C 上的电压也跟着被抬高，当 C 正端的电压被抬高到比 $+V_{CC}$ 还高时，$+V_{CC}$ 对电容的充电便告一段落，C 转而开始进入通过 R_{c1} 向三极管 T_2 的基极放电的过程，假设 T_2 进入到邻近饱和的状态，即 $U_{E2} \approx V_{CC}$，C 的正极端则可提供出约比 V_{CC} 大一倍的电压(忽略 C 上被放掉的电压)，解决了 T_2 管基极驱动电压不高的问题。

4. 实验设备和元件

直流稳压电源、示波器、信号发生器各一台，数字万用表一块，三极管、电阻、电容若干。

5. 实验内容与步骤

5.1 关于推挽电路的实验

5.1.1　要点概述

关于推挽电路的工作原理请参见本实验原理 3.2 部分。乙类功放在没有预偏置电压的情况下，其静态电流应为零，并有较明显的交越失真。

5.1.2　实验步骤

(1) 在面包板的右侧，连接如图 4-1-1 所示电路。

(2) 推挽电路静态电流的实验。输入端接地(不接信号)，测量电压 U_E 及电流 I_{C2}(采用在集电极串联 1kΩ 电阻 R_{c2}，通过测量其电压的方法得到电流 I_{C2})，将数据记录于表 4-1-1 中。

表 4-1-1　乙类功放静态参数测试数据

测量数据		计算数据	
U_E	U_{RC2}	I_{C2}	I_{E3}

请分析在输入信号为零的情况下，该电路的功耗是多少

(3) 观察乙类推挽电路对小信号的响应情况。示波器置双踪/直流模式，CH1 接输入信号 u_i，CH2 接输出端 u_o；信号发生器接输入端 u_i，信号取 $300mV_{P-P}$，1kHz 正弦波。将观察到的 u_i 和 u_o 波形画在图 4-1-6 中。

(4) 观察交越失真现象。保持电路其他状态不变，将 u_i 的峰峰值电压提高到 3V，细致观察 u_i 和 u_o 的波形及波幅的差别，将其画在图 4-1-7 中(将 CH1 和 CH2 的零电位线调节到一起，以便于观察两个信号间的电位差)。

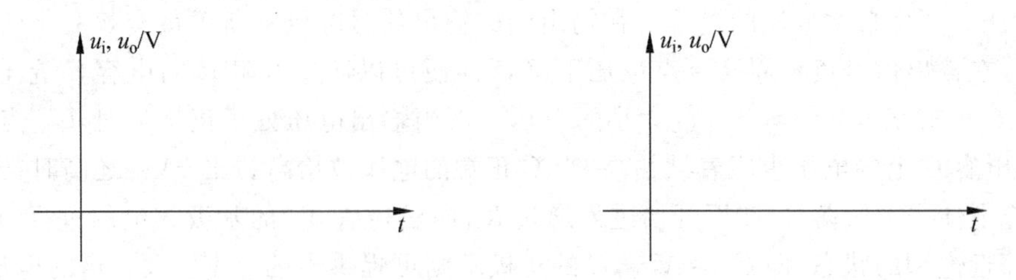

图 4-1-6　乙类放大器对小信号的响应波形　　图 4-1-7　乙类放大器对大信号的响应波形

5.2 关于克服交越失真的实验

5.2.1　要点概述

关于甲乙类电路克服交越失真的工作原理，请参见本实验原理 3.3 部分。甲乙类功放

设置有预偏置电压,但该偏置电压应仅仅略微大于三极管 be 结的开启电压,使其静态电流处于略微大于零的状态。该电路能较明显地克服交越失真问题。

5.2.2 实验步骤

(1) 保持前边的实验电路不变,在面包板的中间位置连接图 4-1-8 所示电路。

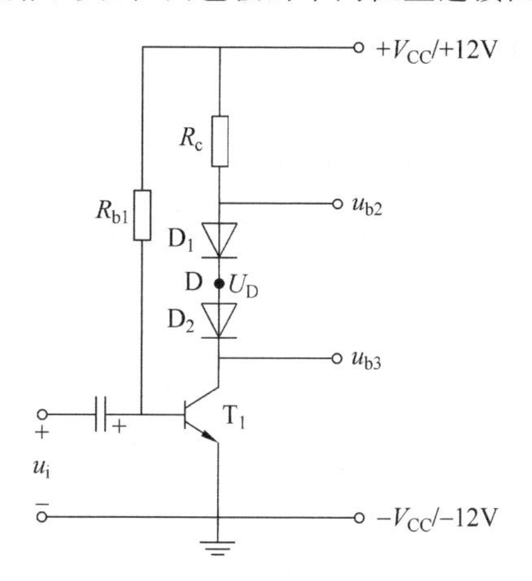

图 4-1-8 甲乙类功放中的预偏置及驱动电路

(2) 调节临时增加的电阻 R_{b1},使 D_1 的负极对地电压(U_D)为 0V。

(3) 示波器置双踪/直流模式,CH1 接 u_{b2},CH2 接 u_{b3}。输入端 u_i 接信号发生器,其设置为: $f=1$kHz, 正弦波,幅度由最小值逐渐调大至最大不失真电压为止。观察信号从波峰到波谷波动的过程中,u_{b2}、u_{b3}之间的电位差是否基本恒定,并将波形和它们的电位差记录于图 4-1-9 中。

(4) 保持电路状态不变,在确认 u_{b2}、u_{b3}之间的电压差在 1.1～1.2V 范围内后,将 u_{b2}、u_{b3}端点分别连接到面包板右侧图 4-1-2 所示的推挽电路中 T_2 和 T_3 管的基极(将基极原接地点断开)。示波器改测 u_i、u_o,信号发生器操作步骤同前,直至 u_o 的波形出现较明显的失真,将观察消除交越失真的效果及 u_i、u_o 的波形记录于图 4-1-10 中。

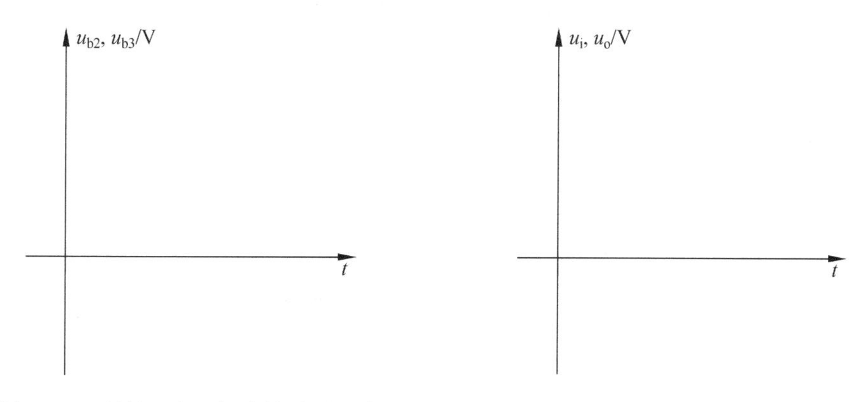

图 4-1-9 预偏置电压恒定性波形观察　　图 4-1-10 克服交越失真波形观察

(5) 测试推挽管静态电流是否有所增大。断开输入信号 u_i,用前边介绍过的方法,分别测量 T_2 和 T_3 管集电极的静态电流,以及 D 点电压 U_D,将测量数据记录在表 4-1-2 中。

表 4-1-2　甲乙类功放静态参数观察

U_D	I_{C2}	I_{C3}

5.3　关于单电源推挽电路的实验

5.3.1　要点概述

关于单电源供电的甲乙类功放电路工作原理，请参见本实验原理 3.4 部分。该电路的关键是要保持输出电容容量足够大，并通过调试使其电压保持在 $V_{CC}/2$。

5.3.2　实验步骤

(1) 按图 4-1-11 连接线路。

(2) 输入端接地，调节 R_{b1} 阻值，使 $U_{E2}=\frac{1}{2}V_{CC}$。

(3) 示波器置双踪/直流模式，CH1 接 T_2 发射极，CH2 接输出端 u_o；输入端 u_i 接信号发生器（1kHz 正弦波，幅度由最小逐渐调大，直至 u_o 的波形为最大不失真电压为止）。观察 u_{E2} 和 u_o 的波形、波峰及波谷的电压值，并将其记录于图 4-1-12 中。

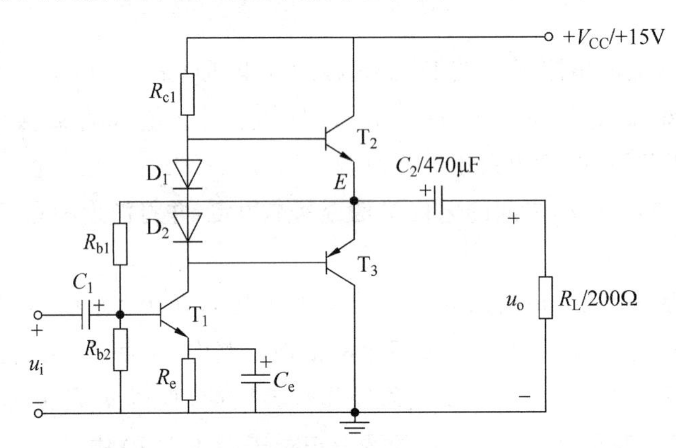

图 4-1-11　单电源甲乙类功率放大器

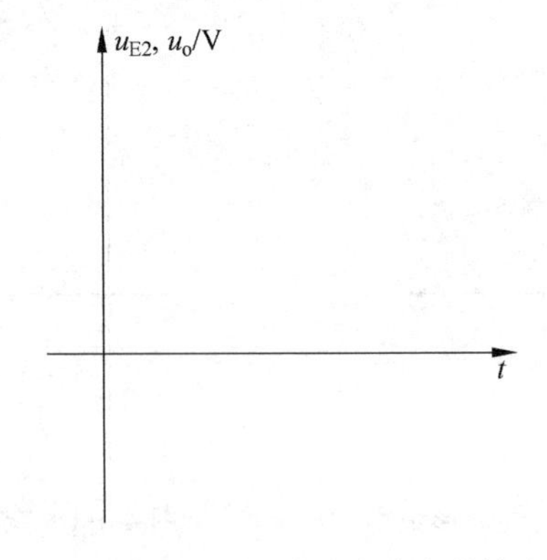

图 4-1-12　单电源甲乙类功率放大器输出波形

5.4 关于自举电路的实验

5.4.1 要点概述

关于自举电路的工作原理，请参见本实验原理 3.5 部分。电路的核心是利用输出电位的波动，完成对电容 C 的充电，并使其为三极管 T_2 供电。

5.1.2 实验步骤

（1）按图 4-1-13 所示电路，在原实验线路基础上添加电容 C 和电阻 R，使之成为带有自举电路的单电源功放电路。

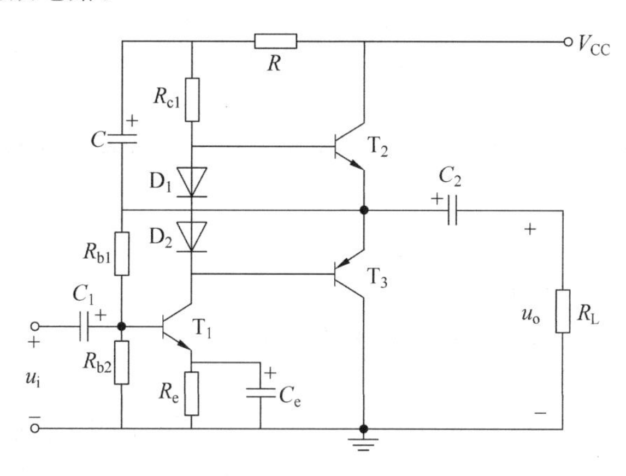

图 4-1-13 带自举功能的甲乙类功放电路

（2）示波器置双踪/直流模式，CH1 接电容 C_1 正极（u_{C1+}），CH2 接 T_2 射极；输入端 u_i 接信号发生器，其设置为：$f=1\text{kHz}$，正弦波，幅度由最小逐渐调大，直至 T_2 射极上的波形出现较明显失真为止（注意：判断失真的标准应尽可能与前边的相一致）。观察 u_{C1+} 和 T_2 射极的波形及波峰波谷的电压值，并将记录于图 4-1-14 中。

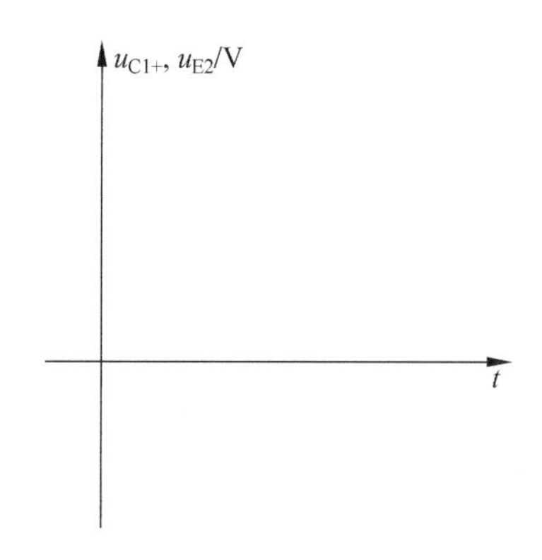

图 4-1-14 带自举功能电路波形观察

6. 预习思考题

（1）在图 4-1-2 的推挽电路中，T_2 基极的电流是流入基极，还是流出基极？T_3 的基极电流呢？

（2）在图 4-1-1 的推挽电路中，如果测量 R_L 上的电压 $U_{RL}=0\text{V}$，可否确定 $I_{C2}=$

$I_{C3}=0$mA?

(3) 在图 4-1-1 的推挽电路中,如果已知 I_{C2} 和 I_{RL},如何计算 I_{C3}(可近似认为射极和集电极的电流相等)?

(4) 在图 4-1-1 的推挽电路中,有静态偏置电流吗?该电路能放大什么样的信号,不能放大什么样的信号?

(5) 什么叫甲类放大器?什么叫乙类放大器?它们的特点各是什么,分别用在什么场合?

(6) 什么叫“交越失真”?甲类放大器有“交越失真”吗?

(7) 在图 4-1-3(a)的电路中,D_1 和 D_2 的作用是什么?如果将它们换成一个电阻,会带来什么问题?

(8) 在调试图 4-1-3(a)的电路时,B_2 点的电位必须调到什么数值上,为什么?通过调哪个元件调整 U_{B2} 比较合理?

(9) 若把图 4-1-3(a)的电路接到推挽电路上后,发现交越失真是克服了,但推挽电路的静态电流也明显变大了,应采取什么措施?

(10) 说出图 4-1-3(b),U_{BE}电压扩展电路可保持 U_{CE4} 电压稳定的原理是什么?它比图 4-1-3(a)电路的优越性是什么?

(11) 构成单电源电路的核心器件是什么?它在电路中充当了什么角色?

(12) 在理想情况下,图 4-1-4 中电解电容 C 两端的电压会不会随着输出电压 u_o 的波动而发生明显的波动,这主要是靠什么来保证的?

(13) 自举电路的核心器件是哪几个?如果输入信号为零,还能实现自举吗?

(14) 分析图 4-1-5 自举电路中,电阻 R 的作用。

(15) 分析图 4-1-11 的电路能自动稳定 E 点静态工作点的机理,电阻 R_e 在这里所起的作用是什么?

实验 4-2 集成功率放大器

1. 实验项目

(1) 集成功率放大器的实际应用。
(2) 集成功率放大器的效率测试。
(3) 集成功率放大器输出阻抗的测试。
(4) 用音乐播放器和扬声器体验功放电路的工作效果。

2. 实验目的

(1) 了解集成功率放大器的使用方法。
(2) 了解功率放大器效率的测试方法。
(3) 通过实测了解功率率放大器有极低的输出阻抗的特点。

3. 实验原理

集成功率放大器是一个在实际应用中使用得比较广泛的集成电路器件，按输出功率大小的不同、使用单双电源的不同、性能指标的不同以及工作模式的不同，市场上有着各种类型和型号的功放器件。通常这种器件都不是单纯地把一对 NPN 型和 PNP 型的三极管封装起来，做成一个乙类推挽放大器，而是在前级增加了具有较高增益、线性度良好的电压放大电路，将这些电路一并集成起来构成功率放大器。集成功率放大器和一些外部电阻电容元件配合，便构成了功率放大电路，它具有线路简单、性能优越、工作可靠、调试方便等优点，在音频以及其他需要输出较大电流的场合中应用十分广泛。

本实验采用的集成功放型号为 LM386，它是美国国家半导体公司生产的音频功率放大器，主要应用于低电压民用产品。为使外围元件最少，电压增益内置为 20 倍，但在 1 脚和 8 脚之间连接一个电阻和电容相串联的电路，便可使电压增益在 20～200 倍之间任意调节。LM386 的输入端为差分放大器形式，输出端由于采用 OTL 电路形式，输出端的静态电压被自动偏置到电源电压的一半，在 6V 电源电压下，它的静态功耗仅为 24mW，使得 LM386 特别适用于电池供电的场合。LM386 的封装形式有塑封 8 引线双列直插式和贴片式，其主要参数如下：

电源电压 $V_{CC}=4\sim12V$，输入电阻 $R_i\approx50k\Omega$，输出电阻 $r_o\approx1\Omega$，放大倍数 A_u 为 20～200 可调，直流静态(无信号)电流 4mA。

由 LM386 集成功放构成的低频功率放大器的参考电路如图 4-2-1 所示。该电路的连接方式是电压增益为 20 倍、整个频段内未作专门的频率补偿的基本电路。其 C_1 为输入耦合电容，C_2 为电源滤波电容，C_3 为去耦电容，C_4 为输出耦合电容兼推挽电路负半周的电源，R_1 为补偿电阻，R_L 为扬声器。

4. 实验设备与器件

(1) 万用表。

(2) 晶体管毫伏表。

(3) 函数发生器。

(4) 示波器。

(5) 集成功率放大器件 LM386、电阻、电容、扬声器等。

5. 实验内容与步骤

5.1 LM386 基本特性测试

5.1.1 要点概述

LM386 的状态可通过测量 5 脚和 6 脚的静态参数进行大致的判断，在正常情况下应有 $U_{5Q}=V_{CC}/2$，$I_{6Q}\approx4\sim6\text{mA}$。

5.1.2 实验步骤

(1) 按电路图 4-2-1 连接电路(暂不连接增益调节电位器 R_P)，在检查实验电路接线无误之后接通电源。

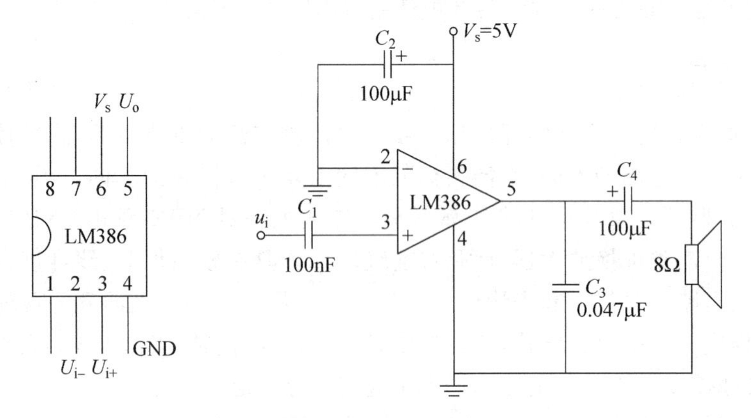

图 4-2-1　LM386 及其应用电路

(2) 测量功率放大器的主要性能指标。输入信号 u_i 取 $f=1\text{kHz}$ 正弦波，幅度由小逐渐增大，用示波器观察输出电压波形至最大不失真状态(若出现高频自激可适当调整补偿电阻和电容以消除)。

(3) 测量最大不失真状态下，输出功率 P_{omax} 和输入电压 U_i。用交流毫伏表或示波器测量此时的输入电压幅值 U_{im} 和输出电压 U_{om}，记入表 4-2-1 中，这时最大输出功率可由下式计算：

$$P_{\text{omax}}=\frac{U_{\text{om}}^2}{2R_L} \tag{4-2-1}$$

(4) 用数字万用表测量电压源 V_{CC} 输出的最大直流电流值 I_{CCm}，记入表 4-2-1 中；计算在最大不失真条件下，电压源输出的功率 P_{Vmax} 和功率放大器的电源转换效率值 η 记入表 4-2-1 中。(注意：测电流时万用表的操作是，将红表笔换到侧电流的插孔中，并将表盘拨到测直流电流的挡位上，**断开直流稳压电源，将数字万用表串接在直流稳压电源回路中；测完电流后，必须将表笔换回到原来的测电压插孔中!!**)

表 4-2-1 LM386 满幅度输出条件下参数测试

U_{im}/mV	U_{om}/V	V_{CC}/V	I_{CCm}/mA	A_u	P_{Vmax}/mW	η

(5) 测量半 U_{om} 状态下的主要参数。调整输入信号 u_i，使输出信号 U'_{om} 幅度为 U_{om} 的一半，测量此时对应的 U'_{im}、U'_{om}、I'_{CCm} 记入表 4-2-2 中相应处，计算 A'_u、P'_{Vmax} 及 η' 的值。

表 4-2-2 LM386 半幅度输出条件下参数测试

U'_{im}/mV	U'_{om}/V	V_{CC}/V	I'_{CCm}/mA	A'_u	P'_{Vmax}/mW	η'

(6) 接通电位器 R_P 调节阻值，观察增益调节效果。

(7) 测量功放的静态电流 I_{CCQ}。将信号源断开，功放输入端接地，用数字万用表测试功放的静态电流 I_{CCQ}，将其记录在表 4-2-3 中。

表 4-2-3 空载静态电流

I_{CCQ}/mA	

(8) 测量功放的输出阻抗 R_o。用示波器或晶体管毫伏表测量功放的输出端，分别将带负载和不带负载时的输出幅度 U_{oL} 和 U_o 记录于表 4-2-4 中。

表 4-2-4 输出阻抗测试相关参数

U_{oL}	U_o	R_o

5.2 LM386 音频效果试听

5.2.1 要点概述

在用手机接出音频信号时，建议在信号线上串接 200Ω 左右的保护电阻，以防信号短路造成手机烧坏。

5.2.2 实验步骤

将图 4-2-1 电路的负载用 8Ω/0.25W 扬声器替换，用信号线将手机音频信号作为信号源接入功放，体会 LM386 驱动音频信号效果。

6. 预习思考题

(1) 分析表 4-2-1 和表 4-2-2 中 η 和 η'，哪个效率应该更高？

(2) 写出功率放大器中关于输出功率、直流电源提供的功率及效率的计算公式。

(3) 图 4-2-1 的功放电路是一个单电源供电的电路，请分析在该电路中电容 C_4 的主要作用是什么？在没有输入信号时，LM386 的 5 脚的直流电压应是多少伏？

第5单元　集成运算放大器及其应用电路

实验5-1　运算放大器主要参数的估测

1. 实验项目

(1) 测试运算放大器的输入阻抗 R_i。

(2) 估测运算放大器的失调电压 U_{IO}。

(3) 估测运算放大器的开环电压放大倍数 A_{uo}。

2. 实验目的

(1) 了解运算放大器失调电压的概念。

(2) 了解运算放大器具有极高的开环电压增益的特点。

(3) 了解运算放大器具有极高的输入阻抗的特点。

(4) 学会集成电路器件测试方法。

3. 实验原理

3.1　通用型集成运算放大器及引脚功能

前几单元涉及的三极管放大电路、功率放大电路均为分立元件连接组成的电子电路。集成电路是相对于分立元件而言的，把整个电路的各个元件以及相互之间的连接制造在一块半导体芯片上，组成一个不可分的整体，是当前器件的主流。集成运算放大器是集成电路，简称集成运放，是一种包含许多晶体管的多端器件。集成运算放大器是一种集成化的、高增益的(可达几万倍甚至更高)、高输入电阻、低输出电阻的直接耦合放大器。

从本质上来说，集成运算放大器与使用三极管及一些外围元件构成的放大器功能并没有任何区别，都是把输入电压按所需倍数实现放大再输送出去，其输出电压与输入电压的比值称为电压放大倍数或称为电压增益。

按照集成运算放大器的参数来分，可以分成通用型、高阻型、低温漂型、高速型和低功耗型运算放大器。其中通用型运算放大器是以通用为目的设计的，价格低廉，适于一般性使用，如实验室中所用的LM324(四运放)、LM386(双运放)、μA741(单运放)等。还有在一些精密仪器、弱信号检测等自动控制仪表中，须用低温漂型运算放大器(其失调电压小且不随温度变化)，如ICL7650。在快速A/D和D/A转换器、视频放大器中需使用高速型运算放大器(其转换速率高、单位增益带宽足够大)，如μA751。

集成运算放大器通常采用双列直插式塑料封装，是一个不可拆分的整体，因此应用集成运算放大器设计搭建电路时，需要重点了解运放的外部特性、电路模型、各引脚功能、连接方式及放大器的主要参数，至于其内部电路结构一般是无关紧要的。

实验前，要正确识别器件的引脚，以免出错造成人为故障，甚至损坏器件。实验中常用运放模块为LM324，其集成运放的引脚排列图和电路图符号如图5-1-1所示。在LM324内部集成了4个独立的运放单元，这4个运放各自独立工作，互不影响。由于每一个运放单元都集成了若干个型号和参数确定的晶体管、电容和电阻等器件实现放大功能，因此在使用运放时不需要考虑放大器的静态工作点等问题，从而简化了电路结构。

从图5-1-1(a)中可知，三角形和A符号代表"放大器"，运放有两个输入端u_P、u_N和输出端u_o。其中通常将输入端u_P命名为同相输入端，在这个输入端接入一个正极性信号时，输出端将测得与其极性相同的信号(即输出也为正极性信号)；将输入端u_N命名为反相输入端，如果在这个输入端接入一个正极性信号时，输出端将测得与其极性相反的信号(即输出为负极性信号)。电源端V_+和V_-连接直流偏置电压，以维持集成运算放大器内部晶体管正常工作，V_+接正电压，V_-接负电压，这里电压的正负是对"地"或公共端而言的。

从图5-1-1(b)中可知，LM324为双列直插式封装，有14个引脚。集成电路上"D"型凹槽、缺口或圆形小坑是IC引脚判别的依据。一般来说，圆形小坑对应着的是1号引脚的位置，然后以逆时针顺序确定其他引脚。3脚为同相输入端，2脚为反相输入端，这引脚输入端对运放的应用极为重要，绝对不能接错。1脚为输出端，与外接负载相连。4脚接正极性电压(+12V稳压电源)，11脚接负极性电压(−12V稳压电源)。

切记：在实验中，集成电路烧毁通常是由于过电压、过电流或正负极接反引起的。当集成电路烧毁时有时会发热，严重时会烧出小洞或有残纹之类痕迹，甚至爆炸。通常利用直流稳压电源形成大小相等极性相反的电压，绝对不能接错，否则会烧毁芯片。

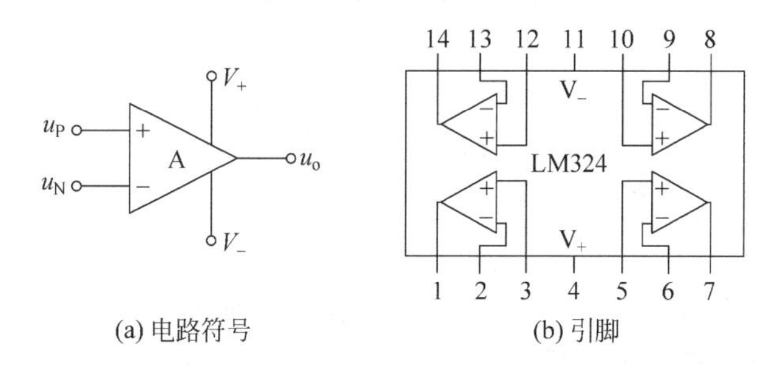

(a) 电路符号　　(b) 引脚

图5-1-1　LM324电路符号及引脚图

3.2　测量运算放大器的输入阻抗 R_i

输入阻抗的概念与求解方法在电路理论课中学习过。输入阻抗R_i定义为，一个二端网络或单端口电路，如果其内部仅由电阻构成，或如果二端网络由受控源和电阻构成不含任何独立源，则不管其结构如何复杂，最后总可以等效成一个电阻，其大小为端口输入电压有效值U与端口输入电流有效值之比。通常在线性电路中可直接用公式法求解输入阻抗，如含受控源电路则需用外加电压源方法，再用公式法求解。

$$R_i \overset{\text{def}}{=} \frac{U_I}{I_I} \tag{5-1-1}$$

集成运放的输入阻抗是指运放工作在线性放大区时，输入电压变化量与输入电流变化量之比，是衡量一个运放质量高低的尺度之一。为了能让运算放大器的使用者在各种场合下方便地使用运算放大器，运算放大器的输入阻抗 R_i 通常都做得非常高。可以利用前面学过的测试放大器输入阻抗的方法，来测试运算放大器的输入阻抗 R_i，其电路原理图如图 5-1-2 所示。

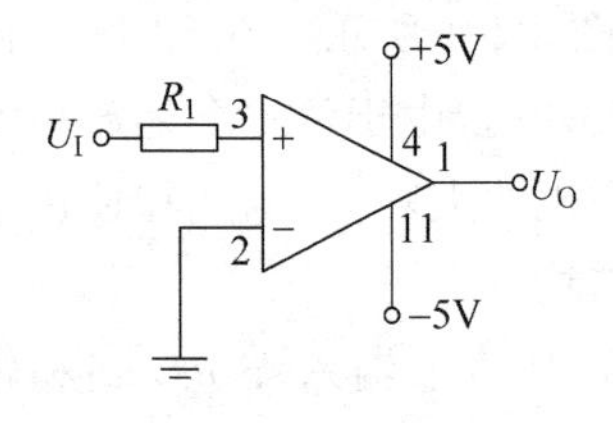

图 5-1-2　集成运算放大器符号

在运算放大器通电的情况下，只要测出 U_I 和 U_I' 的值，便可计算出运算放大器对直流信号的输入阻抗。同样，只要将输入信号改成交流信号，便可测出运算放大器对交流信号的输入阻抗(应该注意的是，输入信号的幅度应小于电源电压的绝对值)。输入阻抗 R_i 的计算公式为

$$R_i=\frac{U_I'}{U_I-U_I'}R_1\quad 或\quad r_i=\frac{u_i'}{u_i-u_i'}R_1\tag{5-1-2}$$

在选取电阻 R_1 时应注意，原则上讲 R_1 的大小应尽可能与输入阻抗 R_i 在数值上相似相等，以减小测量误差。但由于运放的输入阻抗非常高，若 R_1 的阻值也非常高，无法满足数字表的阻值应远远大于信号源内阻的条件，也会带来较大的测量误差。

3.3　测量失调电压 U_{IO}

测量失调电压是衡量集成运算放大器的质量的关键指标。

失调电压定义：在常温(25℃)、标准电压下，如将理想集成运算放大器的两个输入端之间短路(即输入电压为 0V，$U_{id}=0$V)时，其输出应为 0V。但实际集成运算放大器由于集成运算放大器内部差分放大器不完全对称，即由晶体管构成的差分电路 U_{BE} 不同会产生微弱的假信号，经过运算放大器内部高倍数电压放大后，造成当输入电压为零($U_{id}=0$V)时输出电压 $U_O\neq0$V。这种输入为零输出不为零的现象称为集成运放的失调，此时输出电压 U_O 为输出失调电压。

消除失调电压的方法：如果为了使输出电压为零($U_O=0$V)，通常需要在输入端加上反相补偿电压(即施加一个 mV 级的小信号)，让这个小信号抵消掉差分放大器内部的假信号，使运放输出端的电压等于 0V，该补偿电压称为运算放大器的输入失调电压 U_{IO}。

失调电压 U_{IO} 是运算放大器的一个重要性能指标，其值有正有负，其大小反映了运算放大器内部差分输入级中两个三极管 U_{BE} 的失配程度，U_{IO} 越小说明运算放大器内部的差分放大器做得越精确。高质量的运放 U_{IO} 通常在 1mV 以下。

测试失调电压 U_{IO} 的电路如图 5-1-3 所示。

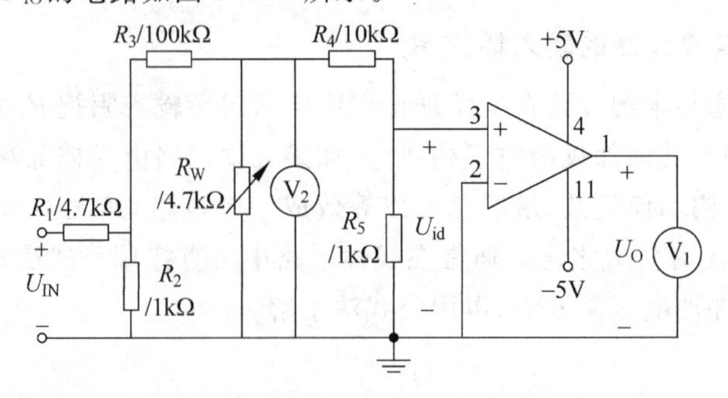

图 5-1-3　测量失调电压电路图

当电路中的实际集成运放4脚和11脚加上电源后，就已经工作在失调状态。此时如果将运算放大器的同相输入端和反相输入端短接，用万用表测量集成运放输出电压 U_O 的极性，就可以确定输入端所需添加消除失调电压的极性。即如果测量 U_O 电压值为负，则 U_{IN} 应接+5V电源，以抵消失调信号；如果 U_O 是正的电压值，则 U_{IN} 应接−5V电源，来抵消失调信号。通过调节 R_W 阻值的大小，产生恰当的 U_{id}，使输出电压为0V。

数字万用表测量直流电压时的分辨率为毫伏级，为提高其测量的分辨率，能更加精确测量运放输入端的电压值，通常增加电阻 R_4 和 R_5 实现分压，若分压比是1∶9，同时如果数字万用表上测得的电压是1mV，则说明此时运放输入端的实际电压为0.1mV（运放的输入阻抗非常大，其3脚几乎不取任何电流，因此完全可以把它看成开路状态）。

3.4　测量运算放大器的开环差模电压放大倍数 A_{od}

运算放大器的开环差模电压放大倍数 A_{od}，是指在没有外部反馈回路将输出信号送回到输入端的情况下，运放输出电压 U_O 和两个差分输入端所加信号电压 U_{id} 之比值。简单地说，在运算放大器的输出端与输入端之间没有外接电路时，所测的输出电压与差模输入电压之值。开环电压放大倍数越高，所构成的运算电路越稳定，运算精度也越高。

A_{od} 应是信号频率为零时直流放大倍数，但为了测试方便，通常采用低频几十赫兹以下的正弦交流信号进行测量。测量运算放大器的开环差模电压放大倍数 A_{od}，仍然可以利用图5-1-3的电路。调节 R_W 找到 U_O 从正或负的最大值（记为 U'_{Om}）刚刚开始变小时，数字电压表 V_2 的测量值（记为 U'_2），继续调节 R_W 找到刚好使 U_O 到达负或正的最大值（记为 U''_{Om}）时，数字电压表 V_2 的测量值，（记为 U''_2），则由定义知

$$A_{od}=\left|\frac{U''_{Om}-U'_{Om}}{U''_2-U'_2}\right|\times 11 \tag{5-1-3}$$

式中的系数11，是图5-1-3电路中 R_4 和 R_5 形成分压后的折算值。通常运算放大器的开环差模电压放大倍数 A_{od} 都在 10^4 以上。需要指出的是，以上的测试都是一种近似的估测方法，目的是帮助我们认识运算放大器的特性。

4. 实验设备与器件

(1) LM324运算放大器一只。

(2) 双路稳压电源一台。

(3) 数字式万用表、指针式万用表各一块。

(4) 电阻若干。

5. 实验内容与步骤

5.1　测试运算放大器的输入阻抗 R_i

5.1.1　要点概述

请参见本实验原理3.2部分。其核心是采用输入换算法来测量输入电阻大小，在信号源与被测放大电路之间串联一个电阻，分别测出电阻两端对地电压，就可求出输入电阻大小。

注意：集成电路烧毁通常是由于过电压、过电流或正负极性接反引起的。如果供电极性接反，集成器件一瞬间将被这个反向电压击毁，所以在接通集成器件电源前要慎重检查供电极性。LM324 切记 4 号接电源正极，11 脚接电源负极。

5.1.2 实验步骤

(1) 按图 5-1-2 连接实验线路。

(2) 接通运算放大器正负 5V 电源，令 $U_I=2.5V$，测量 U_I'的值，记录于表 5-1-1 中相应处，计算同相输入端的输入阻抗。

(3) 将同相端和反相端的接线方法对调，即将同相输入端接地，反相输入端接于 R_1，R_1 的另一端连接输入信号 U_I，令 $U_I=2.5V$，测量 U_I'的值，记录于表 5-1-1 中相应处，计算反相输入端的输入阻抗。

(4) 将输入信号 U_I 换成频率为 1kHz，有效值为 1V 的正弦信号 u_i，仍然采用上述方法，用晶体管毫伏表测量运算放大器反相端的交流输入阻抗，记录于表 5-1-1 中相应处。

表 5-1-1 数据记录及分析表

项　　目	直流输入阻抗参数			交流输入阻抗参数		
	U_I	U_I'	R_i	u_i	u_i'	r_i
反相输入端	2.5V					
同相输入端	2.5V			/	/	/
测试数据分析	观察表 5-1-1 第一行数据，从数据上看出测量的输入阻抗在直流信号与交流信号分别加在反相端时有何不同 观察表 5-1-1 中 R_i 列数据，直流信号加在同相端与反相端时输入阻抗相同吗					

5.2 测量运算放大器的失调电压 U_{IO}

5.2.1 要点概述

实验原理请参见本实验 3.3 部分。其核心是利用同相输入端和反相输入端短接时，用数字式万用表测量运算放大器的失调电压 U_{IO}，并将所测得的输出端电压反馈到同相输入端从而使输出端电压为 0V。

5.2.2 实验步骤

(1) 按图 5-1-3 连接线路(V_2 为数字电压表，V_1 为置于直流模式的示波器)。

(2) 将运放的同相输入端和反相输入端短接，检测运放的输出电压 U_{Om}，记录于表 5-1-2 中。

表 5-1-2　数据记录及分析表

<table>
<tr><th>U_{Om}</th><th>V_2</th><th>U_{IO}</th></tr>
<tr><td></td><td></td><td></td></tr>
<tr><td>测试数据分析</td><td colspan="2">从表 5-1-2 中所测输入电压 U_{Om} 数据，判定其极性，并总结用万用表判定极性的方法

从表中所测 U_{Om} 和 V_2 数据大小，分析两值之间的关系

根据所测得的失调电压 U_{IO}，判断其是否合理，并分析其在什么范围内取值能确定该集成运算放大器性能好</td></tr>
</table>

(3) 根据输出电压 U_{Om} 的极性，确定 U_{IN} 是连接 +5V 电源还是 −5V 电源。

(4) 断开运放输入端的短路线，调节 R_W 并通过示波器的直流模式观察运放输出 U_O 变化情况，当 U_O=0V 时，在表 5-1-2 中记录数字万用表显示的 V_2 的值。

(5) 若不能稳定地观察到 U_O=0V 的情况，可适当调整 R_5 的阻值，改变分压比，直至观测到比较稳定的输出电压 U_O=0V 的情况。

(6) 根据 R_4 和 R_5 的分压比，计算失调电压 U_{IO}：

$$U_{IO} = \frac{R_5}{R_4 + R_5} V_2 \tag{5-1-4}$$

5.3　测试运算放大器的开环电压放大倍数 A_{uo}

5.3.1　要点概述

请参见本实验原理 3.4 部分。其核心是利用数字万用表测量出输出电压与输入电压，按定义式简单计算可求出电路的放大倍数。

注意：集成运放工作在线性区，输出信号幅度应较小，且无明显失真。在描述放大倍数时应说明是什么频率点的放大倍数，属于无负反馈的开环放大倍数、有负反馈的闭环放大倍数、不带负载开环放大倍数和带负载放大倍数哪一种。

5.3.2　实验步骤

(1) 继续使用图 5-1-3 的电路。

(2) 调节 R_W 和 U_{IN}（如果需要，可调换输入电压 U_{IN} 的极性），使运放输出端的电压值刚刚偏离正或负的最大值（$+U_{Om}$ 或 $-U_{Om}$），定义此时运放的输出电压值和数字表上的电压分别为 U_{Om1} 和 U_{21}，将其记录于表 5-1-3 中。

表 5-1-3　数据记录及分析表

测量数据					计算数据
U_{Om1}	U_{21}	U_{Om2}	U_{22}	U_O	A_{od}
测试数据分析	根据表 5-1-3 中各数据计算的运算放大器开环电压放大倍数，并判断其值是否合理 在测试图 5-1-3 所示运算放大器电路的开环电压放大倍数 A_{od} 的过程中，若调节 R_W 时，观察 V_2 值，看其是否在可读出的最小测量单位仅变化 1 个单位，记录输出电压变化 如果在表 5-1-3 中 U_O 由正的输出最大值跳变到负的输出电压最大值。请问在这种情况下能测出开环电压放大倍数吗？能估算出开环电压放大倍数的最小值吗？若想得到运算放大器的开环电压放大倍数 A_{od} 的值，应改变电路的什么参数				

(3) 继续调节 R_W 和 U_{IN}，使运放输出电压刚好达到与 U_{Om1} 极性相反的最大值（$-U_{Om}$ 或 $+U_{Om}$），定义此时运放的输出电压值和数字表上的电压分别为 U_{Om2} 和 U_{22}，将其记录于表 5-1-3 中。

(4) 按下式计算运放的开环电压差模增益（即开环放大倍数）A_{od}。

$$A_{od}=\left|\frac{U_{Om1}-U_{Om2}}{U_{21}-U_{22}}\right|\times\frac{R_4+R_5}{R_5} \tag{5-1-5}$$

6. 预习思考题

(1) 在如图 5-1-3 所示测试运算放大器失调电压 U_{IO} 的电路中，若运算放大器的输入端短路后，输出电压 $U_O\approx+5V$，请问 V_{IN} 应连接 +5V 电源，还是 −5V 电源？

(2) 若电压表 V_2 的最小分辨率是 0.1mV，根据图 5-1-3 中 R_4 和 R_5 的阻值，请分析测量运算放大器输入端的电压分辨率能达到多少？

实验 5-2　反相运算电路

1. 实验项目

(1) 组装反相比例运算电路和反相加法运算电路。

(2) 测试这两种电路的参数。

2. 实验目的

(1) 掌握反相比例运算、反相加法运算电路的原理。

(2) 能正确分析运算精度与运算电路中各元件参数之间的关系。

3. 实验原理

3.1　集成运算放大器电压传输特性

电压传输特性曲线是用来表示集成运算放大器输入电压与输出电压之间关系的曲线，从图 5-2-1 中可看出，运算放大器的特性曲线可分为线性区和饱和区两部分。

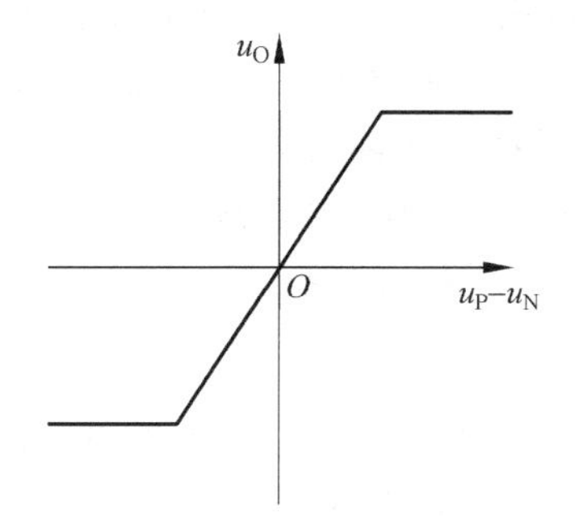

图 5-2-1　电压传输特性

(1) 当集成运放工作在线性区时，输出电压与输入差值电压(u_P-u_N)呈线性关系，是一段通过原点的直线，其斜率等于开环放大倍数 A_{od}，即 $u_o=A_{od}(u_P-u_N)$。

集成运算放大器是一个线性放大元件，由于 A_{od} 值很大，即使在输入端加一个很小的信号也会使输出电压饱和(即达到正负电源电压值)，因此为了电路稳定运行和实现线性放大，通常运算放大器工作在线性区时需外接反馈电路构成闭环运行，如同相比例、反相比例放大电路等。

在工程应用运算放大器时，如输入电压频率较低且在误差允许的范围内，通常将实际运算放大器看成是一个理想集成运算放大器，即实际集成运算放大器理想化条件：

开环电压放大倍数无穷大 $A_{od}\to\infty$；

差模输入电阻 $R_{id}\to\infty$；

开环输出电阻 $R_O\to 0$；

共模抑制比 $K_{CMR}\to\infty$。

在理想化条件下，$A_{od}\to\infty$，集成运放工作在线性区时与纵轴重合，输出电压 $u_O=$

$A_{od}(u_P-u_N)$是一个有限值，则差分输入电压被强制为零，$(u_P-u_N)=\frac{u_o}{A_{od}}\approx 0$，即同相端电压与反相端电压相等 $u_P=u_N$，称为“虚短”。如同相端接地，即输入为 0 时，则有同相端电压与反相端电压相等且等于 0，即 $u_P=u_N=0$，称为“虚地”。

在理想化条件下，差模输入电阻 $R_{id}\to\infty$，则可认为运放两个输入端的电流均为零，相当于断路，即 $i_P=i_N=0$，称为“虚断”。说明运放对前一级吸取电流极小。

(2) 当集成运放工作在饱和区时，从图 5-2-1 中可看出，$u_o=A_{od}(u_P-u_N)$不再适用。当 $u_P>u_N$ 时，输出电压不再变化呈一条平行于横轴的一条直线，达到正的饱和值(正电源电压)$u_o=+U_{Om}$，而当 $u_P<u_N$ 时，输出电压不再变化呈一条平行于横轴的一条直线，达到负的饱和值(负电源电压)$u_o=-U_{Om}$。说明输入信号达在一定范围内可以放大，超过一定值会饱和，正负饱和值不一定相等。

通常集成运算放大器构成比较器时工作在饱和区。如判断集成运算放大器的好坏可利用其工作在饱和区、输出在正负饱和值之间切换的特点，将反相输入端接地($u_N=0$)，同相输入端接+5V，则出现 $u_P>u_N$ 情况，此时用万用表测量输出端电压如为正的饱和值，说明集成运算放大器正常工作。

3.2　运算放大器输出电压最大动态范围 U_{OPP}

运算放大器的输出电压是限制在一个正负电压范围内的，这个范围是由给运放供电的正负电源电压($\pm V_{CC}$)的大小来确定的，通常用$+U_{Om}$和$-U_{Om}$来表示运算放大器输出电压正的和负的最大值，$\pm U_{Om}$的绝对值通常都要会比给运放供电的$\pm V_{CC}$的绝对值要小一些。在设计使用某个运算放大器时，必须要搞清楚该运放的实际$\pm U_{Om}$值是多大，以避免因输出信号的幅度不能超过$\pm U_{Om}$而产生严重的误差。

3.3　反相比例运算电路

理想集成运放通常工作在线性区，具有“虚短”和“虚断”的特性，当其外部接入不同的线性或非线性元器件组成输入和负反馈电路时，可以灵活地实现各种特定的函数关系，包括各种比例运算电路，如反相比例、同相比例、加法、减法、微积分等。在分析含有理想集成运算放大器的电路时，利用“虚短”和“虚断”特性以及电路中所学的基尔霍夫电流和电压定律、结点电压法、网孔电流法等定理简化分析电路。

反相比例运算电路如图 5-2-2(a)所示，对于理想运算放大器，该电路的输出电压与输入电压之间的关系为

$$u_O=\left(-\frac{R_f}{R_1}\right)u_I \tag{5-2-1}$$

当理想集成运算放大器开环电压足够大时，输出电压与输入电压的关系只与常量 R_f 与 R_1 有关，而与运算放大器本身的参数无关，保证成比例放大的稳定性和精确度。负号代表输出电压与输入电压反相。当 $R_f=R_1$ 时，比例系数为-1，称为反相器。

$$u_O=-u_I \tag{5-2-2}$$

实际应用理想集成运算放大器构成电路时，为了减小误差、提高精度，清除静态基极电流对输出电压的影响，通常在同相输入端接入电阻 $R_2=R_1/\!/R_f$，以保证实际理想集成运放反相与同相输入端对地的等效电阻相等，从而使其处于对称与平衡工作状态。

反相放大器的输入阻抗和运算放大器的输入阻抗，是两个完全不同的概念，以图 5-2-2(a)的

电路为例，运算放大器的输入阻抗，是指从运算放大器的 2 脚向右看进去的电阻；而反相放大器的输入阻抗，如图 5-2-2(b)所示是指从反相放大器的输入端 A 点 u_I 向右看进去的电阻，因此说它们之间是有很大的差别的。

另外还需要注意的是，在测量放大器的各项参数时，必须保证放大器是处于线性工作状态下进行的，否则都将会引起严重的测量误差。

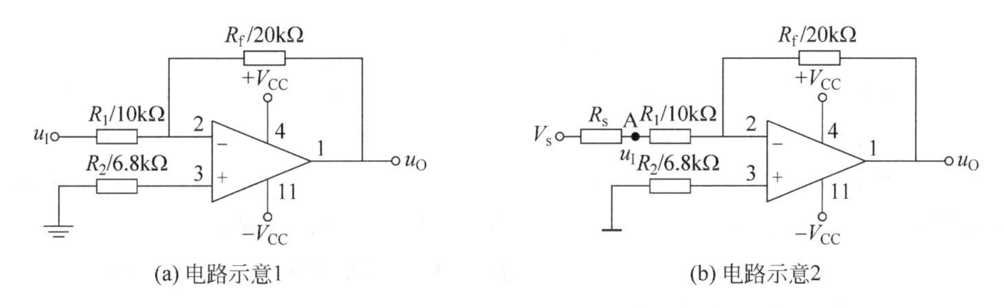

(a) 电路示意1 (b) 电路示意2

图 5-2-2 反相比例运算电路图

3.4 反相加法运算电路

反相加法运算电路如图 5-2-3 所示。其输出电压与输入电压之间的关系为

$$u_O = -\left(\frac{R_f}{R_1}u_{I1} + \frac{R_f}{R_2}u_{I2}\right) \tag{5-2-3}$$

当 $R_1 = R_2$ 时有

$$u_O = -\frac{R_f}{R_1}(u_{I1} + u_{I2}) \tag{5-2-4}$$

当 $R_1 = R_2 = R_f$ 时有

$$u_O = -(u_{I1} + u_{I2}) \tag{5-2-5}$$

即输出电压是两个输入电压之和的反相值。

3.5 直流信号源

图 5-2-4 是采用电位器提供直流信号的方式。电位器的内部是一个表面裸露的电阻体，C 点是可滑动接触于电阻体的引出线。随着滑动点 C 接触电阻位置的不同，便可得到不同的电阻 R_{AC} 和 R_{CB}，从而 C 点得到不同的分压值，实现了输出信号电压可变的目的。

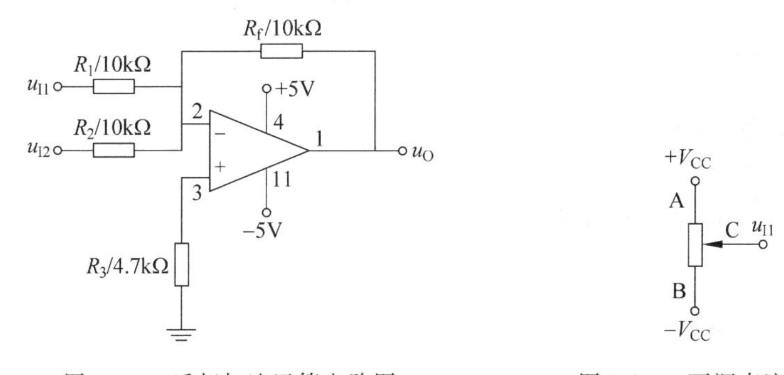

图 5-2-3 反相加法运算电路图　　图 5-2-4 可调直流信号源

$\pm V_{CC}$是用直流稳压电源产生。直流稳压电源有三组输出，两组可变化的 0～30V，一组固定 5V。为同时产生正负极性的电源，有两种方法，其中一种是将两组变化的正“+”和

负“－”直接相接，再接到面包板上作为电路的公共地端，剩下的一组负“－”作为电源负极（$-V_{CC}$），另一组电源的“＋”作为电源的正极（$+V_{CC}$）。

3.6　常见故障及解决办法

（1）故障现象：当运放输入直流电压小于1V时，输出电压接近正饱和值或负饱和值，即接近所加直流稳压电源上的电压值。

分析：用万用表检查同相输入端3引脚和反相输入端2引脚之间的电压，求其差值，如果差值为几毫伏（正常应为“虚短”，差值应差1mV左右），说明此时运算放大器没有工作在线性区，没有反馈通路。

解决：检查图5-2-2中运算放大器反相端引脚2和同相端引脚3是否断开或接触不良；用万用表测量引脚3对地电位，如接近电源电压，说明运放可能损坏。

（2）故障现象：在反相比例运算电路中，输入电压增加，输出电压始终为零。

分析：输入电压没有加入到电路中。

解决：检查图5-2-2中电阻R_1两端连接导线是否断开或接触不良，或电位器连接是否正确。

电位器有三根线，其中有一根线连接在电位器最底部的触点上，那个是电中间触点（即图5-2-4中的C点）。另两根线可互换使用，万用表打到电阻挡，调旋钮，万用表示数随旋钮变化验证接线正确。

（3）故障现象：输出不满足所需要求。

分析：逐级检查电路，先查芯片是否故障，再查直流电源、输入信号接入是否正确，数值大小是否正确，面包板插线是否正确，示波器使用是否正确以及各引脚连线是否有误。

解决：先查直流稳压电源，可能是直流电源未接上或电源电压数值不对，三组电源两组可调，一组为固定5V。电源应接正负5V，有些同学正负电源未实现。如电源连接没有问题，再检查产生直流信号输入的电位器输出是否正确，或交流信号输入时信号发生器的示数与输出设备是否相符。检查示波器使用。检查运放引脚各连线是否正确牢固。

（4）故障现象：运放冒烟或有烧焦味。

分析：运放正负电源接反，输出端对地短路或与电源短接，直流稳压电源产生直流电压过大。

解决：LM324中包含4个运放，使用其他运放或更换芯片。

4. 实验设备与器件

（1）LM324运算放大器一只。

（2）稳压电源一台。

（3）数字式万用表、指针式万用表各一块。

（4）电阻若干。

5. 实验内容与步骤

5.1　运算放大器好坏的初步判定及$\pm U_{Om}$值的测量

5.1.1　*要点概述*

实验原理请参见本实验3.1。其核心是利用集成运算放大器电压传输特性中运算放大器工作在饱和区特性。通过在运放的两个输入端之间施加一个较大的电压差，使运放的输出端有一个明确的可预期的$+U_{Om}$或$-U_{Om}$的输出电压值，通过观察电压值的方法来达到初步判断运算放大器好坏的目的。

5.1.2　实验步骤

(1) 连接运算放大器的$\pm V_{CC}$(取$\pm$5V)，反相输入端2脚接地，同相输入端3脚接+5V，这时运放输出端的电压应达到正的最大值$+U_{Om}$，用数字万用表测量输出端的电压值，记录于表5-2-1中相应处。

(2) 将同相输入端3脚由接+5V改为接−5V，保持电路其他状态不变，这时运放输出端的电压应达到负的最大值$-U_{Om}$，用数字万用表测量输出端的电压值，记录于表5-2-1中相应处。

(3) 将运放的$\pm V_{CC}$调整为$\pm$10V，重复(1)、(2)的实验内容，将数据记录于表5-2-1中相应处。

(4) 如果在上述的操作中，运放的输出电压值的确发生了较大的正负之间的跳变，则可以初步判断该运放是好的。

表5-2-1　数据记录及分析表

V_{CC}	$+U_{Om}$	$-U_{Om}$
$\pm$5V		
$\pm$10V		
测试数据分析	根据表中数据分析，当不同V_{CC}值时，所测得的最大正负饱和值的大小一样吗？其大小与直流电源大小有关吗 表中输入正负值时如果在输出端测量出$\pm U_{Om}$和V_{CC}值相差很大说明什么问题	

5.2　反相运算放大器电压增益的实验

5.2.1　要点概述

实验原理请参见本实验3.3。其核心是通过在运放的反相输入端上施加一个用直流稳压电源产生的电压，测量运放的输出端电压值，来达到计算电压放大倍数的目的，验证理想集成运放其输出电压与输入电压之间关系满足$u_O=(-R_f/R_1)u_I$。其中输出电压正负最大值均为正负电源电压值。

5.2.2　实验步骤

(1) 按图5-2-2(a)连接实验线路。将V_{CC}调整到$\pm$10V，反相运放输入信号为直流信号，采用原理3.3实现直流信号不同幅度的直流信号输出，按表5-2-2所示输入电压u_I值，完成表5-2-2的测试内容。

表 5-2-2 数据记录及分析表

U_I/V	−5.5	−3	−1	−0.2	0.3	2	3.5	6
U_O/V								
测试数据分析	根据表中数据，对比输入、输出电压，请分析输入输出数据的相位特点？说明原因。 从测量的数据可以看出，在什么范围内输出会随输入变化而变化？为什么？ 请分析第一列数据是否合理并说明原因？ 表格最后一列数据产生原因？说明为什么运算放大器的输入电压不能无条件地按放大倍数被放大？ 写出该比例运算电路的放大倍数公式							

(2) 在测试表 5-2-2 最后两列数据时，同时测量运放 2 脚的电压 U_2 和 3 脚的电压 U_3，记录于表 5-2-3 中。

表 5-2-3 数据记录及分析表

U_I/V	U_2	U_3
3.5		
6		
测试数据分析	测量运放 2 引脚电压与运放输出电压数据是否有矛盾？为什么？ 运放 2 引脚和 3 引脚数据说明什么问题？ 如果要把该电路的比例放大倍数增大到 10 倍，电路应该做如何的调整	

(3) 输入 f=100Hz，u_I=0.5V 的正弦交流信号，用示波器测量相应的输出电压大小，观察输入、输出电压的相位关系，记入表 5-2-4 中。

注意：测量交流信号时，注意测量接线需要共地。

表 5-2-4　数据记录及分析表

u_i/V	u_O/V	A_u
测试数据分析	从表中数据可以观察出输入信号与输出信号之间的相位关系如何？ 从所画图形可看出，输入信号是否可以无限增加，输出信号仍随一定比例变化	

5.3　反相放大器输入阻抗的实验

5.3.1　要点概述

实验原理请参见本实验 3.3。其核心是利用输入折算法求输入电阻，在整个反相比例运算电路的端口串联一个电阻，分别测量电阻两端电压，再用串联分压公式求解。

5.3.2　实验步骤

在图 5-2-2(a)所示电路的输入端上，串接一个 2kΩ 的电阻 R_s，构成图 5-2-2(b)所示电路。保持 $V_{CC}=\pm10V$ 不变，调整 V_s 使其等于 2V、4V、8V，完成表 5-2-5 中 u_I项的测试内容。

表 5-2-5　数据记录及分析表

项目	u_I	R_i
$V_s=2V$		
$V_s=4V$		
$V_s=8V$		
测试数据分析	实验 5-1 中测量输入阻抗实验与此实验有何区别 观察不同 V_s 下表中所测得的输入阻抗有何变化？与 u_I 有何关系 计算当 V_s 等于 8V 时，输入阻抗有何变化？此时运放还工作在线性区吗	

5.4　测量运算放大器输出电压最大动态范围的设计实验

在实验 5.3 反相放大器图 5-2-2 基础上，自拟实验步骤和方法设计实验。

5.5　反相加法器电路实验

5.5.1　要点概述

请参见本实验原理 3.4 部分。其核心是在集成运放的反相输入端同时接入两个输入信号时，在理想条件下，其输出电压满足反相相加比例求和的关系。

5.5.2　实验步骤

(1) 连接图 5-2-3 所示电路。

(2) 用图 5-2-4 所示产生可调直流信号的电路作为直流信号源，给反相加法器电路提供 u_{I1} 和 u_{I2} 信号，观察反相加法器的输入输出信号关系，完成表 5-2-6 的测试内容(表 5-2-6 中第 2 行给出的 u_{I2} 数据，为图 5-2-4 电阻分压电路未接负载时的空载电压，当接入反相加法器电路后，实际提供的 u_{I2} 数据会发生变化，实验中应以实际测量值为准，并将实测值记录于右侧的括号内)。

表 5-2-6　数据记录及分析表

U_{I2}/V	2.0	−0.6	1	0.6	−0.4
U_{I2}/V	−1( )	−1( )	1( )	1( )	1( )
实测 U_O/V					
理论值 U_O/V					
测试数据分析	观察并找出表中不同输入所获得的输出的规律 利用表中数据计算出该比例运算电路的放大倍数 运算放大器电压为正负 15V 的条件下，反相加法的输入电压是否有限制？为什么 开环再测输出信号大小与原闭环测得的数据比较，分析反相加法器的放大倍数会低于运放的开环放大倍数的原因 表中实测数据与理论值之间的关系				

(3) 设计反相加法电路，使其输出满足 $u_O=12u_{I1}+2u_{I2}-4u_{I3}$，分别加入 0.5V、1V 和 1.5V 电压，测出输出电压值。

6. 预习思考题

(1) 请默画出反相运算放大电路的电路图。

(2) 如何使用万用表来测出电位器的固定电阻端和滑动端？

(3) 实验 5.2.2 中为什么需要将电压调至 ±10V？

(4) 图 5-2-2 电路中的地线(接地点)和 ±5V 电源间是怎样的关系，请画出电路示意图。

(5) 试分析电路在什么情况会出现当理想运放输入直流电压小于 1V 时，输出电压接近正的饱和值，即接近所加电源的电压的情况。

(6) 请分析，在图 5-2-2 所示的反相运算电路处于正常工作状态时，运放 2 脚的电压应该是多少伏？(参考运放的开环电压放大倍数 A_{od} 可看成无穷大的特点)

(7) 为什么图 5-2-2 中 $R_1 = R_2$ 时电路会保持平衡？

(8) 实验中若将图 5-2-4 中电位器的 C 点误接到 ±5V 的某一端，请分析为什么会出现调整电位器时会将其烧毁的恶果？

(9) 在图 5-2-4 的电路中，不改变电阻大小，若要使 $u_{I2} = 1V$，该如何连接线路？

(10) 运算放大器作精密实验测量时，同相输入端与反相输入端的对地直流电阻如果不相等，可以吗？为什么？

(11) 在分析比例运算电路时，所依据的基本概念是什么？基尔霍夫电流定律是否适用？

(12) 若输入信号与放大器的反相端连接，当信号增大反相电压时，运算放大器的输出是正还是负？

(13) 集成运放用于放大交流信号时，如果采用单电源供电，应如何连接电路？

实验 5-3　同相运算电路

1. 实验项目

(1) 组装同相比例运算电路、电压跟随器和减法运算电路。

(2) 测试这三种电路的参数。

2. 实验目的

(1) 掌握同相比例运算、电压跟随器和减法运算电路的原理及搭建方法。

(2) 学会运算电路中相关参数的测量方法。

3. 实验原理

3.1　同相比例运算电路

输入信号加在同相端，反馈电阻 R_f 加在反相端和输出端之间。电路如图 5-3-1 所示。该电路的输出电压与输入电压之间的关系为

$$u_O = \left(1 + \frac{R_f}{R_1}\right)u_I \tag{5-3-1}$$

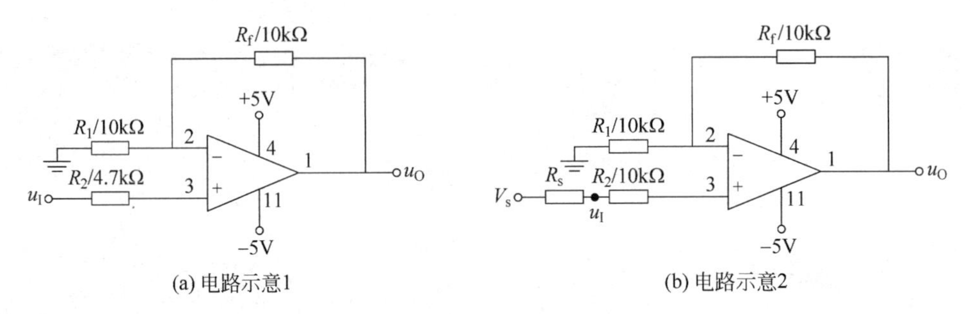

图 5-3-1　同相比例运算电路

3.2　电压跟随器

当 $R_1 \to \infty$ 或 $R_f \to \infty$ 时，得 $u_O = u_I$，即得到如图 5-3-2 所示的电压跟随器。

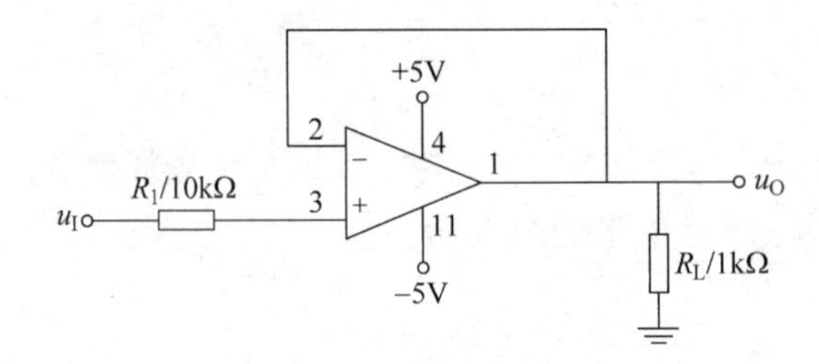

图 5-3-2　电压跟随器

电压跟随器的作用是实现阻抗匹配。对于一个提供电压信号的信号源，人们希望它的输出阻抗越低越好；而对于一个接收电压信号的放大器来说，人们则希望它输入端的输入

阻抗越大越好。在对这种配合关系有较高要求、而信号源的输出阻抗或放大器的输入阻抗又无法满足时，一个很好的解决办法是在信号源的输出端和放大器的输入端之间插入一个电压跟随器，利用电压跟随器输入阻抗极高、输出阻抗极低的特性，起到阻抗变换的作用，在信号源和放大器之间做缓冲级用。多级放大电路分为输入级、中间级和输出级，中间级通常采用放大倍数较高共射极或集成运放实现。电压跟随器可接入放大电路的输入级中，其对于前一级电源而言相当于负载，由于电压跟随器输入电阻高，因此可以从前一级信号源获得较高的电压，较大的能量；电压跟随器也可接入到多级放大电路的输出级，由于其对后一级电路而言相当于电源，其输出电阻低，对负载而言相当于拥有较小的内阻的电源，内阻越小消耗越小，带负载能力越强。电压跟随器这种输入阻抗极高、输出阻抗极低的优越特性，在电子线路中得到了广泛的应用。

3.3 差动放大电路(减法器)

电路如图 5-3-3 所示。当 $R_1=R_2$、$R_3=R_f$ 时，输出电压与输入电压之间的关系为：

$$u_O=\frac{R_f}{R_1}(u_{I2}-u_{I1}) \qquad (5\text{-}3\text{-}2)$$

可见输出信号的大小，与两个输入信号差值的大小成正比。

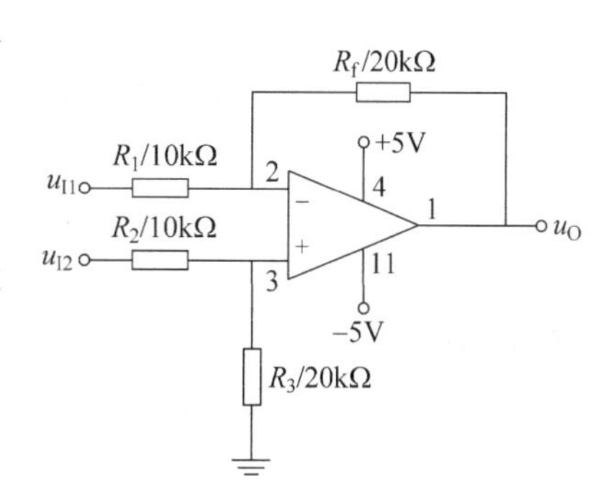

图 5-3-3 减法运算电路

3.4 常见故障及解决办法

(1) 故障现象：在同相运算电路中，输入电压与输出电压相等，未实现成比例放大。

分析：电阻 R_1 没有起作用，同相比例运算电路成为特殊的电压跟随器。

解决：检查图 5-3-1 中电阻 R_1 两端连接导线是否断开或接触不良。

(2) 故障现象：同相运算电路连接正常没有错误，有输出电压，但未达到所需要求放大。

分析：电路连接正确，说明同相比例系数未达要求。

解决：检查图 5-3-1 中电阻 R_1、R_f 值与实际搭建电路中电阻阻值是否一致。

4. 实验设备与器件

(1) LM324 运算放大器一只。

(2) 双路稳压电源一台。

(3) 数字式万用表、指针式万用表各一块。

(4) 电阻若干。

5. 实验内容与步骤

5.1 同相放大电路电压增益的测量

5.1.1 要点概述

实验原理请参见本实验 3.1。其核心是通过在运放的同相输入端上施加一个用直流稳压电源产生的电压，测量运放的输出端电压值来达到计算电压放大倍数的目的。其中输出电压正负最大值均为正负电源电压值。

5.1.2　实验步骤

(1) 连接图5-3-1(a)的实验电路，用4.7kΩ电位器产生实验中输入端需要的一系列电压信号U_I的值。

(2) 完成表5-3-1同相运算放大器电压放大倍数的实验数据。

表5-3-1　数据记录及分析表

U_I/V	−0.6	−0.4	−0.2	0.1	0.3	0.5
实测U_O/V						
理论计算值U_O/V						
测试数据分析	用表中数据计算出该比例运算电路的放大倍数 根据表中数据实测值与输入值比较，分析输入输出是否为同相位？说明原因 如果输入3V电压，那么输出电压会是多少？说明原因 同相运算电路与反相运算电路在电路结构上何区别 将表中测得的实测数据和理论计算值相比较，说明什么问题					

(3) 按照表5-3-2所示完成测量，验证理想集成运放工作在线性区满足虚短、虚断。

表5-3-2　数据记录及分析表

项　目	测试条件	理论估算值	实测值
Δu_O	R_L开路，直流输入信号U_I由0变成800mV		
$\Delta u_{2,3}$			
Δu_{R2}			
Δu_{R1}			
Δu_{OL}	$R_L=5\text{k}\Omega$ $U_I=800\text{mV}$		
测试数据分析	用表5-3-2中数据证明集成运放工作在线性区		

5.2 关于同相放大器输入阻抗的实验

5.2.1 要点概述

实验原理请参见本实验 3.1 部分。其核心是利用输入折算法求输入电阻，在整个同相比例运算电路的端口串联一个电阻，分别测量电阻两端电压为 V_s 和 U_I，再用串联分压公式求解。

5.2.2 实验步骤

在图 5-3-1(a)的输入端，串联一个阻值为 20kΩ 的电阻 R_s，构成图 5-3-1(b)所示的电路。保持 $V_{CC}=\pm5V$ 不变，令 V_s 等于 1V，测量 U_I 电压并记录于表 5-3-3 之中。

表 5-3-3 数据记录及分析表

V_s	U_I	R_i
1V		
测试数据分析	用表中数据计算出输入阻抗 计算输入阻抗，并说明与实验 5-2 中的反相放大器的输入阻抗有何区别，说明原因	

5.3 关于电压跟随器的实验

5.3.1 要点概述

实验原理请参见本实验 3.2 部分。其核心是电压跟随器给定输入测输出，得到输入与输出大小极性均相同的特性。

5.3.2 实验步骤

连接如图 5-3-2 所示电路，并在输出端对地之间接一个阻值为 1kΩ 的电阻，完成表 5-3-4 的测试内容。

表 5-3-4 数据记录及分析表

U_I/V	−3.0	−1.5	−0.2	0.1	1.5	3.0
U_O/V						
测试数据分析	根据表中数据，分析输入输出数据特点，从而说明电压跟随器的特点 利用表中数据计算电压放大倍数 为什么输入信号经过了一个 10kΩ 的电阻后，连接在 1kΩ 的负载上测量出的信号大小一点也没有被 10kΩ 的电阻衰减？说明原因					

5.4　关于差动放大器的实验

5.4.1　要点概述

差动放大器通过给定输入测输出，计算电压放大倍数，实验原理请参见本实验 3.3 部分。其核心是通过在运放的同相输入端上施加一个用直流稳压电源产生的电压，测量运放的输出端电压值，来达到计算电压放大倍数的目的。其中输出电压正负最大值均为正负电源电压值。

5.4.2　实验步骤

(1) 连接图 5-3-3 所示电路，V_{CC}取±9V。

(2) 完成表 5-3-5 要求的测试内容(表 5-3-5 中第 2 行给出的 U_{I2} 数据为图 5-2-4 电阻分压电路未接负载时的空载电压，当接入差动放大器电路后，实际提供的 U_{I2} 数据会发生变化，实验中应以实际测量值为准，并将实测值记录于下方的括号内)。

表 5-3-5　数据记录及分析表

U_{I1}/V	标称值	2.0	−0.5	1.0	0.5	−1.5
	实测值					
U_{I2}/V	标称值	−1.0	−1.0	1.0	1.0	1.0
	实测值					
实测 u_O/V						
理论值 u_O/V						
测试数据分析		根据实验数据，说明差分放大器输入信号与输出信号的关系 利用表中数据，计算电压放大倍数 分析表中理论值与实测值之间存在误差吗？合理吗？说明原因 如何确定差分放大器各输入端信号的加减关系？说明原因 表中数据是否满足叠加定理？说明原因				

5.5　验证叠加定理在运算放大器线性区运用的正确性

5.5.1　要点概述

实验原理请参见本实验 3.2 部分。其核心是通过在运放的两个输入端上各施加一系列用直流稳压电源产生的电压，测量运放的输出端电压值，来达到计算电压放大倍数的目的。其中输出电压正负最大值均为正负电源电压值。

5.5.2　实验步骤

叠加定理的描述：对于一个同时有几个电源存在的电路，如果该电路是线性的，那么对于该电路上任何一点的电压，均可以把它看成是分别由其中的一个电源作用，其余电源归零后在该点产生的电压的总和。

依照叠加定理的描述，对于图 5-3-3 所示的差动放大器，只要输出电压的最大值没有超出$\pm U_{Om}$的范围，输入信号和输出信号就是一个线性关系，满足叠加定理的条件，即完全可以利用该定理分析电路。

依照以上分析，令 V_{CC} 等于±5V，用一个 4.7kΩ 电位器分别在同相输入端和反相输入端产生一系列电压信号 U_{I1} 和 U_{I2} 的值，完成表 5-3-6 叠加定理的实验。

表 5-3-6　数据记录及分析表

U_{I1}/V	2.0	0	−0.5	0	0.5	0
U_{I2}/V	0	−1.0	0	−1.0	0	1.0
U_{O2}/V						
U_{O1}/V						
$U_O=U_{O1}+U_{O2}$/V						
测试数据分析	表中数据是否满足叠加定理？说明原因					

6. 预习思考题

（1）不参考其他资料，独立默画出同相运算放大电路的电路图。

（2）同相比例电路与反相比例电路输入阻抗有何区别？

（3）计算图 5-3-1(a)同相比例运算电路的电压放大倍数，并预测输入与输出相位关系。

（4）图 5-3-1(a)电路中，电源接±5V，为了能按比例正常放大，输入信号的取值范围是多少？

（5）在图 5-3-1 电路中，若运放电源改为±15V，取 $R_f=100\text{k}\Omega$，当输入信号 $u_I=2\text{V}$ 时，输出等于多少？（注意运放的最大输出电压范围）

（6）在图 5-3-1(b)电路中，注意表 5-3-3 中 U_I 应在输入端何处测量？V_s 如何产生？

（7）说明电压跟随器的特点，它适用的应用场合有哪些？

（8）说明加法器和减法器电路构成上的重要区别。

（9）本实验同相运算电路和实验 5-2 反相运算电路，在电路结构上有什么区别之处？有什么相同之处？在输出结果上有什么区别？

（10）若输入信号与放大器的同相端连接，当增加正相信号时，运算放大器的输出是正还是负？

实验 5-4　单电源供电运放电路

1. 实验项目

实现用单电源给双电源运放供电。

2. 实验目的

实现用单电源给双电源运放供电。

3. 实验原理

人们经常看到的很多非常经典的运算放大器应用图集，它们都建立在双电源的基础上，但在很多时候，电路的设计者从实际放大信号的对象和简化电路设计的角度出发，非常希望仅用单个电源完成对运放的供电，因此本实验介绍将双电源的电路转换成单电源电路的方法。

3.1　双电源供电和单电源供电

一般运算放大器都有两个电源引脚，在资料中它们的标识是$+V_{CC}$和$-V_{CC}$，一个双电源是由一个正电源和一个相等电压的负电源组成。一般是±15V、±12V 以及±5V。绝大多数的模拟电路设计者都知道怎么在双电源电压的条件下使用运算放大器，但是还有一些技术资料，它们给出运放电源电压的标识是$+V_{CC}$和 GND(地)，这是因为这些数据手册的提供者试图将这种标识的差异作为单电源运放和双电源运放的区别。但是，这并不是说这些运放就一定要那样使用，它们完全有可能工作在其他的供电电压形式下。例如，对于同一个型号的运算放大器，如图 5-4-1 所示有两种电源实现方法。图 5-4-1(a)是双电源供电电路，输入电压和输出电压都是对照参考地给出的，其最大输出电压幅度在$-U_{Om}$和$+U_{Om}$之间。

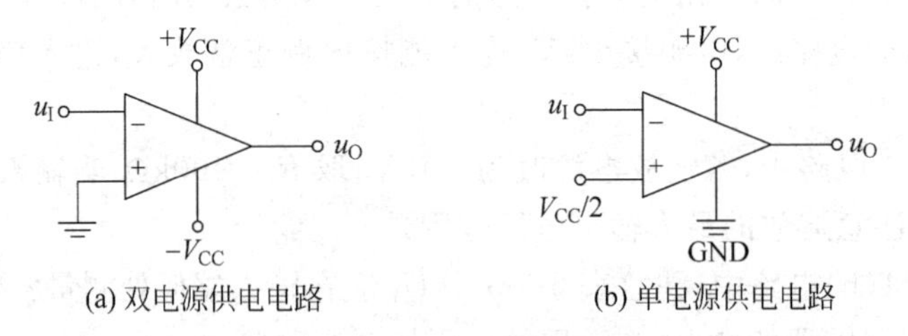

图 5-4-1　单双电源供电图

如图 5-4-1(b)所示是单电源供电电路，运放的$+V_{CC}$电源引脚连接到正电源上，$-V_{CC}$电源引脚连接到单电源的地(GND)。将正电压用阻值相等的两个电阻分成一半后的电压作为虚地接到运放的输入引脚上，此时运放的输出电压也等于虚地电压，运放的输出电压以虚地为中心，最大输出电压幅度在 0V(地)和$+U_{Om}$之间。

需要特别注意的是，有不少设计者会很随意地用虚地来参考输入电压和输出电压，但在大部分应用中，输入和输出是参考电源地的，所以设计者必须在输入和输出的地方加入隔直电容，用来隔离虚地和地之间的直流电压。

3.2　虚地

单电源工作的运放需要外部提供一个虚地，通常情况下，这个虚地电压是 $V_{CC}/2$，图 5-4-2 的电路可以用来产生 $V_{CC}/2$ 的电压。

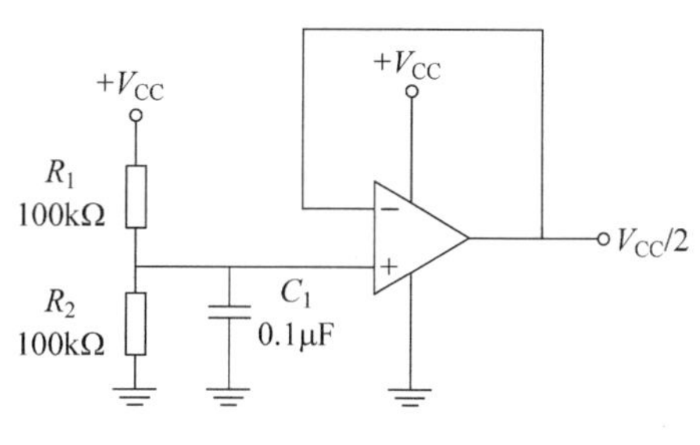

图 5-4-2　虚地电路

R_1 和 R_2 是等值的，其阻值的大小是由允许消耗的电源多少和允许的噪声大小来选择，电容 C_1 是一个低通滤波器，用来减少从电源上传来的噪声。在有些应用中可以省略缓冲运放，直接用 R_1、R_2 和 C_1 组成的电路来提供虚地。

3.3　交流耦合

使用单电源供电的运放电路，一般都是用来放大交流信号的。交流信号的零电平，通常都是相对电源地而言的，而单电源供电的运放的输入端是一个虚地点，它的特点是虚地是高于电源地的一个直流电平，这是一个小的、局部的"地"电平。这样就产生了一个电势问题：因输入和输出电压是参考电源地的，如果直接将信号源的输出接到运放的输入端，这将会因两个地之间有一个很大的电压差，使运放的输出信号远远超出运放允许的输出范围，导致运放将不能正确地响应输入电压。

利用放大交流信号时，人们只关心交流信号被放大的幅度，而不关心交流信号的电平值的特点，可以将信号源和运放之间用交流耦合的方法进行信号传递。使用这种方法，输入和输出器件就都可以参考系统地，并且运放电路可以参考虚地。

3.4　放大电路的形式

放大电路两个基本类型(同相放大器和反相放大器)的交流耦合形式如图 5-4-3 所示。

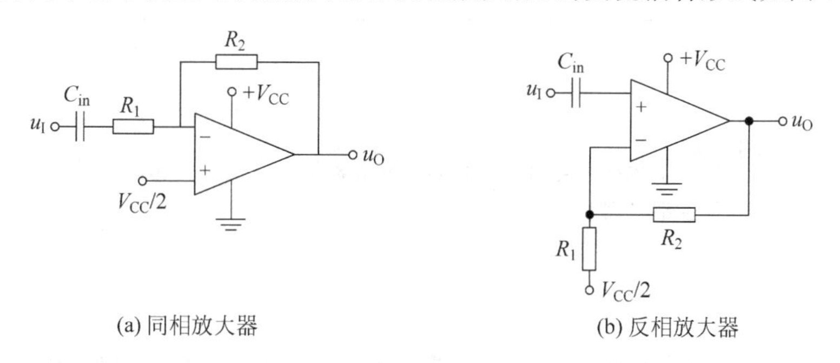

图 5-4-3　同相和反相放大器交流耦合电路

对于交流电路，反相放大的意思就是输出信号相对输入信号相位差为 180°。这种电路采用了耦合电容 C_{in}。C_{in} 被用来阻止电路产生直流放大，这样电路就只会对交流产生放大作用。如果在直流电路中,C_{in}被省略,那么就必须对直流放大进行计算。对于反相放大器,其电压增益为$-R_2/R_1$,对于同相放大器,其电压增益为$1+R_2/R_1$。

4. 实验设备与器件

(1) 示波器一台。

(2) 信号发生器一台。

(3) 直流双路稳压电源一台。

(4) LM324双电源运放一只,电阻电容若干。

5. 实验内容与步骤

5.1 单电源反相放大器

5.1.1 要点概述

实验原理请参见本实验3.1部分。其核心是利用直流稳压电源实现正负电源电压值输出。

5.1.2 实验步骤

(1) 按图5-4-3(b)电路图连接线路,$R_1=10\text{k}\Omega$,$R_2=470\text{k}\Omega$;

(2) 信号源置1kHz正弦波,峰峰值电压取值20mV,连接到输入端u_I;示波器置双踪/直流模式,CH1接输入信号,CH2接输出端,完成表5-4-1的测试内容。

5.2 单电源同相放大器

5.2.1 要点概述

实验原理请参见本实验3.1部分。其核心是利用直流稳压电源实现单电源为同相比例运算电路供电,实现输入信号的同相比例放大。

5.2.2 实验步骤

(1) 按图5-4-3(a)电路图连接线路,$R_1=10\text{k}\Omega$,$R_2=470\text{k}\Omega$;

(2) 图5-4-3(b)信号源置1kHz正弦波,峰峰值电压取值20mV,连接到输入端u_I;示波器置双踪/直流模式,CH1接输入信号,CH2接输出端,完成表5-4-1的测试内容。

表5-4-1 数据记录及分析表

项 目	u_I	u_O
反相放大器		
同相放大器		
测试数据分析	从表中数据可看出,反相、同相放大器输入输出是否相同?说明单电源与双电源是否都可用 从连接电路方面分析单电源与双电源相比有何优势?说明原因	

6. 预习思考题

(1) 说明一个双电源运算放大器的电源引脚应如何和单电源的电极连接。

(2) 图 5-4-3 中所示电容应采用何种型号？分析其作用。

(3) 一个双电源运算放大器，若按单电源的电极连接，其输出电压的范围应是多大？

(4) 若一个双电源运算放大器的电源引脚按单电源的电极连接后，适合放大交流信号还是直流信号？

实验 5-5　有源滤波器

1. 实验项目

二阶 VCVS 有源滤波器的设计。

2. 实验目的

了解 VCVS 滤波器的一般设计方法及性能。

3. 实验原理

由 RC 元件与集成运算放大器构成的滤波器称为 RC 有源滤波器，其电路功能是允许一定频率范围内的信号通过，抑制或急剧衰减此频率范围外的信号，可用在信息处理、数据传输、抑制干扰等方面。因受运算放大器带宽限制，RC 有源滤波器主要用于低频范围。目前有源滤波器的最高工作频率只能达到 1MHz。根据对频率范围选择不同，可分为低通(LPF)、高通(HPF)、带通(BPF)和带阻(BEF)四类滤波器。

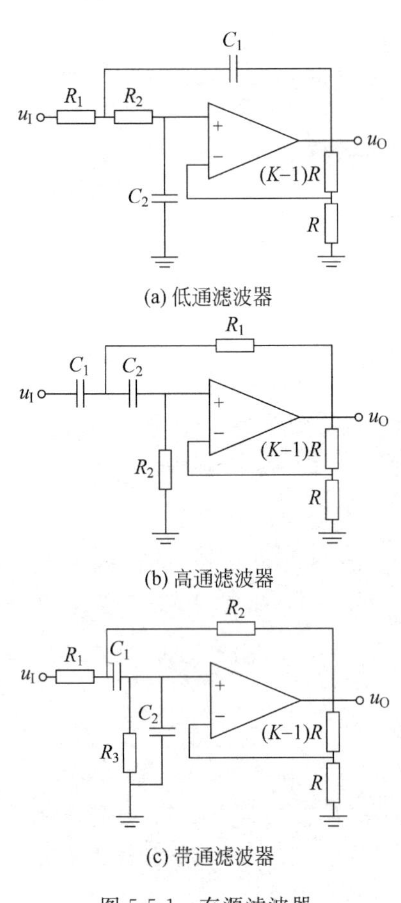

图 5-5-1　有源滤波器

VCVS(压控电压源)滤波器又称为受控源滤波器。图 5-5-1(a)、(b)、(c)分别给出了这种滤波器的低通、高通及带通的二阶电路形式，根据对滤波器截止频率 f_c 的不同要求，可换算出电路中 R 和 C 的不同取值，根据对滤波器性能指标要求高低的不同，可采用 n 个二阶 VCVS 滤波器级联的方式，构成 2、4、6、8 等 $n\times2$ 阶有源滤波器，滤波器的阶数越高，性能就越优越。

在设计滤波器时，根据设计特点、指标要求和考虑侧重点不同，通常可从 3 种滤波器结构中进行选择：①巴特沃兹滤波器，它的特点是力求通带内的幅频特性尽可能平坦，但缺点是带外衰减不陡峭(如图 5-5-2(a)所示)；②切比雪夫滤波器，它的特点是带外衰减非常迅速，缺点是这种迅速的带外衰减，来源于牺牲了一定量的带内平整度实现的(如图 5-5-2(b)所示)；③贝塞尔滤波器，它虽然没有前两种滤波器的优点，但却有良好的相频特性，即在通带内，滤波器对不同的频率产生的相位移，与频率成正比，这对保证信号波形不失真是十分重要的，它的幅频特性见图 5-5-2(c)所示。

为了便于 VCVS 滤波器的设计，工程技术人员已设计好了一个简化的 VCVS 滤波器参数设计表(见表 5-5-1)，只要根据给出问题的要求，查表求出相关参数即可。

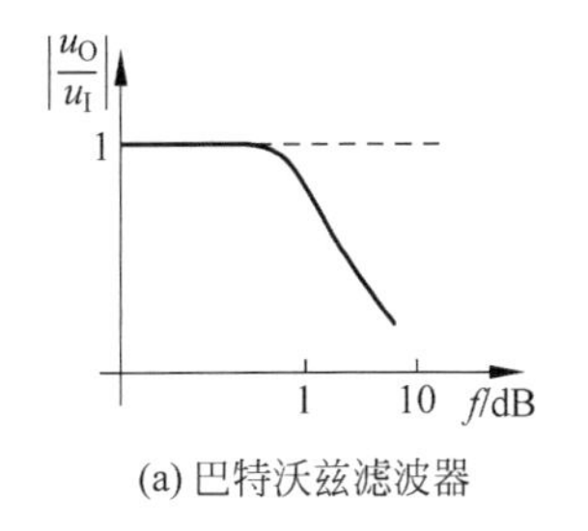

(a) 巴特沃兹滤波器

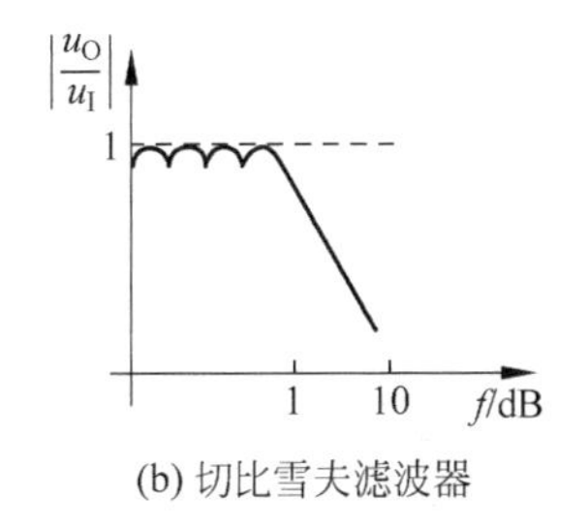

(b) 切比雪夫滤波器

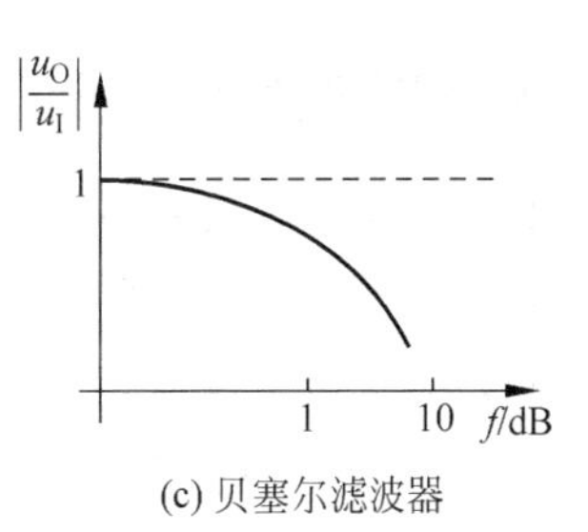

(c) 贝塞尔滤波器

图 5-5-2　滤波器的幅频特性

表 5-5-1　VCVS 有源滤波器设计参数表

阶数	巴特沃兹 K	贝塞尔 f_nK		切比雪夫（0.5dB） f_nK		切比雪夫（2.0dB） f_nK	
2	1.586	1.272	1.268	1.231	1.842	0.907	2.114
4	1.152	1.432	1.084	0.597	1.582	0.471	1.924
	2.235	1.606	1.759	1.031	2.660	0.964	2.782
6	1.068	1.607	1.040	0.396	1.537	0.316	1.891
	1.586	1.692	1.364	0.768	2.448	0.730	2.648
	2.483	1.908	2.023	1.011	2.846	0.983	2.904
8	1.038	1.781	1.024	0.297	1.522	0.238	1.879
	1.337	1.835	1.213	0.599	2.379	0.572	2.605
	1.889	1.956	1.593	0.861	2.711	0.842	2.821
	2.610	2.192	2.184	1.006	2.913	0.990	2.946

【设计示例】 请设计一个截止频率 $f_C=500\text{Hz}$ 的巴特沃兹二阶低通滤波器。由

$$f_C=\frac{1}{2\pi RC}$$

得

$$RC=\frac{1}{2\pi f_C}=\frac{1}{6.28\times 500}=3.185\times 10^{-4}$$

通常电阻 R 的取值范围在 100kΩ 左右，选取标准规格电容 $C=4700\text{pF}$，可求出电阻阻值 $R=67.7\text{k}\Omega$，在此选标准电阻 68kΩ。

查表知巴特沃兹二阶 VCVS 低通滤波器的 K 等于 1.586。

对于设计贝塞尔和切比雪夫低通滤波器来说，当要用到多级二阶有源滤波器时，每一级的 RC 应按下边公式计算

$$RC=\frac{1}{2\pi f_n f_C}$$

对于设计贝塞尔和切比雪夫高通滤波器来说，当要用到多级二阶有源滤波器时，每一级的 RC 则应按下边公式计算

$$RC=\frac{f_n}{2\pi f_C}$$

应注意的是，由于运算放大器的高频响应是有限的，所以它主要应用在中低频以下的频段内。

4. 实验设备与器件

(1) 晶体管毫伏表一台。

(2) 信号发生器一台。

(3) 示波器一台。

(4) LM324 运算放大器、电阻、电容等。

5. 实验内容与步骤

5.1　要点概述

其核心是搭建二阶低通有源滤波器电路，通过改变频率测量输出电压方法来验证其为低通有源滤波器。

5.2　实验步骤

连接图 5-5-1(a)所示 VCVS 二阶低通有源滤波器电路。

(1) 按 $f_C=300\text{Hz}$ 计算参数 R、C。

(2) 完成表 5-5-2 的测试内容(首先将信号频率由 300Hz 向低端扫一遍，用晶体管毫伏表监测输出端，找到使输出信号幅度最大的那个频点，调节信号发生器的幅度，使在该频点下输出幅度 U_{Om} 为一个比较容易观察的值，如取 U_{Om} 等于 3V，保持信号发生器的幅度不变，调节频率，完成各项测试内容)。

表　5-5-2

f/Hz	3	5.33	9.48	16.87	30	53.3	94.9	169
u_O/V								
f/Hz	300	533	948	1687	3000	5334	9487	16 870
u_O/V	3							
f/Hz	30 000	53 340	94 870	168 700				
u_O/V								

(3) 分析 $f=300\text{Hz}$ 频点处信号的幅度，是不是通带内信号幅值的 0.707 倍(−3dB)，若不是，请调整有关参数使满足。

6. 预习思考题

(1) 设计巴特沃兹二阶 VCVS 低通滤波器，$f_C=300\text{Hz}$ 时，计算出 R、C 和 K 的数值。

(2) 巴特沃兹滤波器的优缺点是什么？

(3) 讨论运算放大器的闭环增益对有源滤波器特性的影响。

(4) 低通滤波器的下限频率受哪些因素影响？采用什么措施可以减少这些影响？

(5) 滤波器在通信和信号处理中的应用有哪些？滤波器有什么功能？

(6) 试计算该滤波器在频率为 948Hz 和 3kHz 处信号衰减的分贝数。

(7) 有源低通滤波器与积分器非常相似，具体使用时有何不同？

第6单元　负反馈电路应用及特性测试

实验6-1　电压负反馈与电流负反馈

1. 实验项目

(1) 负反馈根据输入信号的不同,能对应地将输出稳定在不同的状态(电压)上。

(2) 正反馈加剧输出变化的趋势,使输出电压处于极限状态。

(3) 电压负反馈稳定的是负载上的电压。

(4) 电流负反馈稳定的是负载上的电流。

2. 实验目的

(1) 加深理解负反馈就是抑制放大电路中信号变化的特点。

(2) 加深理解正反馈就是加剧放大电路中信号变化的特点。

(3) 建立负反馈最重要的特征是稳定了取样点的电压这一重要概念。

(4) 进一步理解什么叫电压负反馈,什么叫电流负反馈。

3. 实验原理

3.1　反馈类型

由理想集成运算放大器和元件组成的闭环系统,其输入信号、反馈信号和输出信号可以为电压信号也可以为电流信号,因此构成的反馈可以分成4种:电压串联负反馈,电流串联负反馈,电压并联负反馈和电流并联负反馈。这4种类型的判别可根据下面方法。

第一步,找出反馈通路,任何连接在输入和输出端之间的器件都是反馈元件,反馈通路可以由一个或多个元件组成。

第二步,判断反馈类型。判别并联反馈还是串联反馈:首先看输入端,如果输入信号和反馈信号都加在理想集成运算放大器的同一个输入端上,则认为是并联反馈,否则为串联反馈。

判定为并联反馈还是串联反馈后,再判定正反馈还是负反馈。**瞬时极性法**:在放大电路的输入端,假设一个输入信号对地的电压极性,可用“+”表示正极性电压。按信号正向传输方向依次判断相关点的瞬时极性,如果放大电路由理想集成运算放大器构成,“+”信号加在其同相端,则输出信号与输入信号同相即正极性;如果“+”信号加在其反相端,则输出信号与输入信号反相即为负极性“-”;电阻不改变极性,将反馈信号沿反馈通路送回到输入端。首先观察输入端输入信号与反馈信号的连接方式,如果输入信号和反馈信号都加在理想集成运算放大器的同一个输入端上(**一点**),其次看输入信号是否与反馈信号**极性相同**,如极性相同(即反馈信号增强输入信号)说明是**正反馈**,如果输入信号与反馈信号**极性相反则**

为负反馈；如果输入信号和反馈信号加在理想集成运算放大器的两个输入端上(两点)，则极性相同为负反馈，极性相反为正反馈。

如果为三极管构成的放大电路，其发射极信号与基极信号同相，集电极信号与基极信号反相，判断方法相同仍为**瞬时极性法**。反馈信号和输入信号加于输入回路一点时，即同时加到三极管的基极、发射极或集成运放同相输入端或反相输入端。输入信号和反馈信号的瞬时极性相同的为正反馈，瞬时极性相反的是负反馈。

在图 6-1-1 所示的电路中，假设 3 脚瞬时增加一个正的电压信号，由于正电压加在理想集成运算放大器的同相端，因此输出端 1 脚也会得到一个正的跳变电压，经 R_f 和 R_1 构成的反馈，在运放的 2 脚可以得到一个极性相同的正跳变电压。因为 2 脚上的正跳变电压可以在很大程度上抵消掉 3 脚上的正跳变电压，因此图 6-1-1 的电路是一个负反馈放大电路。反之，如果把图 6-1-1 的电路作一个改动，把 R_f 左端的引脚由接运放的 2 脚改为接运放的 3 脚，则由于反馈回来正的跳变信号加强了输入端正跳变信号，就会变成一个正反馈的放大器。

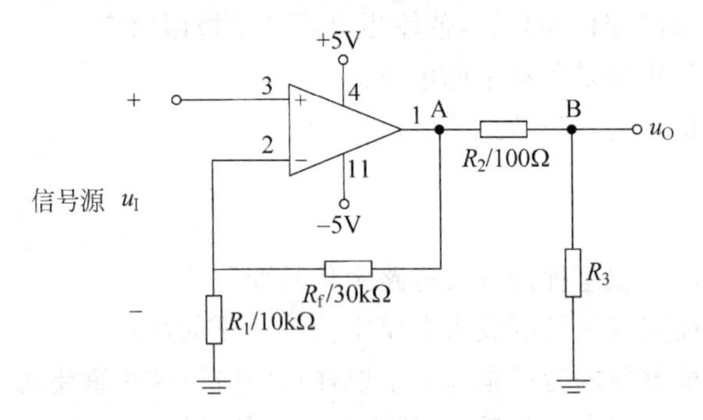

图 6-1-1　负反馈放大电路

最后判定是电流反馈还是电压反馈：通常可用输出端短路法，即将负载短路，如果此时没有反馈信号，则此反馈为电压反馈，否则为电流反馈，如图 6-1-2 所示。通常情况下，也可判断，反馈元件并联在输出端是电压反馈，串联在输出端是电流反馈。注意：输出端负载的连接方式有两种，一是负载接地；二是负载不接地，一般称为负载浮地。一般对负载不接地的情况，反馈是电流反馈；对负载接地的情况，反馈是电压反馈。

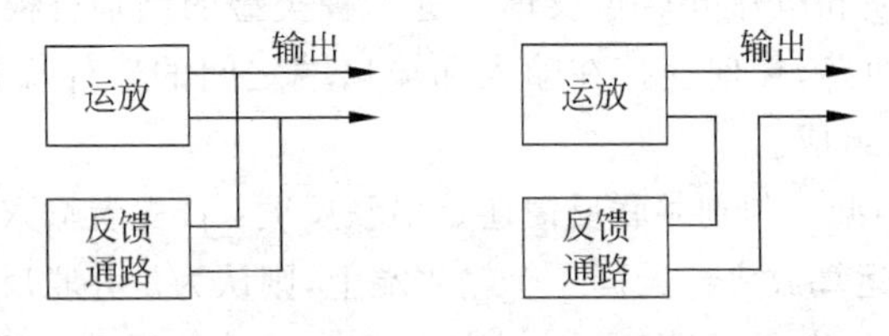

图 6-1-2　电压反馈和电流反馈

因为在电压反馈中，反馈信号是以输出电压为自变量的，因此其大小与输出电压成比例；在电流反馈中，反馈信号是以输出电流为自变量的，因此其大小与输出电流成比例。这可以作为对电压反馈和电流反馈的判断方法。

3.2　负反馈对放大电路增益的影响

由前面的实验可知，运算放大器的开环电压放大倍数非常之高，通常可达到 10^5 以上。为了使运放能工作在人们需要的放大倍数上，通常引入负反馈电路以控制放大量。

根据负反馈基本方程，不论何种负反馈，都可使反馈放大倍数下降$|1+AF|$倍，只不过不同的反馈组态放大倍数A的量纲不同而已。

在负反馈条件下增益的稳定性也得到了提高，这里增益应该与反馈组态相对应，求$\dot{A}_f$的微分，可得

$$\mathrm{d}\dot{A}_f=\frac{(1+\dot{A}\dot{F})\cdot \mathrm{d}\dot{A}-\dot{A}\dot{F}\cdot \mathrm{d}\dot{A}}{(1+\dot{A}\dot{F})^2}=\frac{\mathrm{d}\dot{A}}{(1+\dot{A}\dot{F})^2}$$

$$\frac{\mathrm{d}\dot{A}_f}{\dot{A}_f}=\frac{1}{(1+\dot{A}\dot{F})}\cdot\frac{\mathrm{d}\dot{A}}{\dot{A}}$$

有反馈时，增益的稳定性比无反馈时提高了$(1+AF)$倍。要注意，电压负反馈使电压增益的稳定性提高；电流负反馈使电流增益的稳定性提高。不同的反馈组态对相应组态的增益的稳定性有所提高。

3.3 电压负反馈稳定输出端的电压

电压反馈和电流反馈的称谓都是一种简化的称谓，这两种反馈的定义是：当负载上的阻值发生变化时，能够稳定负载上的电压的反馈形式，就叫做电压反馈；能够稳定负载上的电流的反馈形式，就叫做电流反馈。电压负反馈可以使输出电阻减小，从物理概念上看，这与电压负反馈可以使输出电压稳定是相一致的。输出电阻小，带负载能力强，输出电压的降落就小，稳定性就好。

如图6-1-3所示，当将反馈电阻R_f的取样端连接到B点时，反馈通路由R_2和R_f构成，R_3当作负载电阻（将R_3记为R_{3L}），当用万用表测量B点对地电压时，发现不论$R_3(R_{3L})$阻值大小如何变化，是470Ω还是1kΩ，$R_3(R_{3L})$两端的电压U_B都不随着$R_3(R_{3L})$阻值的变化而变化，即当负载阻值发生变化时，该电路稳定的是负载上的电压，因此是电压负反馈。

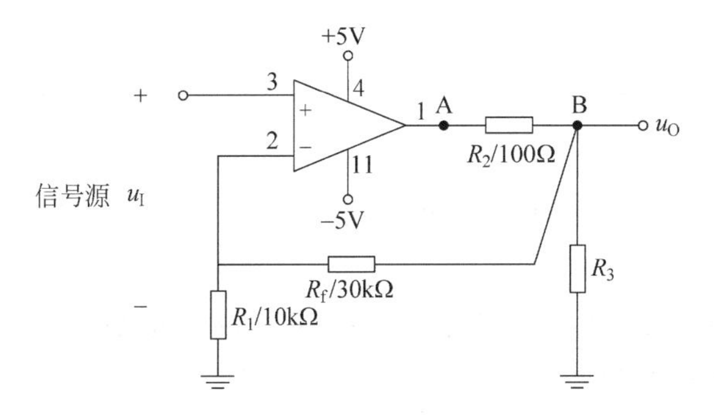

图6-1-3 负反馈电路

如图6-1-3所示，当将反馈电阻R_f的取样端连接到A点时，R_2当作负载电阻（将R_2记为R_{2L}），R_3改用一个相对R_f和R_{2L}的阻值都较小的电阻（如47Ω），当负载阻值发生变化时，该电路稳定负载电流，因此是电流负反馈。

4. 实验设备与器件

(1) LM324运算放大器一只。

(2) 双路稳压电源一台。

(3) 数字式万用表、指针式万用表各一块。

(4) 电阻若干。

5. 实验内容与步骤

5.1 负反馈能稳定输出端电压

5.1.1 要点概述

实验原理请参见本实验3.1和3.2部分。其核心是利用输出电压取样位置不同,构成电压负反馈,通过实测分析得出电压负反馈能够稳定取样点的输出电压。

5.1.2 实验步骤

(1) 在图6-1-1所示电路中,如果把A点看作是输出端,R_2 和 R_3 看成是接在输出端上的负载,则此电路是一个典型的同相比例运算电路,其电压放大倍数为4,且为电压串联负反馈。

(2) 连接图6-1-1所示电路,如 R_3 取200Ω,完成表6-1-1的测试内容。

(3) 用滑动变阻器实现输入电压的变化,观察当输入电压为1.0V时,分析输出电压测量值与理论值关系。

表6-1-1 电压负反馈数据记录及分析表

U_I/V	−0.5	0.5	1.0
U_O/V			
U_O 理论值			
测试数据分析	要根据表格中前两列测得数据分析,在不同输入信号情况下,输出信号始终未变,能说明什么问题?为什么 在表最后一列数据说明什么问题 测量值与理论值比较,是否合理 从表格中输入和输出数据可看出,图6-1-1所示是什么样的运算电路 计算出该运算电路的增益,同时分析为什么加入反馈的放大电路增益会变化?如何变化?说明原因		

5.2 关于正反馈加剧输出变化的趋势使输出电压处于极限状态的实验

5.2.1 要点概述

实验原理请参见本实验3.1部分。其核心是了解反馈电路组成,利用瞬时极性法判断反馈类型,加深理解正反馈加剧放大电路信号变化。

5.2.2 实验步骤

(1) 连接如图6-1-1所示电路,将反馈电阻 R_f 的左端改接到运放的3脚上(即由 R_f 构成的反馈桥在3脚和1脚之间),保持其他状态不变,使其构成正反馈放大电路。

(2) 完成表6-1-2的测试内容。

表6-1-2 正反馈放大电路数据记录及分析表

U_I/V	−0.5	0.5	1.0
U_O/V			
测试数据分析	用表中测得的输出电压数据说明,将图6-1-1中的运算放大器1、3引脚接到一起后,电路是否变成正反馈?说明原因 比较表6-1-1和表6-1-2,有何区别		

5.3 关于负反馈电路稳定的是取样点的电压的实验

5.3.1 要点概述

实验原理请参见本实验3.1和3.3部分。其核心是利用输出电压取样位置不同,构成电压负反馈,通过实测分析得出电压负反馈能够稳定取样点的输出电压。

5.3.2 实验步骤

(1) 连接如图6-1-1所示电路,将反馈电阻R_f的左端重新连接到运放的2脚,使其重新构成负反馈放大器。

(2) 输入电压U_I取0.5V,在分别将反馈取样电阻R_f的右端连接到A点和B点的情况下,观察在改变R_3的阻值分别为470Ω和1kΩ时,负反馈稳定的是取样点的电压的现象,完成表6-1-3的测试内容。

表6-1-3 数据记录及分析表

反馈取样点	R_3阻值	U_A	U_B
A点	470Ω		
	1kΩ		
B点	470Ω		
	1kΩ		
测试数据分析	取样点为A点时,观察发现,不同R_3阻值,A点电压不变,而B点电压变化,说明什么问题 取样点为B点,当R_3分别是470Ω和1kΩ测得的U_B的数据,说明什么问题 计算把B点作为输出端时,其输出阻抗R_o的值。如果计算的数值比输出端串联的R_3(100Ω)还小,请问该如何解释这种现象		

5.4 关于电压反馈和电流反馈的实验

5.4.1 要点概述

实验原理请参见本实验 3.3 部分。其核心是通过取样不同,搭建如图 6-1-3 所示电路,如果将电阻 R_2 当作负载则为电流反馈,如果将 R_3 当作负载则为电压反馈,通过不断改变负载大小测其电压值,分析得出,能稳定负载上电压的反馈形式是电压负反馈,能稳定负载上电流的反馈形式是电流负反馈。

5.4.2 实验步骤

(1) 在图 6-1-3 电路中,R_3 取 47Ω,反馈电阻 R_f 的取样端(右端)连接到 B 点,输入信号 U_I 取 0.2V,V_{CC}取 7V。

(2) 改变负载电阻阻值,使其分别为 47Ω、100Ω、200Ω,完成表 6-1-4 的测试内容。将 R_2 当作负载,测量负载两端电压是测量 U_A;将 R_3 当作负载,测量负载两端电路是测量 U_B。通过实验观察到电压负反馈电路稳定负载电压,电流负反馈电路稳定负载电流的实验现象。

表 6-1-4 数据记录及分析表

R_L/Ω	U_A/V	U_B/V	I_{RL}/mA
47			
100			
200			
测试数据分析	从表中可以看出当负载 R_L 阻值变化,测得取样点电压 U_A 和 U_B 哪一个发生变化?说明什么问题 从表中可以看出当负载 R_L 阻值变化,测得并计算出电流值是否一致,能说明什么问题 取样点 A、B 不同,测量电压值也不同,能说明什么问题		

6. 预习思考题

(1) 根据理论公式,计算表 6-1-1 中 u_O 的理论值。

(2) 如果如图 6-1-2 所示的电路具有稳定取样点电压的功能,是否意味着取样点电压始终不变?如不是,请回答什么情况下取样点电压不会变?什么情况下会变?

(3) 请说明本实验证明图 6-1-2 的电路具有稳定取样点电压的功能的实验方法是什么?

(4) 请设想表 6-1-2 中,运放输出端 u_O 的电压值应为多少伏?

(5) 负反馈对放大电路性能的改善程度取决于反馈深度,反馈深度是不是越大越好?为什么?

(6) 调试图 6-1-2 电路时,发现哪些对放大器性能影响最明显?为什么?

(7) 在分析判断放大器的反馈类型时,应注意哪些基本要素?

实验 6-2　串联负反馈与并联负反馈电路

1. 实验项目

(1) 串联负反馈与输入电压的关系。

(2) 并联负反馈与输入电流的关系。

(3) 串联负反馈和并联负反馈与放大器输入阻抗的关系。

2. 实验目的

(1) 了解串联负反馈放大器放大的是信号源的电压信号。

(2) 了解并联负反馈放大器放大的是信号源的电流信号。

(3) 掌握利用串联负反馈或并联负反馈技术改善放大器输入阻抗的方法。

3. 实验原理

3.1　输入阻抗

放大器的输入阻抗是放大器的一个极其重要的技术指标,在不同的应用场合,对放大器输入阻抗的要求各不相同。对于一个从信号源中提取电压信号的放大器来说,人们希望从这个放大器的输入端望进去的输入阻抗应尽可能大,这样有利于从信号源上获得更多的电压信号。而对于一个从信号源中提取电流信号的放大器来说,人们则希望从这个放大器的输入端望进去的输入阻抗尽可能的小些,这样有利于使信号源的电流信号更多地流入放大器的输入端。

利用负反馈技术可以有效地改善放大器的输入阻抗,具体来说,利用串联负反馈可以大大提高放大器的输入阻抗,利用并联负反馈可以大大降低放大器的输入阻抗。

3.2　串联负反馈

按照被放大的变量(电压或电流)和输出变量(电压或电流)可将负反馈分成四种基本类型:从放大器输入端连接形式可分为电压串联(电压放大器)和电流串联(跨导放大器);从放大器输出端连接方式可分为电流并联(电流放大器)和电压并联(互阻放大器)。图 6-2-1 和图 6-2-2 给出了典型的串联负反馈和并联负反馈的电路形式。区分这两种电路形式的基本方法是:如果从输出端反馈回来的反馈信号和信号源提供的输入信号都是加在放大器的同一个输入端上(三者形成的是并联关系),则可以确认这是一个并联反馈的电路形式;如果从输出端反馈回来的反馈信号和信号源提供的输入信号分别加在放大器两个输入端的各自的一个输入端上(三者形成的是串联关系),则可以确认这是一个串联反馈的电路形式。

实验 6-1 所侧重研究的是电压串联负反馈的输出端,其稳定的是输出端电压。本实验图 6-2-1 是电压串联负反馈研究放大信号为输入端引入的电压信号。从图中可以看出,运算放大器的输入信号 u_I 是输入端信号电压 u_s 与反馈信号电压 u_f 的差值,这个电压差值再由基本的电压放大器放大,因此电压串联负反馈电路是一个压控压源,也是一个理想的电压放大器。

如果输入电阻非常大，则同相运算电路与电压串联负反馈电路的电压放大倍数相同，都等于 $A_{uu}=\left(1+\frac{R_f}{R_1}\right)$。

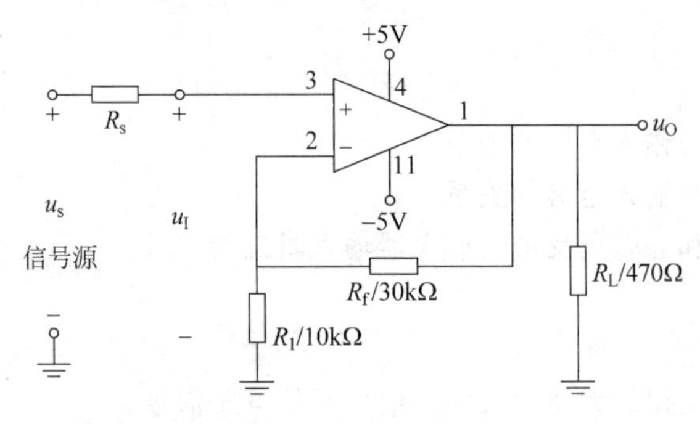

图 6-2-1　电压串联负反馈

3.3　并联负反馈

图 6-2-2 是一个电压并联负反馈电路结构。其输入端为并联形式，输出信号取样于部分输出电压，并将其转换成电流，作为反馈电流送回输入端，反馈电流与输入信号电流并联。利用基尔霍夫定律进行计算，得到差值电流信号送到集成运算放大器的输入端，实现放大，因此电压并联负反馈放大的是输入端的差值电流信号。这种反馈通常称为电流-电压放大器，也称互阻放大器。其增益是输出电压与输入电流的函数。

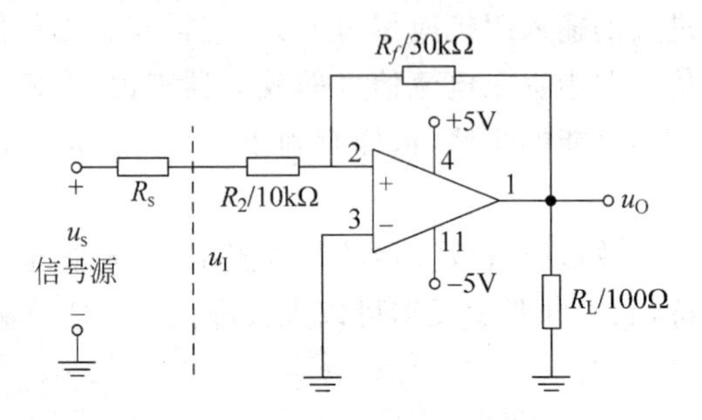

图 6-2-2　电压并联负反馈

4. 实验设备与器件

(1) 数字万用表一块。

(2) 直流稳压电源一台。

(3) 4.7kΩ 电位器一只。

(4) LM324 运放、电阻等。

5. 实验内容与步骤

5.1　串联负反馈放大器放大的是信号源提供的电压量的实验

5.1.1　要点概述

实验原理请参见本实验 3.2 部分。其核心是利用电压串联负反馈是一个理想的电压放大器，其放大的是输入端引入的电压信号。

5.1.2 实验步骤

(1) 连接图 6-2-1 所示的串联负反馈放大电路。

(2) 在 u_s 分别等于 0.4V 和 0.8V 的情况下，分别令 R_s 分别为 1kΩ 和 100kΩ，测量 U_I 和 U_O 的数值。观察 U_I 和 U_O 的数值是否随 R_s 变化而变化，将数据记录于表 6-2-1 中。

表 6-2-1 数据记录及分析表

u_s/V	R_s/kΩ	U_I	U_O
0.4	1		
	100		
0.8	1		
	100		
测试数据分析	表中测得的输出电压 u_O 数值是否跟随输入电压 u_i 变化而变化，说明什么问题 表中测得的输入和输出电压是否跟随 R_s 变化而变化，说明什么问题 从表中数据能否判断如图 6-2-1 所示电路反馈类型		

5.2 关于并联负反馈放大器放大的是信号源提供的电流信号的实验

5.2.1 要点概述

实验原理请参见本实验 3.3 部分。其核心是电压并联负反馈放大的是输入端的差值电流信号，因此这种反馈通常称为电流-电压放大器，即输出电压与输入电流成比例。

5.2.2 实验步骤

(1) 连接如图 6-2-2 所示的并联负反馈放大电路。

(2) 在输入电压 u_s 分别为 1V 和 2V 的情况下，分别令 R_s=10kΩ 和 R_s=20kΩ，完成表 6-2-2 中 u_s、U_I 以及 U_O 的测试数据，计算出 I_{Rs} 的数值，分析输出电压和什么参数成比例。

表 6-2-2 数据记录及分析表

u_s/V	R_s/kΩ	U_I	I_{Rs}	U_O
1	10			
	20			
2	10			
	20			
测试数据分析	测得的输出电压数值是否跟随输入电压变化而变化，说明什么问题			

续表

测试数据分析	测得的输出电压数值是否跟随输入电流变化而变化，说明什么问题 输入和输出电压是否跟随 R_s 变化而变化？说明什么问题 电阻 R_s 不变，u_s 变化，输入、输出如何变化？说明原因 判断图 6-2-2 所示电路反馈类型

6．预习思考题

（1）在图 6-2-1 所示的电路中，若 $U_I=-2V$ 时，输出始终约为 $-5V$，请分析出现这种问题的原因是什么？

（2）如果图 6-2-1 的电路确实是一个只取信号源的电压信号而不取信号源的电流信号的放大电路，请分析表 6-2-1 的实验数据应体现出什么特点？

（3）如果图 6-2-2 的电路确实是一个只取信号源的电流信号而不取信号源的电压信号的放大电路，请分析表 6-2-2 的实验数据应体现出什么特点？

（4）分析电压串联负反馈对放大电路的性能有哪些改善？

（5）如果输入信号引入的是一个失真的正弦波，分析能否用负反馈改善。

实验 6-3　设计实现负反馈电路

1. 实验项目

负反馈放大电路 4 种基本结构的构成实践。

2. 实验目的

负反馈放大电路 4 种基本结构的构成实践。

3. 实验原理

负反馈在电子电路中应用非常广泛，虽然它使放大器的电压增益降低得不足，但其更具有多方面改善放大器动态指标（如稳定增益、改变输入和输出电阻、减小非线性失真和展宽通频带等）的优点，因此大部分实用的放大器都带有负反馈。

如图 6-3-1 所示，一个负反馈放大电路的各基本单元和部分连线适当连接后可构成电压串联负反馈、电压并联负反馈、电流串联负反馈和电流并联负反馈 4 种基本负反馈电路组态。

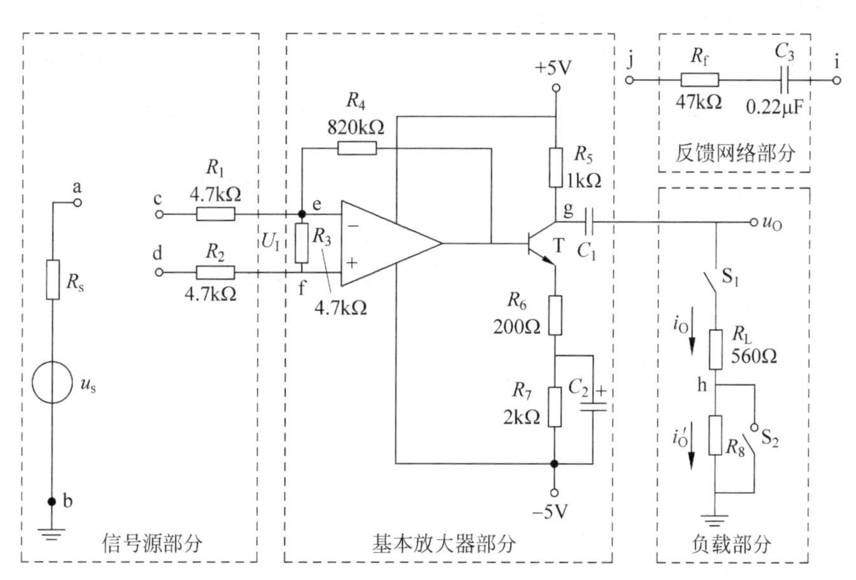

图 6-3-1　负反馈电路

3.1　电压串联负反馈

对图 6-3-1 的电路而言，g 点是基本放大器的电压信号输出端，若从 g 点取反馈信号，因为该点信号是输出端的输出电压，将该点取出的信号反馈到电路的某一输入端，并使其构成负反馈，则输出端的电压就会因负反馈的机制而得到稳定，即负反馈取的是输出端的电压信号，则输出端的电压信号就可以得到稳定。

反馈电阻 R_f 是一个简单的反馈网络，电容 C_3 起隔离直流信号作用，即只反馈交流信号而不反馈直流信号。将反馈网络的 i 端与 g 端相连，便可实现提取输出端电压信号进行反馈的目的。

若将信号源的a端和R_1的c端相连，反馈网络的j端和R_2的f端相连，d端接地，就运放的输入端而言，输入信号u_s、运放输入端u_I和反馈电压u_F由R_f的j端和地之间看入的等效电压三者之间的串联，因此便构成了组态为电压串联负反馈形式的负反馈放大器。

3.2　电流串联负反馈

对图6-3-1的电路而言，如果反馈信号不是取自输出端的电压信号g，而是取自另外某一点的电压信号，而该点的电压信号是与输出端电流的大小有直接对应的关系，若将该点的信号反馈到电路的输入端并使其构成负反馈，那么，由于负反馈的机制，该点的电压信号就可以得到稳定，因为该点的电压信号是直接对应输出端的电流信号，所以输出端的电流也将得到稳定。对输出端而言，因为稳定的是输出端的电流量，则构成了一个电流负反馈电路。对图6-3-1的电路而言，负载部分h点电压的大小，恰好可以反映输出电流i_O的大小，将反馈网络的i端接于h点，因为h点的电压可以反映输出电流i_O的大小，所以便构成了一个电流反馈的电路。

同理，如果这个反馈信号u_F和信号源u_s及运放的输入端u_I之间形成串联关系，且反馈信号u_F起到抵消信号源u_s的作用，便构成了串联负反馈形式。

上述介绍的电路连接方法构成了电流串联负反馈放大器。

3.3　并联反馈和串联反馈的设计原则

根据前面的介绍，我们知道从输出端u_O(g点)取反馈信号到输入端构成负反馈，这样就形成了电压负反馈电路。对输入信号来说，是把反馈信号与之相并联连接好，还是与之相串联连接好，主要取决于信号源内阻的大小。

当信号源的内阻较大时，采用并联反馈有利于加强负反馈效果；而信号源内阻较小时，则不宜采用并联反馈，而是采用串联反馈，这样有利于加强负反馈效果。从电路结构来看，如果信号源和反馈信号作用于放大器的同一输入端，相当于这两个激励源是并联后作用于放大器的输入端，因此是并联反馈；而如果这两个激励源是分别作用于放大器的两个输入端上，则就是一个串联反馈的结构形式。

4. 实验设备与器件

(1) 信号发生器一台。

(2) 稳压电源一台。

(3) 示波器一台。

(4) 运算放大器、三极管、电阻、电容等。

5. 实验内容与步骤

5.1　电压串联负反馈降低放大器放大倍数

5.1.1　要点概述

实验原理请参见本实验3.1部分。其重点是要通过实验观察以下两点：①负反馈放大电路可降低放大器的放大倍数；②电压负反馈可提高输出电压的稳定性。

5.1.2　实验步骤

(1) 将a点和c点相连接，将d点和地点相连接，反馈网络i、j悬空构成一个开环放大器电路。

(2) 将信号源u_s(f=1kHz正弦波)调至最小并逐渐增加，同时用示波器观察输出信号幅度，直至波形接近失真时停止增加u_s的幅度并保持不变。

(3) 测量此时的u_s和u_O的幅值并记录于表6-3-1中相应处。

(4) 保持u_s的幅度不变，并保持上述连线，将f点与R_f的j点相连，i点与g点线连，则构成了一个闭环的电压串联负反馈放大器。

(5) 测量电压负反馈情况下u_s和u_O的幅值并记录于表6-3-1中相应处。

表6-3-1　负反馈电路降低放大倍数实验数据表

开环放大器		闭环放大器	
u_s	u_O	u_s	u_O
A_{uu}=		A_{uf}=	
测试数据分析	查找表中数据特点，说明什么问题		

5.2　关于电压负反馈放大器能够稳定输出电压的实验

5.2.1　要点概述

实验原理请参见本实验3.1部分。实验核心是为了得到易于比较和分析的数据，该部分实验内容设计为，通过观察在两个不同反馈深度的条件下，输出端负载大小变化与输出电压波动大小之间的关系，即研究电压负反馈对负载变化时稳定输出电压的作用关系。实验的基本思路是：分别构造开环和闭环(电压负反馈)两个放大电路，对每个电路分别改变它们的负载电阻，观察哪个电路输出电压更稳定。

5.2.2　实验步骤

(1) a点接c点，d点接地，不接反馈电阻R_f，构成一个开环的放大电路；输出端u_O对地接负载电阻R_L(R_L=1kΩ)。

(2) 适当调整输入信号幅度，使输出信号u_O的幅度为一个较容易观察的值，如取$u_{OP\text{-}P}$=3V(定义为u_{O1})。

(3) 将此时的输入信号u_s和输出信号u_{O1}的值，记录于表6-3-2中。

(4) 在R_L上再并联一个1kΩ电阻，使负载加重为500Ω，测量此时的输出电压u'_{O1}的值记录于表中。

(5) 保持上述连线并使i接g，j接f，构成一个闭环的电压串联负反馈电路。u_O端对地接1kΩ电阻(R_L)。

(6) 适当调整输入信号幅度，使输出信号u_O的幅度，与步骤(2)相同，即$u_{OP\text{-}P}$=3V(定义为u_{O2})。

(7) 将此时的输入信号 u_s 和输出信号 u_{O2} 的值，记录于表 6-3-2 中。

(8) 在 R_L 上再并联一个 1kΩ 电阻，使负载加重为 500Ω，测量此时的输出电压 u'_{O2} 的值，并记录于表 6-3-2 中。

表 6-3-2　负反馈电路提高输出电压稳定性实验数据表

<table>
<tr><th colspan="3">开环放大器</th><th colspan="3">闭环放大器</th></tr>
<tr><td>u_s</td><td>u_{O1}</td><td>u'_{O1}</td><td>u_s</td><td>u_{O2}</td><td>u'_{O2}</td></tr>
<tr><td></td><td></td><td></td><td></td><td></td><td></td></tr>
<tr><td colspan="3">输出电压波动率$=\frac{u_{O1}-u'_{O1}}{u_{O1}}$
$=$</td><td colspan="3">输出电压波动率$=\frac{u_{O2}-u'_{O2}}{u_{O2}}$
$=$</td></tr>
<tr><td colspan="2">测试数据分析</td><td colspan="4">分析表中数据特点，说明什么问题</td></tr>
</table>

对表 6-3-2 的数据进行分析比较，便可得出对电压负反馈电路来说，当负载发生波动时，输出电压可保持相对稳定的结论。

5.3　关于电流负反馈放大器能够稳定输出电流的实验

5.3.1　要点概述

实验原理请参见本实验 3.2 部分。电流反馈是指反馈信号的大小直接表征了输出端负载电流的大小。提取这种反馈信号最常用的办法，就是在输出端的回路里，串联一个小电阻(图 6-3-1 中的 R_8)，当负载上的电流发生变化时，R_8 上的 h 点的电压也会随之发生变化，若将此信号取出作为负反馈信号送入输入端，由负反馈的特性可知，h 点的电压将得到稳定，即 i'_O 将得到稳定。由于通常反馈网络和放大器的输入阻抗都比较高(反馈网络取反馈电流都很小)，所以有 $i'_O \approx i_O$，即 i_O 也将到稳定。

实验的基本思路是：分别构造开环和闭环(电流负反馈)两个放大电路(注意：闭环电路的取样点，一定是要能反映出输出电流的大小)，对每个电路分别改变它们的负载电阻，观察哪个电路输出电流更稳定。

5.3.2　实验步骤

(1) b 点和 d 点接地，c 点接 a 点，构成开环放大器，S_1 闭合。

(2) R_L 取 2kΩ，调节 u_s 使 $u_{OP-P}=3V$(定义为 u_{O1})。

(3) 保持 u_s 不变，再用一只 2kΩ 电阻与 R_L 并联，使其变成 1kΩ，测试 u'_{O1} 的电压值(测峰-峰值)，将上述数据记录于表 6-3-3 中相应处。

(4) 保持上述连线，并完成电流串联负反馈电路的连线，即：i 点接 h 点，f 点接 j 点，S_2 断开。

(5) R_L 取 2kΩ，调节 u_s 使 $u_{OP-P}=3V$(定义为 u_{O2})。

(6) 保持 u_s 不变，用 2kΩ 电阻与 R_L 并接，使其变成 1kΩ，测试电压 u'_{O2} 的值(测峰-峰值电压)，将上述数据记录于表 6-3-3 中相应处。

表 6-3-3 电流串联负反馈电路提高输出电压稳定性实验数据表

开环放大器				闭环放大器			
u_{O1}		i_{O1}		u_{O2}		i_{O2}	
u'_{O1}		i'_{O1}		u'_{O2}		i'_{O2}	
$i_{O1}/i'_{O1}\times 100\%=$				$i_{O2}/i'_{O2}\times 100\%=$			
电流变化率(大/小)				电流变化率(大/小)			
测试数据分析		分析表中数据特点，说明什么问题 比较在开环和闭环的两种条件下，当负载发生变化时，哪一种条件下输出电流更稳定？哪种输出电压最不稳定					

5.4 关于串联负反馈和并联负反馈的使用原则的实验

5.4.1 要点概述

实验原理请参见本实验 3.3 部分。对于反馈网络(反馈元件)送出的反馈信号，是采取和信号源相串联的方式还是并联的方式，这要看信号源内阻的大小而定。一般的原则是在信号源内阻较大的情况下，宜采用并联反馈的形式；而当信号源内阻较小的情况下，宜采用串联反馈的形式。

5.4.2 实验步骤

设计修改如图 6-3-1 所示的电路，使其成为一个电压并联反馈的形式，并做出实验方案。写出实验的原理和步骤，并设计一个数据表，通过实验来验证分析的正确性。

6. 预习思考题

(1) 选择正确答案(在正确答案下画√)。

- 负反馈放大器能提高/降低放大器的放大倍数。
- 电压负反馈放大器能提高/降低放大器输出电压的稳定性。
- 电流负反馈能提高/降低输出电流的稳定性。

(2) 请分析和叙述实验内容和步骤中，“电流负反馈电路稳定输出电流的实验步骤”的基本实验思路是怎样的。

(3) 根据实验原理 3.3 中，介绍并联反馈和串联反馈的设计原则，请参考前面的两个实验，自己设计一个关于串联反馈及并联反馈的反馈效果与信号源的内阻大小之间的关系的实验电路和方案，写出实验的原理和步骤，并设计一个数据表，通过实验数据来验证，上面介绍的有关分析是正确的。(提高题)

实验 6-4　用集成运算放大器设计实现万用表

1. 实验项目

用集成运算放大器设计实现直流电压表和直流电流表。

2. 实验目的

掌握设计原理，完成所设计电路的组装与调试。

3. 实验原理

集成运算放大器与不同的外围器件可以方便灵活地实现各种功能电路，也能与电阻、电压源、表头等器件一同设计实现在实验中使用最多的测量仪器——万用表。万用表一般用来测量电压、电流和电阻。当万用表测量电压时，电表并联接入被测电路而不影响被测电路的原工作状态，这就要求电压表应具有无穷大的输入电阻。当利用万用表测量电流时，电表串联在被测电路而不影响被测电路的原工作状态，这就要求电压表内阻应为零。但在实际上万用表的表头可动线圈总有一定的电阻，用它测量电流时将影响被测量电路，引起误差。如果将集成运算放大器应用到万用表电路中，由于集成运放输入电阻高，会极大地降低万用表的误差，提高其测量精度，还能实现自动调零。

3.1　直流电压表

如图 6-4-1 所示，信号从同相端输入。将表头置于集成运放输入的反馈回路中，减少表头参数对测量精度的影响。由于理想集成运放工作在线性区，具有“虚短”和“虚断”的特点，即 $I_1=I_f$，$u_P=u_N$，因此流经表头的电流 $I=\frac{u_I}{R_1}$。说明流经表头电流与表头参数无关，改变电阻 R_1 的值就可改变万用表的量程。

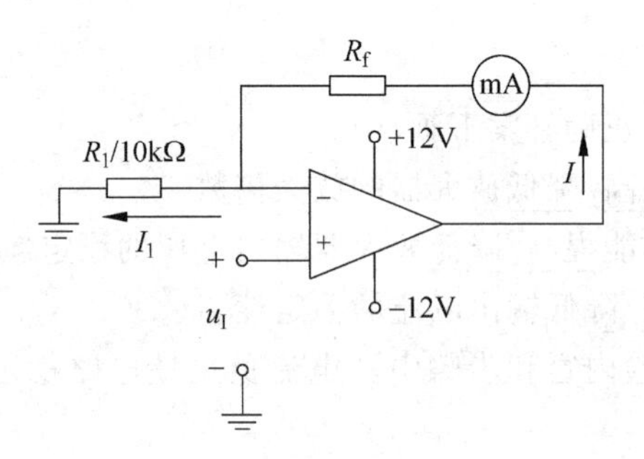

图 6-4-1　直流电压表电路

此方法适用于测量电路与集成运算放大器共地情况。此外，当被测电压较高时需要在集成运放的输入端增设衰减器。

3.2　直流电流表

仔细观察图 6-4-2 所示电路，该电路没有接地点，即集成运算放大器的电源、被测电流均无接地点，称为浮地电流测量。由于没有共地的限制，设计实现的直流电流表可以串联在任何电路中测量电流。

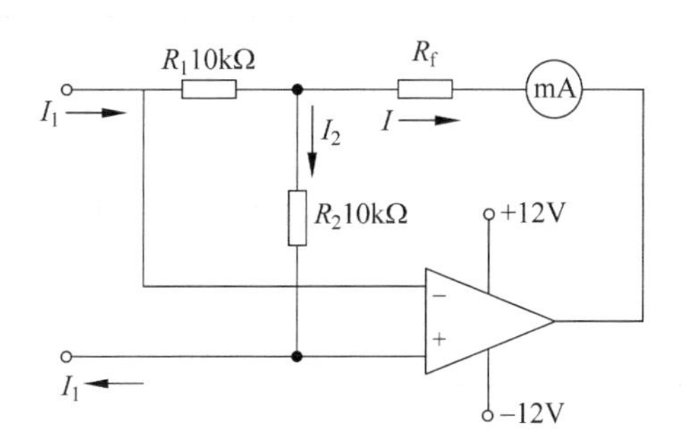

图 6-4-2 直流电流表电路

由于理想集成运放工作在线性区，具有“虚短”和“虚断”的特点，即 $I_+=I_-=0$，$u_N=u_P$，因此电阻 R_1 上流过的电流为 $I_{R_1}=I_1+I_-=I_1$，与被测电流相等。设电阻 R_2 上的电流为 I_2，则流经电流表头上的电流 $I_2=I_1-I$，依据基尔霍夫电压和电流定律 $I_2R_2+u_P=u_N-I_1R_1$，因此得到被测电流 I_1 与流经表头的电流 I 之间关系 $(I_1-I)R_2=-I_1R_1$，则 $I=\left(1+\frac{R_1}{R_2}\right)I_1$。

从式中可看出，只要改变电阻阻值和比例就可以改变电流表的量程，与表头参数无关。如果被测电流较大，应在电流表头上并联分流电阻以保护表头。

4. 实验设备与器件

(1) 直流稳压电源一台。

(2) 运算放大器、表头、电阻等。

5. 实验内容与步骤

5.1 设计直流电压表

5.1.1 要点概述

实验原理请参见本实验 3.1 部分。实验核心是设计实现满量程为 +6V 的万用表。画出设计电路原理图，将万用表与标准表进行测试比较，计算万用表各功能挡的相对误差。

5.1.2 实验步骤

(1) 连接图 6-4-1 所示的直流电压表电路。

(2) 设计电路用直流电压表和标准表量测电路，将数据记录于表 6-4-1 中。

5.2 设计直流电流表

5.2.1 要点概述

实验原理请参见本实验 3.2 部分，实验核心是设计实现满量程为 10mA 的万用表。画出设计电路原理图，将万用表与标准表进行测试比较，计算万用表各功能挡的相对误差。

5.2.2 实验步骤

(1) 连接图 6-4-2 所示的直流电流表电路。

注意：当测量电流时，注意电流表量程，切忌两表笔并联在器件两端。

(2) 设计电路用直流电流表和标准表量测电路，将数据记录于表 6-4-1 中。

表 6-4-1　数据记录及测试表

电　　路	直流电压表	直流电流表
测量值		
标准值		
测试数据分析	表中测量值与标准值之间误差是否合理？说明原因	

6. 预习思考题

(1) 如何在直流电压表上增加整流电路组成交流电流表？

(2) 表头是否有内阻，请自行测量。

(3) 随着被测电压的减小，表头指示值误差将如何变化？

第7单元　电压比较器、信号发生器及振荡电路

实验7-1　电压比较器

1. 实验项目

(1) 单门限电压比较器。

(2) 施密特电压比较器(双门限电压比较器)。

2. 实验目的

(1) 了解电压比较器的功能和用途。

(2) 了解施密特电压比较器的作用和电路原理。

3. 实验原理

3.1　电压比较器基本性质及单门限比较器

如图7-1-1所示是电压比较器的电路符号，为了简化电路有时$+V_{CC}$和$-V_{CC}$不画出来。电压比较器和运算放大器的特性基本相同，$+V_{CC}$和$-V_{CC}$是两组直流供电电源，u_P和u_N同样是同相输入端和反相输入端，且输入端同样具有高输入阻抗特性，电压传输表达式也同样为$u_O=A_{uo}(u_P-u_N)$，A_u为电压增益且趋于无穷大。由于在使用电压比较器时，它的外围电路没有引入负反馈，所以从理论上讲它的输出电压u_O将会被放大到无穷大，但是受到$+V_{CC}$直流电压源电压值的限制，u_O输出电压的最大值为略小于$+V_{CC}$的U_{OH}，最小值为略大于$-V_{CC}$的U_{OL}。当$u_P>u_N$时，$u_O=U_{OH}$；当$u_P<u_N$时，$u_O=U_{OL}$。

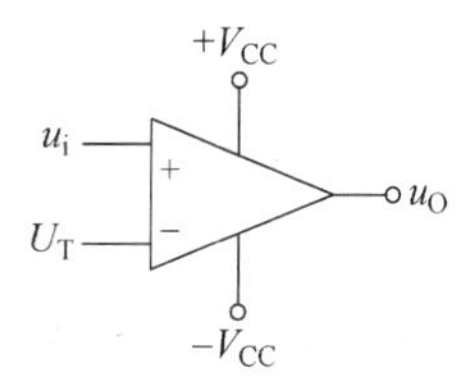

图7-1-1　电压比较器

顾名思义，电压比较器的作用，就是鉴别它的两个输入端之间的相对电压谁高谁低，并在输出端以U_{OH}或U_{OL}来表示。u_O只有这两种状态，这是电压比较器最重要的输出特性，也是它和运算放大器在输出特性上的最大不同(因运算放大器外围电路引入负反馈，故在输出特性上是连续的，而不是离散的值)。就电压比较器和运算放大器本身来说，两者之间并没有明显的区别，在输出电压上表现出的这种差异，完全是由使用时外围电路是否引入负反馈来决定的。在一些要求不高的场合，可以用运算放大器代替电压比较器。电压比较器具有比运算放大器更高的开环增益、响应速度及输入阻抗，而不注重输入输出间的线性关系。

在图7-1-1中，U_T通常是作为一个固定的参考电压值，通常被称为"门限电压值"。u_i是一个待比较的输入电压值，对于图7-1-1的同相比较器电路来说，当$u_i>U_T$时($u_P>u_N$)，

$u_O=U_{OH}$；当 $u_i<U_T$ 时($u_P<u_N$)，$u_O=U_{OL}$。

图 7-1-2 给出了各种单门限电压比较器应用的电路实例。图 7-1-2(a)、图 7-1-2(b)、图 7-1-2(c)分别构成了过零比较器、同相比较器、反相比较器，它们对应的电压传输曲线分别如图 7-1-2(d)、图 7-1-2(e)、图 7-1-2(f)所示，U_T 也被称为阈值电压，当输入信号 u_i 达到门限电压(阈值电压)时，比较器的输出状态便会发生翻转。

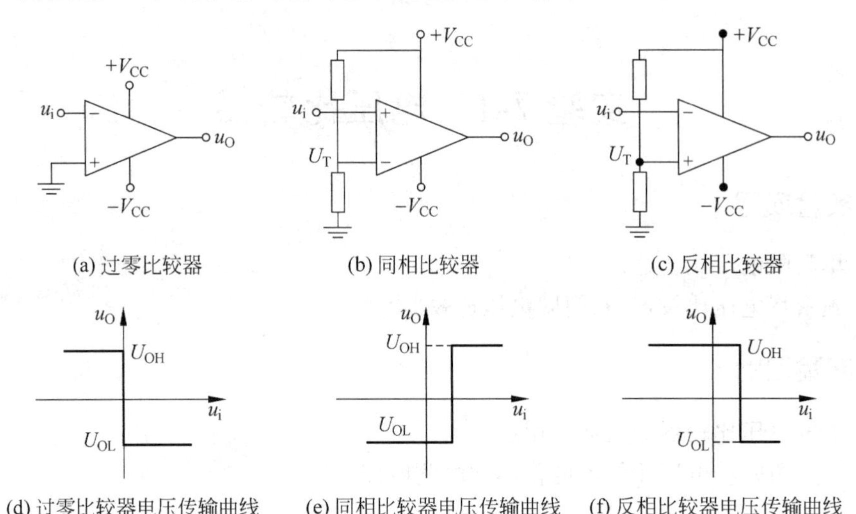

图 7-1-2　各种单门限电压比较器电路及传输曲线

3.2　施密特电压比较器

图 7-1-3(a)是一个施密特电压比较器电路，该电路的核心特征是：存在着一个电路将输出信号反馈到同相输入端，使构成正反馈电路，达到在输出电压变高时，让同相端电压也随之变高，反之亦然的作用。在图 7-1-3 的电路中，是通过 R_1 和 R_2 对输出电压 u_O 进行分压，并将该分压引入到同相输入端，使得比较器输出电压分别在 U_{OH} 和 U_{OL} 两种情况下，在同相端对应产生出 U_{TH}(上门限)和 U_{TL}(下门限)这两个门限电压。之所以要产生两个门限电压，是因为这样可以有效防止当输入信号处在门限电压附近时，由于受到干扰发生微小波动造成比较器输出状态的错误波动。以图 7-1-3 电路为例，当输入电压 u_i 下降到刚刚低于门限电压(同相端电压 u_P，即 $u_i<u_P$)，使得输出电压 u_O 上跳变成 U_{OH}，输出电压的这一变化还将通过 R_1 和 R_2 的正反馈作用，使同相端电压 u_P 同时产生向上的跳变，形成上门限电压 U_{TH}。此时如果输入信号 u_i 因受到干扰而有微弱的增加，又回到高于原来的门限电压的状态，若此时同相端电压 u_P 未产生向上的变化，则会出现 $u_i>u_P$ 的情况，使比较器的输出电压又跳回到 U_{OL}(干扰产生了效果)。但是实际上，由于 R_1 和 R_2 的正反馈作用，使同相端电压 u_P 已发生了向上跳变，变成了上门限电压 U_{TH}，这使得 u_i 虽然受干扰有微小的增加，但依然有 $u_i<u_P=U_{TH}$ 的信号关系，使输出能够继续保持为 U_{OH} 状态，从而克服了信号在门限附近微弱波动造成的输出不稳定的问题。

施密特电压比较器的电压传输曲线如图 7-1-3(b)所示，由于当输入信号变化到某个数值使输出状态发生跳变时，也将同时引起门限电压的变化，所以当输入信号再逆向变回到该数值时，因门限电压已发生了跳变，使比较器的输出状态不能变回到原状态，而是需要输入

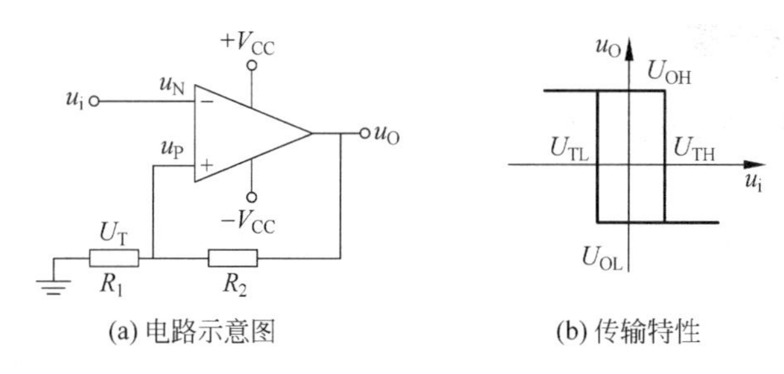

(a) 电路示意图　　(b) 传输特性

图 7-1-3　施密特比较器电路

信号继续加大变化幅度后，才能使施密特比较器的输出发生跳变。鉴于输入信号这种迟滞产生作用的现象，故又称它为“滞回比较器”。

图 7-1-4(a)是一个可以使上下门限产生整体偏移的施密特比较器电路。由图可知，门限电压 U_T 是由 V_{CC} 和 u_O 两个电源共同作用产生的，由叠加定理得，V_{CC} 单独作用产生的门限电压 U'_T 为

$$U'_T = \frac{R_2 \parallel R_3}{R_1 + (R_2 \parallel R_3)} V_{CC} \tag{7-1-1}$$

u_O 单独作用产生的门限电平 U''_T 为

$$U''_T = \frac{R_1 \parallel R_2}{(R_1 \parallel R_2) + R_3} u_O \tag{7-1-2}$$

将 u_O 分别等于 U_{OH} 和 U_{OL} 代入式(7-1-2)，并和 U'_T 相叠加，便得到上门限电压 U_{TH} 和下门限电压 U_{TL}。由于上下门限电压计算中，均增加了 U'_T 部分，所以使上下门限电平均产生了一个相同的上移。同理，如果把 V_{CC} 改成接地，而接地端改为接 $-V_{CC}$，则会使上下门限电平产生整体的向下偏移。

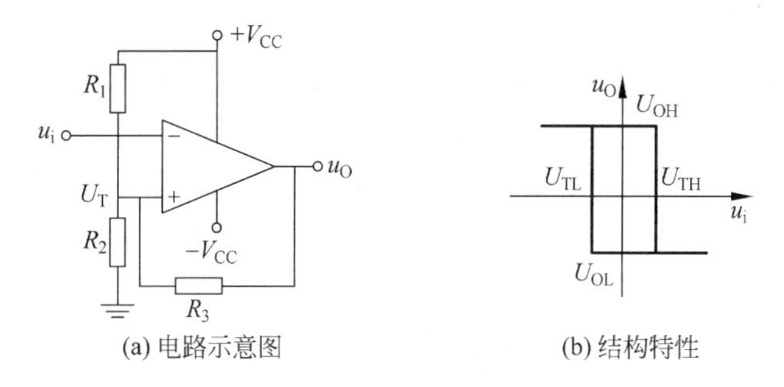

(a) 电路示意图　　(b) 结构特性

图 7-1-4　可使门限电平整体偏移的施密特比较器电路

同样施密特上下门限的宽度，也可以通过控制 U''_T 数值的大小来加以实现。

4. 实验仪器与元件

(1) 稳压电源一台。

(2) 示波器一台。

(3) LM324 运算放大器一个。

(4) 数字万用表一块。

(5) 电阻若干。

5. 实验内容与步骤

5.1　单门限电压比较器实验

5.1.1　要点概述

关于单门限电压比较器的工作原理，请参见本实验原理3.1部分。

5.1.2　实验步骤

(1) 按照自己在预习报告中设计的单门限电压比较器电路连接实验线路。

(2) 反复改变输入电压，观察输出跳变情况，测量出实际门限电压 U_T 的值。

5.2　施密特电压比较器实验

5.2.1　要点概述

关于施密特电压比较器的工作原理，请参见本实验原理3.2部分。

5.2.2　实验步骤

(1) 连接如图7-1-5所示电路。

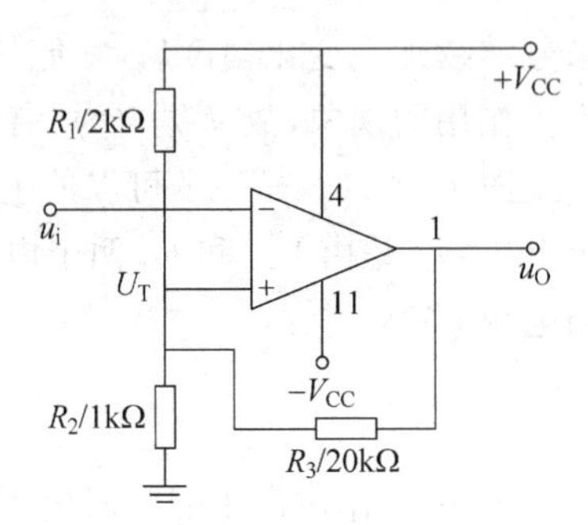

图7-1-5　施密特比较器

(2) 用电位器产生一个从−5V到+5V连续变化的输入信号 u_i，完成表7-1-1的测试数据。找出使 u_O 从 U_{OH} 跳变为 U_{OL} 的上门限电压 U_{TH} 和使 u_O 从 U_{OL} 跳变为 U_{OH} 的下门限电压 U_{TL}。

表7-1-1　施密特电压比较器数据

u_i/V	−5V	U_{TH}( )	+5V	U_{TH}( )	U_{TL}( )	−5V	U_{TL}( )	U_{TH}( )
u_O/V								

(3) 通过用示波器X-Y模式的方法，观察表7-1-1的实验数据。

将信号发生器置200Hz三角波，输出幅度暂时调节至最小，连接于比较器的输入端 u_i；示波器置于X-Y模式，CH1通道接比较器的输入端 u_i，CH2通道接比较器的输出端 u_O，逐渐将三角波的幅度增加至±5V，便可得到图7-1-4(b)的全部测试数据。将波形记录于图7-1-6(a)之中。

(4) 完成步骤(3)的测试后，断开电阻 R_1，观察示波器的图形有何变化，并将其波形记录于图7-1-6(b)之中。

(5) 完成步骤(4)的测试后，接着断开电阻 R_3，观察示波器的图形有何变化，并将其波形记录于图7-1-6(c)之中。

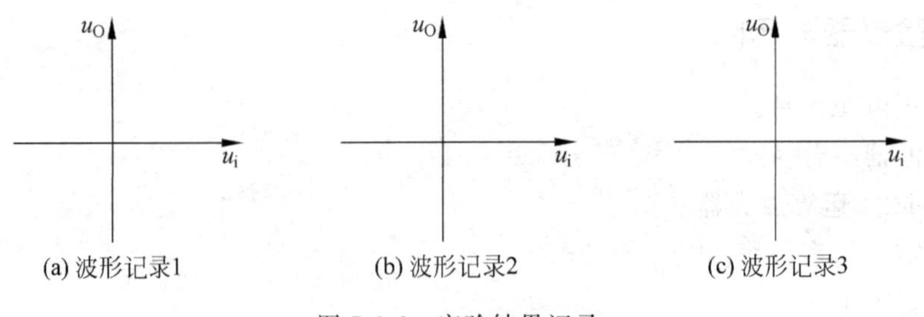

图7-1-6　实验结果记录

6. 预习思考题

（1）说明运算放大器和电压比较器在外电路连接上有什么重要区别。

（2）设计一个单门限的电压比较器电路，要求门限电平 U_T 在 $-3.5V \sim +3.5V$ 之间任选，当输入电压 u_i 大于 U_T 时，输出电压为 U_{OL}，反之，则输出电压为 U_{OH}。请画出完整的电路图，标明元件参数，写出实验步骤，设计好数据记录表格(表格编号为表 7-1-2)。

（3）分析图 7-1-4 的电路中，电阻 R_1 和 R_2 的作用是什么？

（4）在图 7-1-4 的电路中，若 R_1 阻值由 $2k\Omega$ 变为 $4.7k\Omega$，电路的门限电平会发生怎样变化？若 R_3 阻值由 $20k\Omega$ 变为 $100k\Omega$，电路的什么特性会发变化？

（5）在图 7-1-4 的电路中，设 $U_{OH}=4V$，$U_{OL}=-4.5V$，请根据叠加原理计算 U_{TH} 和 U_{TL}。

（6）思考实验数据记录表 7-1-1 的操作应如何进行？

实验 7-2　方波-三角波发生器

1. 实验项目

（1）调试方波-三角波发生器电路。
（2）调试波形变换电路。

2. 实验目的

（1）掌握方波-三角波发生器电路的原理及调试方法
（2）掌握波形变换电路的原理及调试方法。

3. 实验原理

3.1　方波-三角波发生器电路的工作原理

如图 7-2-1 所示电路是由集成运算放大器组成的一种常见的方波-三角波产生电路。图中前级运算放大器 A_1 由于没有引入负反馈，而是由电阻 R_2 和 R_3 构成正反馈，形成了具有滞回特性的电压比较器（施密特比较器）。由电压比较器输出电压的特点可知，1 脚输出的电压 u_{O1} 只有 U_{OH} 和 U_{OL} 这两个数值，故波形为一方波（见图 7-2-2 中 u_{O1} 波形）。第二级运算放大器 A_2 由电阻 R 和电容 C 构成了积分电路，该积分电路对 1 脚的 u_{O1} 方波电压进行反相积分，形成了三角波电压（见图 7-2-2 中 u_{O2} 波形）。因为 u_{O2} 对 u_{O1} 信号积分的极性是负的（反相关系），所以当 u_{O1} 输出的电压是高电平 U_{OH} 时，则 u_{O2} 对 U_{OH} 积分的结果是使 u_{O2} 电压值不断下降，这也将导致运算放大器 A_1 的同相端电压 u_3 随之下降；当 u_3 电压由大于 0V 下降到小于 0V 时（A_1 的门限电平为 0V），将导致 A_1 输出电压 u_{O1} 由 U_{OH} 翻转为 U_{OL}，u_{O1} 的向下跳变通过 R_3 的传导作用，也使 u_3 的电压值由 0V 向下产生一个跳变（参见图 7-2-2 中 u_3 波形）。当 u_{O1} 的输出电压由高电平 U_{OH} 跳变为负电压 U_{OL} 时，将使得 u_{O2} 反相积分的电压转而变为不断升高，同理这也会导致运算放大器 A_1 的同相端电压 u_3 随之不断升高；当 u_3 电压由小于 0V 上升到大于 0V 时（A_1 的门限电平为 0V），则又一次导致 u_{O1} 的输出电压由负电压 U_{OL} 跳变为正电压 U_{OH}。就是这样，随着积分电压的不断升高或降低，导致 A_1 电压比较器同相端电压 u_3 不断地由负的方向和正的方向接近门限电压（0V）（参见图 7-2-2 中 u_3 波形），使其输出发生反转，如此周而复始，从而得到方波和三角波的输出电压。

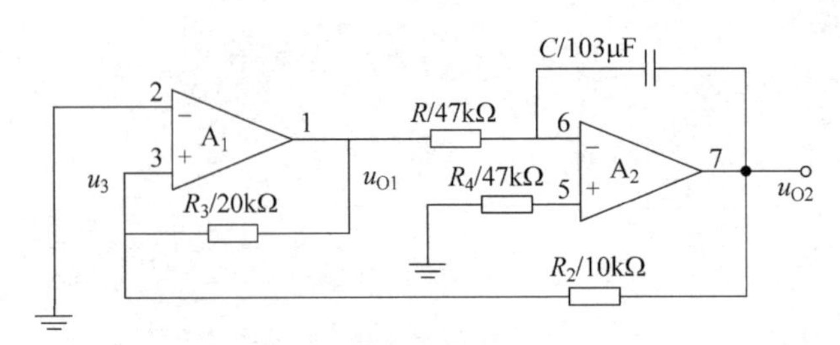

图 7-2-1　方波-三角波产生电路

该方波-三角波产生电路信号周期的计算公式如下：

$$T=\frac{4R_2RC}{R_3} \tag{7-2-1}$$

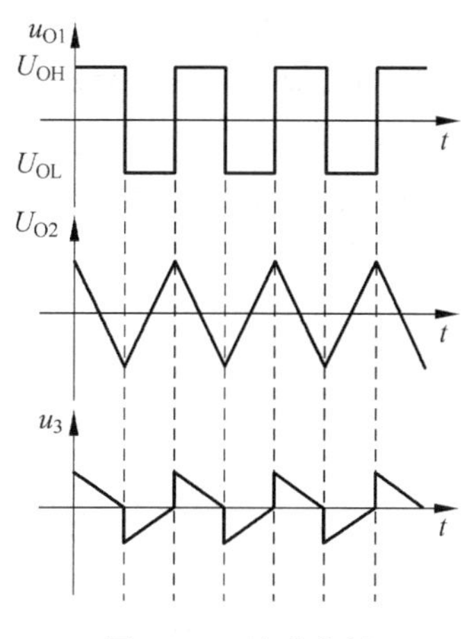

图 7-2-2　波形分析

3.2　方波-三角波发生器电路故障的分析

在确认运算放大器正常，电源和线路连接均无错误的前提下，若电路仍没有三角波输出，可按照以下思路进行排查。

(1) 观测 u_{O1} 波形，在故障状态下，u_{O1} 的信号应该是恒定为 U_{OH} 或 U_{OL}（极限电压状态）。否则，应检查电源电压值、是否引入了负反馈以及芯片是否损坏。

(2) 观测 u_{O2} 波形，在故障状态下，若 u_{O1} 输出电压恒为 U_{OH}，则因为 A_2 是反相积分电路，所以 u_{O2} 应该随着时间的推移呈现负的持续下降的现象，直至受 $-V_{CC}$ 电压值的制约下降到最低电压值 U_{OL}。否则，应检查电源电压、反相积分电路以及芯片。

(3) 在检查第(2)项时，若 u_{O2} 已经下降到最低电压值 U_{OL}，则应检查 u_3 是否小于零伏，若不是，说明 R_2 电阻值过大，或 R_3 电阻值过小，可适当调整分压比例，保证此时 u_3 小于零伏。

(4) 同理，若检查 u_{O1} 输出电压不是 U_{OH}，而是 U_{OL}，仍可以按以上流程进行，观察各环节信号是否有相反的状态出现，并进行相应的处理即可。

3.3　波形变换电路

由图 7-2-2 可知，u_{O2} 输出的三角波是围绕零电平上下波动的。但是在很多电路中，需要三角波电压在零和某个正的电压值之间波动（如开关稳压电源），这就需要对三角波的波形进行处理，可以有两种基本的解决方案。

方案一：如图 7-2-3 所示是一个运用运算放大器组成的加法电路，同相输入端的电压为

$$u_P=\frac{1}{2}(u_{O2}+U) \tag{7-2-2}$$

加法器电路输出电压为

$$u_O=(u_{O2}+U) \tag{7-2-3}$$

由式(7-2-3)知，只要适当调节直流电源 U 的电压值，便可实现三角波电压的上下位移量。

方案二：对于方案一，存在以下一些问题：①直流电压不能有波动，否则无法满足三角波是在零伏和正的某个电压值之间波动的要求；②三角波的幅度也不能有波动，否则同样会出现上面的问题。图 7-2-4 给出的精密整流电路，是对于对称性较好的三角波的一种解决方案。

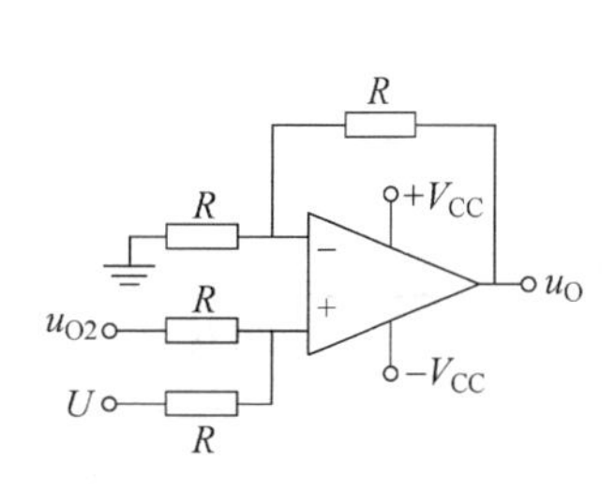

图 7-2-3　三角波位移电路

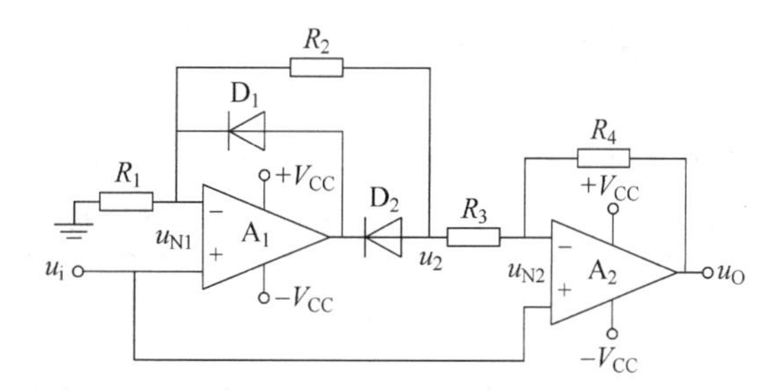

图 7-2-4　精密整流电路实现三角波整形

对于信号正半周，由于二极管 D_1 导通 D_2 不通，由于虚短原因，有 $u_{N1}=u_i$。对于 A_2，同样由于虚短原因，有 $u_{N2}=u_i$。R_2、R_3、R_4 因没有电流，得

$$u_O = u_i \quad (u_i > 0) \tag{7-2-4}$$

对于信号负半周，由于二极管 D_2 导通 D_1 不通，根据同相放大器和加法电路电压增益表达式，有

$$u_1 = \left(1+\frac{R_2}{R_1}\right)u_i \tag{7-2-5}$$

$$u_O = \left(1-\frac{R_2R_5}{R_1R_4}\right)u_i \tag{7-2-6}$$

令，$R_2R_5=2R_1R_4$，便可得

$$u_O = -u_i \quad (u_i < 0) \tag{7-2-7}$$

精密整流电路把三角波负半周波形翻到正半周，但是三角波的频率也会随之增加一倍，利用这一特性还可以实现振荡信号频率的倍频变换功能。

4. 实验设备与器件

(1) 万用表。

(2) 示波器。

(3) LM324 集成运放、电阻和电容等。

5. 实验内容与步骤

5.1　方波-三角波电路调试

5.1.1　要点概述

关于方波-三角波电路的工作原理，请参见本实验原理 3.1 部分。关于电路故障分析排查，请参见本实验原理 3.2 部分。

5.1.2　实验步骤

(1) 连接如图 7-2-1 所示方波-三角波产生电路。

(2) 接通电源后，示波器 CH1 接前级运放输出端 1 脚信号 u_{O1}，用 CH2 分别测量运算放大器 7 脚信号 u_{O2} 和 3 脚信号 u_{O3}，观察这些信号的波形、幅度以及与 u_{O1} 的相位关系，将其记录于图 7-2-5 中。

(3) 将电阻 R 变为 20kΩ，重复以上步骤，观察频率变化情况，测量并在表 7-2-1 中相应处记下频率值。

(4) 将电阻 R_2 换成 30kΩ，观察电路工作情况，分析其原因。

(5) 如果还不能理解 u_{O1}、u_{O2}、u_{O3} 信号间的因果关系，可通过改变电路中某些元件参数的办法对比观察，直至搞清原理。

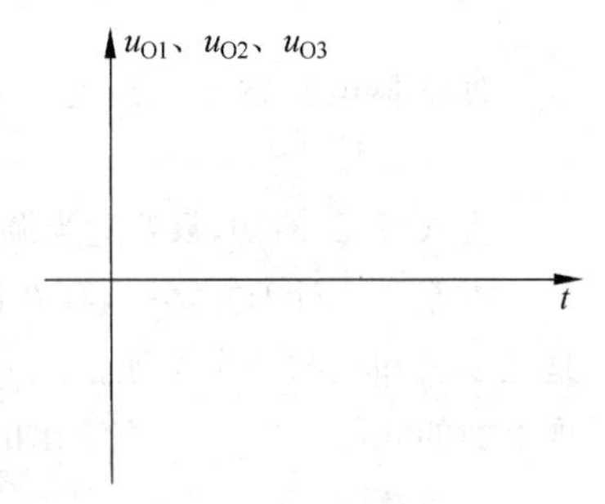

图 7-2-5　实验记录

表 7-2-1　方波-三角波电路数据

R	**47kΩ**	**20kΩ**
f		

5.2　三角波整形电路调试

5.2.1　要点概述

关于三角波整形的相关原理及电路，请参见本实验原理3.3部分。

5.2.2　实验步骤

（1）请选择图7-2-3或图7-2-4电路，进行连线。

（2）进行三角波整形电路测试，评估整形效果，对电路参数进行调试，以改善整形效果。

6. 预习思考题

（1）研究方波-三角波产生电路和RC桥式正弦波振荡电路的工作原理。说明在图7-2-1和图7-2-2所示的电路中哪几个部分是正反馈。

（2）在波形发生器的各个电路中，能不能没有储能元件（电容或电感）？为什么？

（3）在式(7-2-1)，三角波的振荡周期与电阻 R_3 成反比，请解释其物理概念。

（4）增加电源电压后对输出波形和频率各有什么影响？

（5）在实验电路图7-2-1的电路中，如果1脚始终为－5V，7脚始终为＋4V，请分析出现故障的几种可能原因。

实验 7-3　正弦波产生电路

1. 实验项目

(1) 安装调试 RC 正弦波电路。
(2) 安装调试 LC 正弦波电路。

2. 实验目的

(1) 掌握 RC 正弦波电路工作原理和调试方法。
(2) 掌握 LC 正弦波电路工作原理和调试方法。

3. 实验原理

3.1　关于 RC 正弦波振荡电路工作原理

图 7-3-1 是一个实用的 RC 正弦波发生器电路，它是由 RC 串、并联选频网络和同相放大器电路组成。图中 RC 串并联电路被称为 RC 桥式选频网络，它确定了振荡器的输出频率为

$$f_0 = \frac{1}{2\pi RC} \tag{7-3-1}$$

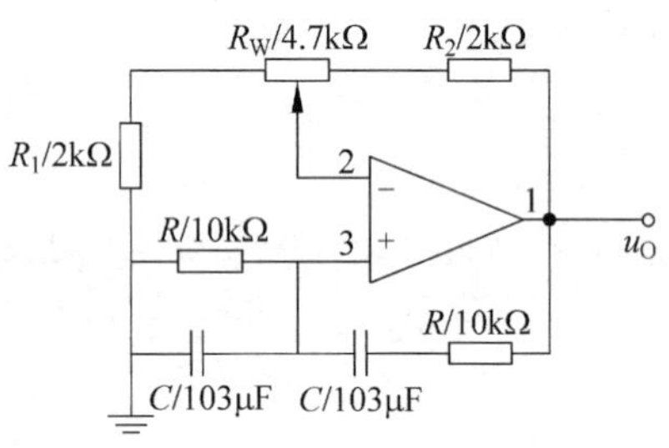

图 7-3-1　正弦波发生器

在频率 f_0 条件下，运算放大器的同相输入端可从输出端 u_O 处得到最大的分压值(此时 $u_3 = u_O/3$)；同时 u_3 和 u_O 的相位相同，形成正反馈。R_1、R_2 和 R_W 等形成电压串联负反馈电路，或者说构成了同相比例运算放大电路。根据 RC 桥式振荡电路起振的振幅条件，电阻 R_1，R_2 和 R_W 应满足式 $A_f = 1 + R_2'/R_1' \geqslant 3$ 的要求，其中 R_1' 是反相端和地之间的电阻，R_2' 是反相端和输出端之间的电阻，因此得 $R_2' \geqslant 2R_1'$，通常取 $R_2' = (2.1 \sim 2.5)R_1'$，这样既能保证起振，也不致产生严重的波形失真。

图 7-3-1 电路没有稳定振幅的功能，为了能使电路起振，该电路的同相放大倍数 $A_f = 1 + R_2'/R_1'$ 需要略大于 3，当电路起振且正弦波幅度不断增加达到最大时，正弦波的顶部会出现略微的"缩顶"现象，电路利用缩顶失真后输出信号出现谐波分量、经过桥式选频网络反馈后基波分量将有一定减小的机理关系，使振荡器的输出幅度得以平衡。由此可见，该电路输出信号并不是标准的正弦波，这是该电路没有自动稳幅功能带来的缺点。

3.2　RC 正弦波振荡器自动稳幅电路

图 7-3-2(a)是在图 7-3-1 基础上增加了自动稳幅功能的电路。T 是一只 N 沟道结型场效应管，利用它的输出回路具有可变电阻性，将其和电阻 R_1 相串联，用来自动改变 R_1' 的阻值，利用 $A_f = 1 + R_2'/R_1'$ 的关系从而达到改变电路增益，实现自动稳幅的功能。

从图 7-3-2(b)的曲线中，我们可以看到，在场效应管输出曲线中，靠近纵轴附近有一块可变电阻区，以对应 u_{GS} 分别为 −0.2V、−0.4V 和 −0.6V 为例，曲线斜率逐渐变得平缓，表

明场效应管 DS 两端的电阻在逐渐变大。如此看来，在正弦波振荡器输出电压 u_O 逐渐变大的过程中，如果能使场效应管 T 的 u_{GS} 电压变负且绝对值逐渐变大，DS 两端的电阻就会逐渐变大，R_1' 随之变大，A_f 就会随之减小，抑制正弦波继续增加，达到自动稳幅的目的。电路中的 D、R_3、R_{W2}、C_1 构成了对输出电压 u_O 的反相整流电路，使得实现在输出电压 u_O 逐渐变大的过程中，使场效应管 T 的 u_{GS} 电压变负且绝对值逐渐变大，最终场效应管 D、S 之间电阻变大的作用。

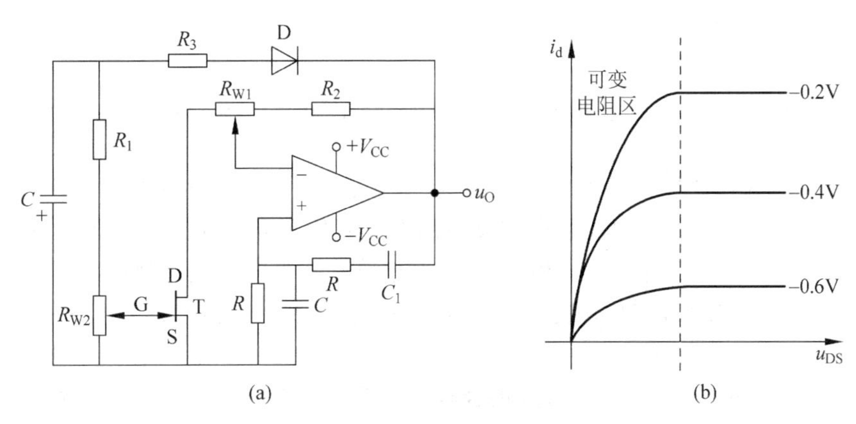

图 7-3-2 自动稳幅电路原理

3.3 变压器反馈式 LC 正弦波振荡电路

图 7-3-3 是一个典型的变压器反馈式 LC 振荡电路。该电路分静态参数设置、谐振选频和信号反馈这三大部分。

对于静态参数设置部分来说，电感元件统统看作短路线，电容元件统统看作开路，为使电路获得最大输出电压波动范围，取 $U_{EQ}=0.5V_{CC}$，其设计步骤与分压偏置电路相同：①设定发射极静态电流为 I_{EQ}，静态电压 $U_{EQ}=0.5V_{CC}$；②根据 I_{EQ} 和 U_{EQ}，计算射极电阻 R_e；③根据电流放大倍数 β 的大致数据，估算基极静态电流 I_{BQ}；④设电阻 R_{b1} 上的电流 $I_{Rb1}=20I_{BQ}$，$U_{BQ}=0.5V_{CC}$，利用分压公式计算电阻 R_{b1} 和 R_{b2} 的阻值。

对于谐振电路来说，主要是确定电感 L 和电容 C 的数值，谐振频率和电感与电容之间的关系是

$$f_0=\frac{1}{2\pi\sqrt{LC}} \tag{7-3-2}$$

对于反馈电路来说，重要的问题是保证同名端的正确连接。可采用将变压器原边和副边线圈串联后，测量端电压的办法，来确定同名端。具体操作如下：①将变压器的原边和副边线圈串联起来；②在原边线圈上接一个激励信号(如 $f=10$kHz 幅度 1V 的正弦信号)；③测量非原边和副边线圈连接点的剩下两个端头之间的电压，若测量值符合两线圈电压相加关系，则原边和副边线圈连接点的这两个端头是异名端；若测量值符合两线圈电压相减关系，则原边和副边线圈连接点的这两个端头是同名端。

通常变压器反馈式 LC 正弦波振荡电路的工作频率在几十至几百千赫兹之间。

3.4 三点式 LC 正弦波振荡电路

三点式 LC 振荡电路又分电感三点式和电容三点式两大类型，图 7-3-4 是电容三点式 LC 振荡电路(又称为考皮兹电路)。

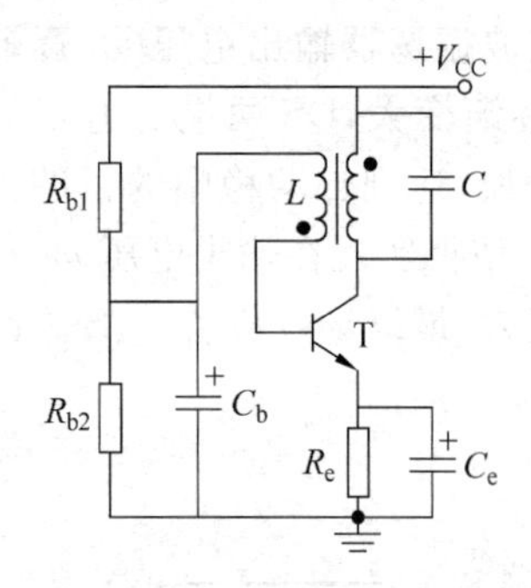

图 7-3-3　变压器反馈式 LC 振荡电路

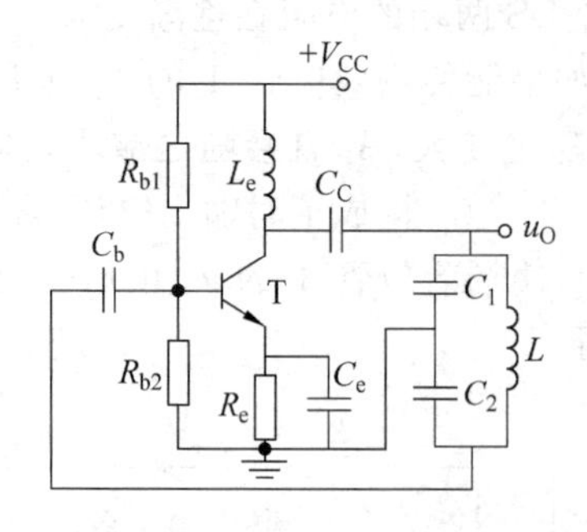

图 7-3-4　电容三点式 LC 正弦波振荡电路

图 7-3-4 的电路与图 7-3-3 电路相比较，其相同之处是静态电路的结构设计和参数要求均未发生变化。不同之处是构成谐振和反馈的形式有所不同。在交流分析时，图中 C_b、C_e 和 C_c 均为耦合电容，容量选取数值相对较大，在电路中产生的容抗可忽略；L_e 是高频扼流电感，该电感量相对较大，其作用是通过直流阻断交流，在和其他元件并联时可忽略。C_1、C_2 和 L 是构成谐振电路的核心元件，所谓电容三点式，是指在交流分析时，三极管的三个电极均和构成谐振电路的电容元件相连(耦合电容等效为短路)，电路的振荡频率为

$$f(0)=\frac{1}{2\pi\sqrt{L(C_1+C_2)}}=\frac{1}{2\pi\sqrt{LC_\Sigma}} \tag{7-3-3}$$

当需要振荡频率在几兆赫兹的频率时，一般都会采用电容三点式的电路结构。

4. 实验设备与器件

(1) 万用表、直流稳压电源。

(2) 示波器。

(3) 运算放大器、高频三极管、结型 N 沟道场效应管、电容、电感、电阻等。

5. 实验项目与步骤

5.1　RC 桥式正弦波发生器

5.1.1　要点概述

关于 RC 桥式正弦波振荡电路的工作原理，请参见本实验原理 3.1 部分。当遇到电路无法起振的情况，如果能够确认元件正常、电路连接正确，则调节同相放大器的电压放大倍数，就一定可以使其起振。

5.1.2　实验步骤

(1) 连接如图 7-3-1 所示正弦波发生器电路。

(2) 接通电源，用示波器观测有无正弦波电压 u_O 输出；若无输出，可调节 R_W 使 u_O 程无明显失真的正弦波，完成表 7-3-1 中 $R=10\text{k}\Omega, C=103\mu\text{F}$ 单元的测试内容。

(3) 取 $R=20\text{k}\Omega, C=103\mu\text{F}$，完成表 7-3-1 中 $R=20\text{k}\Omega, C=103\mu\text{F}$ 单元部分的测试内容。

(4) 将桥式电路与运放输出端的连接断开，改接幅度为 2V 的正弦波信号源 u_s，频率分别取为 $0.5f_0$、f_0、$2f_0$，观察 u_s 与 u_3(运放 3 脚的信号)间的相位和幅度关系，记录于表 7-3-2 中。

表 7-3-1　RC 桥式振荡电路数据及分析

参数条件	$R=10\text{k}\Omega,C=103\mu\text{F}$		$R=20\text{k}\Omega,C=103\mu\text{F}$	
测量对象	$u_O(V_{P\text{-}P})$	f_0/Hz	$u_O(V_{P\text{-}P})$	f_0/Hz
测量数据				

请分析频率变化规律，指出原因

请指出幅度变化规律，指出原因

表 7-3-2　RC 桥式选频网络测试数据及分析

测试频率	$f=0.5f_0$		$f=f_0$		$f=2f_0$	
测试参数	u_3	$\varphi_{us}-\varphi_{u3}$	u_3	$\varphi_{us}-\varphi_{u3}$	u_3	$\varphi_{us}-\varphi_{u3}$
测试数据						

请分析 u_3 变化规律，指出原因

请指出 $\varphi_{us}-\varphi_{u3}$ 变化规律，指出原因

5.2　有自动稳幅功能的 RC 桥式正弦波发生器

5.2.1　要点概述

关于 RC 桥式正弦波振荡电路自动稳幅的工作原理，请参见本实验原理 3.2 部分。结型场效应管的漏极和源极对换使用时，一般差异不大，栅极可通过测量 PN 结的方法测得。在电路中为使场效应管有较好的可变电阻性，漏源之间电压 u_{DS} 应小于夹断电压 U_P。

5.2.2　实验步骤

(1) 在实验内容 5.1 基础上，参考图 7-3-2 连接电路。

(2) 在振荡器起振的情况下，调节电位器 R_{W2}，观察振荡器输出电压幅度是否可调。

(3) 若输出幅度调节灵敏度不足，可适当改变 R_3。

5.3　LC 正弦波振荡电路

5.3.1　要点概述

关于 LC 正弦波振荡电路的工作原理，请参见本实验原理 3.3 和 3.4 部分。在确保电路连接正确且元件正常的情况下，电路是否能够起振，取决于是否给电路设计了合理的静态工作点，合理的静态工作点的标志之一，就是要有合理的发射极电流 i_e 的变化区间。

5.3.2　实验步骤

(1) 选择图 7-3-3 或图 7-3-4 所示电路连接。

(2) 调试出合理的静态工作点。

(3) 用示波器观测振荡器输出波形和频率。

6. 预习思考题

(1) 如图 7-3-1 所示电路振荡频率是由哪些元件参数确定的？其表达式如何？

(2) 图 7-3-1 中，对于 RC 桥式选频电路来说，若频率趋于无穷大时，u_3 得到的电压幅度是多少？若频率趋于零时，u_3 得到的电压幅度又是多少？

(3) 图 7-3-1 中，对于 RC 桥式选频电路来说，若频率为 f_0 时，u_3 和 u_O 的关系如何？

(4) 图 7-3-1 中，如果把经 RC 桥式选频电路反馈回来的信号看成是输入信号，请问运算放大器构成的是一个什么电路，它的电压放大倍数为多少？

(5) 对于图 7-3-1 电路，如果电路不起振，应怎样增加它的放大倍数？

(6) 对于图 7-3-1 电路，它的电压放大倍数应该是略大于多少？它的输出电压是通过什么机理得到稳定的？

(7) 对于图 7-3-1 电路，它的输出正弦波波形是否标准，为什么？

(8) 图 7-3-2(a)自动稳幅的功能，是靠哪个元件的什么参数变化来实现的？

(9) 图 7-3-2(b)的曲线中，u_{GS}电压减小，沟道电阻将怎样变化？

(10) 图 7-3-2(b)的曲线中，可变电阻区对漏源极之间的电压 u_{DS}有什么要求？

(11) 请定性分析，图 7-3-2(a)电路中，二极管正极的电压应大于零伏还是小于零伏？

(12) 图 7-3-3 电路是一个小信号放大器吗？

(13) 对于小信号放大电路，设置静态参数的基本目的是什么？

(14) 图 7-3-3 电路中，振荡频率是由哪些元件参数确定的？频率表达式如何？

(15) 怎样测试变压器的同名端？原理是什么？

(16) 如果某变压器原副边的变比是 2∶3，测试同名端时用的是 4V 电压，测量线圈串联后的电压分别是 8V、10V 和 12V，请问哪一个数据合理？原副边之间的连接端彼此是同名端还是异名端？

(17) 图 7-3-3 电路中，变压器连接发射极和基极的端头应该是同名端还是异名端？如果同名端接反了，是否还可以振荡？

(18) 图 7-3-4 中，决定振荡频率的元件是哪些？频率的表达式如何？

(19) 有人说图 7-3-4 电路的静态电流为零，对吗？

(20) 如果说正弦波振荡器都应该是小信号放大器，你认为它有道理的一面是什么？

实验 7-4* 实验楼道感应灯设计(设计型)

请以 LM324 作为核心器件,设计一个楼道感应灯的控制电路,当环境亮度降低到某个临界值时,若感应到有人在现场时则输出一个电压为 12V、电流不小于 50mA 的直流驱动信号,用于驱动一个 12V/2A 的直流继电器来控制 220V 的照明电灯。要求当人离开现场10s后能自动关灯。其中可用一只电位器 R_{W1} 代替感光系数为负值的照明传感器,当阻值增加到 22kΩ 时,表示环境亮度降低到临界值;用另一只电位器 R_{W2} 代替感应系数为正的红外传感器,当阻值增加到 10kΩ 时,表示有人进入现场。该电路应对上述的两个感应信号要有一定的抗干扰容限。

第8单元　稳 压 电 源

实验 8-1　集成直流串联稳压电源

1. 实验项目

（1）直流电源的整流、滤波和稳压电路的学习。

（2）直流串联稳压集成模块 7805 及 LM317 的使用方法。

2. 实验目的

（1）掌握整流电路和滤波电路的工作原理和一般的设计方法。

（2）掌握串联直流稳压电源集成块 7805 的基本工作原理及使用方法。

（3）掌握可调串联直流稳压电源集成块 LM317 的使用方法。

（4）通过实验加深理解串联直流稳压电源主要参数的物理意义。

3. 实验原理

直流稳压电源是在电子设备中应用的最为广泛的电子线路之一。可以说只要是不用电池的电子设备，就一定会用到直流稳压电源。直流稳压电源的供电电源大都是交流电源，当交流供电电源的电压或负载电阻变化时，稳压器的直流输出电压都会保持稳定。

随着电子设备向高精度、高稳定性和高可靠性的方向发展，对电子设备的供电电源提出了高的要求。由于电子技术的特性，电子设备对电源电路的要求就是能够提供持续稳定、满足负载要求的电能，而且通常情况下都要求提供稳定的直流电能。提供这种稳定的直流电能的电源就是直流稳压电源。直流稳压电源在电源技术中占有十分重要的地位。

另外，很多电子爱好者初学阶段首先遇到的就是要解决电源问题，否则电路无法工作、电子制作无法进行，学习就无从谈起。

直流稳压电源通常是由整流滤波和直流稳压这两大部分组成。

3.1　直流稳压电源的整流滤波电路

“整流电路”(rectifying circuit)是把交流电能转换为直流电能的电路。大多数整流电路由变压器、整流主电路和滤波器等组成。它在直流电动机的调速、发电机的励磁调节、电解、电镀等领域得到广泛应用。整流电路通常由主电路、滤波器和变压器组成。

整流电路主要由整流二极管组成。经过整流电路之后的电压已经不是交流电压，而是一种含有直流电压和交流电压的混合电压，习惯上称单向脉动性直流电压。

整流电路有半波、全波和桥式整流几种主要形式，其中又以半波和桥式整流电路最为常见。图 8-1-1 分别给出了半波整流、带有滤波的半波整流、桥式整流和带有滤波的桥式整流 4 种电路。

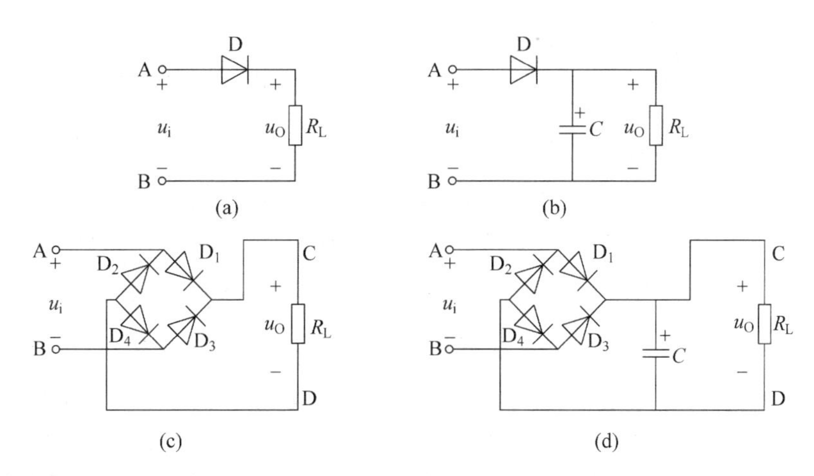

图 8-1-1 半波和桥式整流滤波电路

对于半波整流电路，在电压的正半周里，电流从 A 点出发经二极管 D 流入负载 R_L，然后从 B 点流出；在电压的负半周里，B 点电压高于 A 点，二极管 D 因处于反偏状态而截止，负载 R_L 既得不到反向电压，也得不到反向电流，相当于开路状态，而仅在电源的正半周时才能得到电压，实现了整流的目的。

对于桥式整流电路来说，在交流电的正半周里，A 点为正，B 点为负，D_2、D_3 因承受反向电压而截止，D_1、D_4 导通，电流流通的路径是，由 A 点出发，先后经过 D_1、C 点、R_L、D 点、D_4 后回到 B 点；在交流电的负半周里，B 点为正，A 点为负，D_1、D_4 因承受反向电压而截止，D_2、D_3 导通，电流流通路径是由 B 点出发，先后经过 D_3、C 点、R_L、D 点、D_2 后回到 A 点。这样在交流电的正负半周里，整流电路为它们各自均提供了电流回路，使负载 R_L 得到了一个方向始终为由 C 到 D 的固定的“直流”电流 I_{RL}。

通过实验可以观察到，在负载 R_L 两端的电压不是纯直流电压。它是一个直流分量和含有多种频率的交流分量的叠加，这种电压被称为脉动电压。在负载两端并联上电容 C 后，可以在很大程度上滤除这些不需要的交流分量，使脉动电压变得相对平滑了许多，这个过程叫滤波，C 叫滤波电容，显然滤波电容越大，u_L 的电压就越平滑。在电路设计时，滤波电容 C 应满足以下关系：

$$C \geqslant 5\frac{T}{R_L} \tag{8-1-1}$$

其中，T 为脉动电压的周期。实际上滤波电容起的是一个储能的作用，它在电路上的位置如图 8-1-1(b)、(d)所示。

3.2 稳压电路

图 8-1-1 的电路，虽然能基本上把交流电转换成直流电，但当输入电压 u_i 或负载 R_L 的阻值发生波动时，负载上的电压也会随之发生波动，不能保证其稳定，为此还需要增加一个直流稳压电路。

要使 u_i 或负载 R_L 发生变化时，直流电源的输出电压 U_O 基本稳定，其方法之一可用图 8-1-2 所示电路。

图 8-1-2(a)是在负载 R_L 两端并联一个可调电阻 R_W，当 U_I 变高或负载 R_L 变轻(阻值变大)时，调小 R_W；当 U_I 变低或负载 R_L 变重(阻值变小)时，调大 R_W，从而保持 U_O 维持不

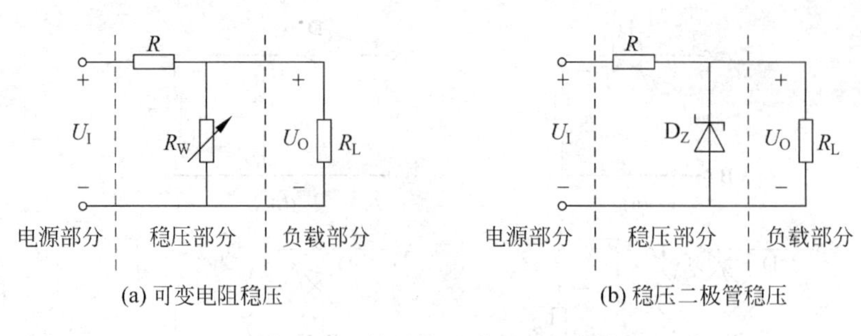

(a) 可变电阻稳压　　(b) 稳压二极管稳压

图 8-1-2　并联稳压原理及电路图

变。这种可调电阻 R_W 和负载 R_L 并联的方式称为并联稳压。在实际电路中是用一个稳压二极管或是一个普通二极管代替电阻 R_W。利用二极管非线性段(尤其是稳压管的反向击穿区)动态电阻极小,对外电路呈现的电阻有很宽的变化范围的特点,实现调节电阻 R_W 的作用。图 8-1-2(b)便是用稳压二极管代替可变电阻 R_W,起到并联稳压作用的电路实例。

稳压二极管反向击穿区的伏安曲线比导通区的更陡,动态电阻更小,利用稳压二极管这一特性,让它工作在反向击穿区,实现稳压目的。使用稳压二极管组成并联稳压电路成本很低,电路简单,在输出电流较小以及大功率稳压电源内部的基准电压源中使用较多。并联稳压电路的缺点是效率低下,因此输出功率做得都很小。

对一些输出功率较大的电源中,出于提高效率的考虑,更多的是使用串联稳压电路,现在市面出售的集成稳压块都是采用串联稳压型电路的。

串联稳压电路的稳压原理可用图 8-1-3 来加以说明。为了描述直观,用可变电阻 R_W 来模拟串联稳压电路的功能,当 U_I 升高或负载变轻时,增加 R_W 的阻值,使输出电压 U_O 趋于稳定;而当 U_I 变低或负载 R_L 变重时减小 R_W 的阻值,同样可以达到使 U_O 趋于稳定的目的。因为稳压电路是与负载回路相串联的,所以称这种稳压方式为串联稳压。实际中当然不是手工调节电阻大小,而是由电子器件组成的稳压电路来实现这种自动调节的功能。

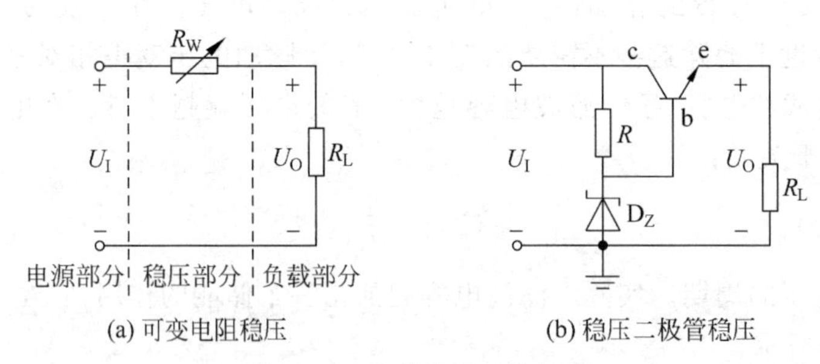

(a) 可变电阻稳压　　(b) 稳压二极管稳压

图 8-1-3　串联稳压工作原理

稳压电路的基本原理如图 8-1-3(b)所示。它实际上是一个射随器,本身有强烈的负反馈,假设输出 U_O($U_O=U_E$)因为某种原因升高,由于 $U_B=U_{BE}+U_E$ 且 U_B 保持不变(被稳压管把电压稳定在 U_Z 值上),故必然会引起 U_{BE}下降,导致 I_B 和 I_C 的下降,以及 I_E 的下降,从而抑制了 U_O 升高的趋势。反之,若 U_O 变低,U_{BE}则升高,导致 I_E 增大,其结果是抑制了 U_O 变低的趋势;这就是图 8-1-3(b)串联稳压电路的基本工作原理。

3.3　输出电压固定的三端集成稳压模块

目前串联稳压电路运用较多的形式是采用集成稳压器,集成稳压器在各种电子设备中的应用十分普遍，它的种类很多，应根据设备对直流电源的具体要求来进行选择，选件时主要应从输出电压的标称值、极性、额定输出电流的大小、允许的最大输入电压（允许的最大电压差）、最大耗散功率和电压调整率等几个因素来考虑。在实际中使用最多的是三端固定式稳压器，它仅有 3 个引出端：输入端、输出端和公共地端。目前常用的有：最大输出电流 $I_{OM}=100mA$ 的 W78L××（W79L××）系列，$I_{OM}=500mA$ 的 W78M××（W79M××）系列和 $I_{OM}=1.5A$ 的 W78××（W79××）系列。在稳压块的型号中，78 表示输出电压为正极性，79 表示输出电压为负极性；最后两位数表示输出电压标称值，如 W7812 是表示它是提供＋12V 电源的稳压块。

图 8-1-4 是输出电压固定的集成稳压模块的典型应用电路，电容 C_1 起储能作用，必须要有足够的容量，以保证在脉动电压波动的一个周期内，C_1 上维持有足够高的电压（该电压必须始终大于 $U_O+U_{IN\text{-}OUTmin}$。$U_{IN\text{-}OUTmin}$ 是指集成稳压块输入端和输出端之间允许的最小电压差），否则，稳压块将无法起到稳定输出电压 U_O 的作用。电容 C_2 可以消除输出端的高频干扰信号和自激现象。

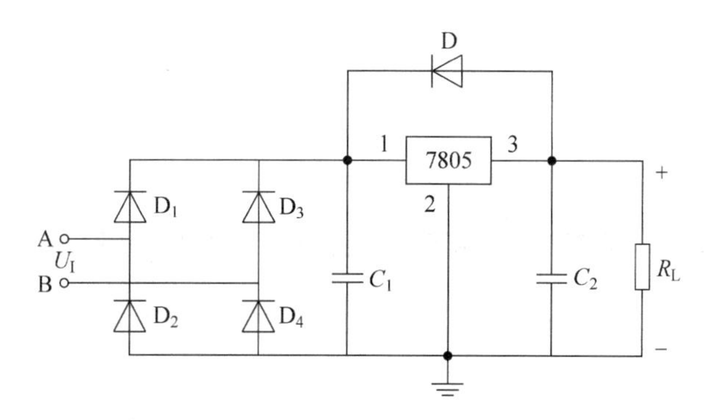

图 8-1-4　固定输出电压的稳压电路

3.4　输出电压可调的三端集成稳压模块

若希望输出电压可调时，可选用输出电压可调的三端集成稳压模块。图 8-1-5 是 LM317 三端电压可调型集成稳压模块的典型应用电路。LM317 的 3 脚是电压输入端，2 脚是电压输出端，1 脚是电压调整端，R_1 选 220Ω，R_2 的阻值由要求输出电压的大小确定，输出电压 U_O 的计算公式为

$$U_O = 1.25(1 + R_1/R_2) \tag{8-1-2}$$

该模块的最大输入电压 $U_{I\text{-}MAX}=40V$，输出电压范围 $U_O=1.25\sim37V$。

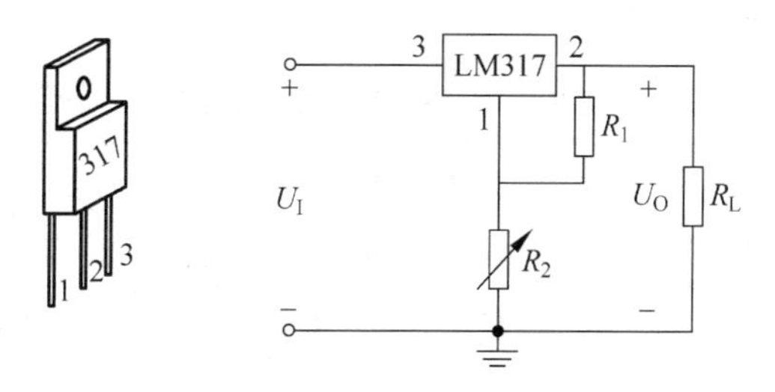

图 8-1-5　可调节输出电压的稳压电路

在选择三端稳压器时，首先应根据所设计的输出电压和电流参数选择稳压器规格型号。

(1) 稳压电路输入电压 U_I 的确定。为保证稳压器在低电压输入时仍处于稳压状态，要求

$$U_I - U_O \geqslant U_{IN\text{-}OUTmin} \tag{8-1-3}$$

式中，$U_{IN\text{-}OUTmin}$ 是稳压器允许的最小输入输出电压差，典型值为 3V，考虑到输入的 220V 交流电压的正常波动±10%，则 U_I 的最小值为

$$U_I \approx (U_O + U_{IN\text{-}OUTmin}) \times 1.1 \tag{8-1-4}$$

(2) 纹波电压的测量。纹波电压是指输出直流电压中残留的交流电压成分，一般用纹波电压的峰峰值来衡量纹波的大小，高质量的直流稳压电源，纹波的大小一般为毫伏数量级。测量时，保持输出电压和输出电流为额定值，用示波器的交流模式测量即可。

4. 实验仪器与设备

(1) 万用表。

(2) 函数发生器。

(3) 晶体管毫伏表。

(4) 示波器。

(5) 三端固定式稳压器 7805、三端可调式稳压器 LM317、电阻、电容和二极管等。

5. 实验项目与步骤

5.1 整流滤波电路实验

5.1.1 要点概述

关于整流滤波电路的工作原理请参考本实验原理 3.1 和 3.2 部分。

5.1.2 实验步骤

(1) 按图 8-1-1(d)连接实验线路，输入端接信号发生器，u_i 取有效值 6V(峰峰值 16.8V)，50Hz 正弦波。

(2) 完成表 8-1-1 及图 8-1-6 的测试内容，观察直流输出电压 u_O 和输出端的纹波电压 Δu_O 的大小与滤波电容 C、负载电阻 R_L 以及电源频率 f 之间的关系(u_O 用数字万用表直流电压挡测量；Δu_O：输出端的纹波电压，用示波器 CH1 通道 AC 模式测量；u_i 及 u_O 的波形：用示波器 CH2 通道 DC 模式测量)。

表 8-1-1 整流滤波电路数据

项目	f=50Hz				f=200Hz
	C=0μF	C=1μF		C=10μF	C=10μF
	R_L=200Ω	R_L=200Ω	R_L=1kΩ	R_L=200Ω	R_L=200Ω
u_O					
Δu_O					

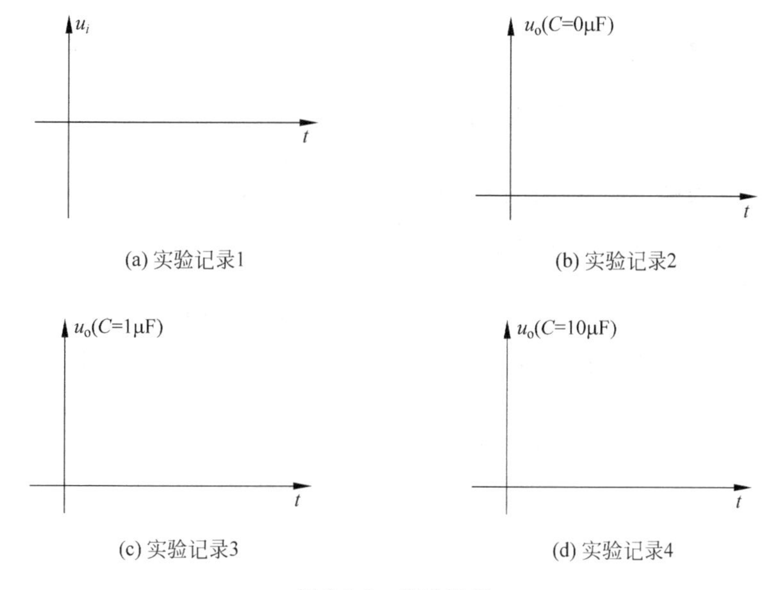

(a) 实验记录1　(b) 实验记录2　(c) 实验记录3　(d) 实验记录4

图 8-1-6　实验用图

5.2　三端固定直流稳压集成电路实验

5.2.1　要点概述

关于三端固定直流稳压集成电路的工作原理请参考本实验原理 3.3 部分。

5.2.2　实验步骤

(1) 保持图 8-1-1(d)实验线路其他连线不变，在电容 C 和负载 R_L 之间按图 8-1-4 所示，连接三端稳压块 7805、二极管 D 以及 C_2。

(2) 输入端改接直流稳压电源 U_I，电压由 3V 逐级升高至 10V，用数字万用表直流挡完成表 8-1-2 的测试内容。观察输入电压 U_I 必须大于多少伏时，输出端才能得到稳定的电压 U_O，并继续观察在此之后，U_I 增加时 U_O 是否跟着增加。

表 8-1-2　实验数据

U_I/V	3	4	5	6	7	8	9	10	11	12
U_O/V										

5.3　关于三端可调直流稳压电源的实验

5.3.1　要点概述

关于三端可调直流稳压集成电路的工作原理请参考本实验原理 3.4 部分。

5.3.2　实验步骤

(1) 在图 8-1-4 的基础上，去掉 7805，按图 8-1-5 所示，换上 LM 317 和 R_1(220Ω)，R_2(4.7kΩ 电位器)完成电路连接。

(2) 取 $U_I=12V$，$R_L=200\Omega$，调节电阻 R_2，完成表 8-1-3 的测试内容。

表 8-1-3　实验数据

U_O/V	1.5	2.5	3.5
R_2/Ω			

6. 预习思考题

(1) 默画出 8-1-1 的桥式整流电路图。

(2) 请想象并试着画出图 8-1-6(a)、(b)、(c)、(d)的波形图。

(3) 直流电压源输出的直流电压，一般都不能做得十分圆满，在直流电压的基础上总还是要叠加上一点微弱的纹波电压，请说明若用示波器测量纹波电压 Δu_O 时，用 DC 模式和 AC 会有什么样的差别?

(4) 比较表 8-1-1，$R_L = 200\Omega$ 栏的各列数据，表现出什么差别? 解释其原因。

(5) 在图 8-1-6(b)的波形中，u_O 的底部会出现一个平坦部分，请分析产生这个现象的原因。

(6) 总结表 8-1-2 的数据，说明了什么问题?

实验 8-2 分立件直流串联稳压电源

1. 实验项目

用分立件搭建直流串联稳压电源。

2. 实验目的

(1) 了解直流串联稳压电源的电路构成。

(2) 通过电路参数调整,加深理解直流串联稳压电源的工作原理。

3. 实验原理

图 8-2-1 是一个用分立元件组成的带有过流保护功能的直流稳压电源。鉴于实验学习用途,本电源的电源调整管 T_1,没有像实际电路中使用大功率金属封装的三极管,而是使用我们实验中用到的塑料封装的三极管 9013。这样做的结果,除了稳压电源的输出电流很小之外,其余性能不受影响。

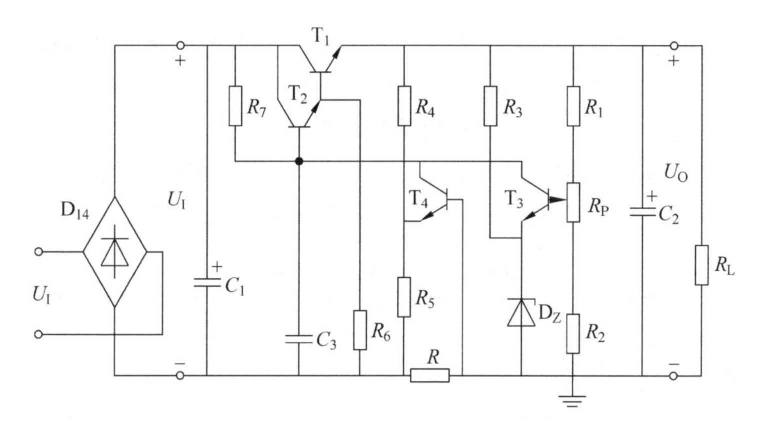

图 8-2-1 串联稳压电源电路

该电路 R_1、R_P、R_3 组成一个取样电路,作用是把输出端 U_O 的电压,取出一个分压的值,送入 T_3 的基极中去。R_3 和 D_Z 是一个基准电压源电路,它是利用稳压二极管在反向击穿区有非常稳定的电压的特点,为整个直流稳压电源电路提供基准电压。该基准电压加在 T_3 的发射极上,即 U_{e3} 是稳定的,当 U_O 上升时,经取样电路分压,U_{b3} 也随之升高,U_{be3} 变大,I_{C3} 增加,使 I_{b2} 被更多地分流到 I_{C3},因此 I_{b2} 电流下降,这样 I_{e1} 的电流就会降低为 I_{b2} 的电流的 $1/(\beta_3 \times \beta_2)$,即经过 T_3、T_2、T_1 的放大作用后,I_{e1} 的电流会极大地减小,从而抑制 U_O 的上升;若 U_O 出现下降趋势,同样可以反过来,利用电路的控制作用,抑制 U_O 的下降从而实现稳定输出电压的作用。受 9013 管参数所限,本电源的最大输出电流 I_{Om} 为 15mA,U_I 的最大值为 20V。

T_4 是一个电源过流保护控制管,电阻 R 是一个对输出电流 I_O 取样的电阻。当 $I_{OR} > 0.5\text{V} + \frac{R_5}{R_5 + R_4} U_O$(0.5V 是 be 结的开启电压)时,$T_4$ 开始导通,U_{b2} 电位便会下降,$U_{e1}(U_O)$

跟随下降，达到抑制 I_O 增加，限制输出电流作用。

4. 实验仪器与元件

(1) 直流稳压电源一台。

(2) 数字式万用表一块。

(3) 三极管、二极管、稳压管、电位器、电阻电容若干(T_1、T_2、T_3、T_4：9013。D_Z：5V1。$D_{1\text{-}4}$：4148。C_1：47μF/25V。C_2：100μF/25V。C_3：0.01μF。R_P、R_2：200Ω。R_1：100Ω。R_3：510Ω。R_4：1kΩ。R_5：3kΩ。R_6：10kΩ。R_7：4.7kΩ。R：5.1Ω)。

5. 实验内容与步骤

5.1 串联稳压电源实验

5.1.1　要点概述

串联稳压电源的工作原理请参考本实验原理 3。

5.1.2　实验步骤

(1) 按图 8-2-1 所示线路连线。

(2) 电路状态测试。

- 不连接负载 R_L，U_I 取 15V，调节 R_P，观察是否能得到设计的输出稳压值(9V)。
- 若不能得到设计的输出稳压值，请检查电路问题。

(3) 若已得到设计的输出稳压值，请完成以下测试项目：

① 测量稳压电源的电压输出范围。U_I 取 15V，R_L 开路，调节电阻 R_P，使稳压电源的输出电压达到最大值 U_{OMAX} 和最小值 U_{OMIN}，完成表 8-2-1 的测试内容。

表 8-2-1　实验数据记录表

项　目	U_O	U_{CE1}
U_{OMAX}		
U_{OMIN}		

② 测量输入电压调整率

输出接负载 R_L，取 $U_I=16.5$V，测量对应的输出电压 U_O 的值，即为 U_{O1}；再取 $U_I=13.5$V，测量对应的输出电压 U_O 的值，即为 U_{O2}。将其结果记录于表 8-2-2 中。

表 8-2-2　实验数据记录表

$U_I=16.5$V	$U_I=13.5$V
$U_{O1}=$	$U_{O2}=$

$$\text{电压调整率}=\frac{U_{O1}-U_{O2}}{U_O}\times 100\%$$

③ 测量负载调整率

U_I 取 15V 不变，输出接负载 $R_L=\frac{9\text{V}}{15\text{mA}}$(满载)，调整 U_O 为 5V；断开负载，测量输出

U_O 记为 U_{O1}，将数据记录于表 8-2-3 中。

表 8-2-3 串联稳压电源数据

满 载	空 载
$U_O=5V$	$U_{O1}=$

$$负载调整率=\frac{U_{O1}-U_O}{U_O}\times 100\%$$

6. 预习思考题

(1) 若实验中 R_1 出现开路情况，U_O 会有什么变化？

(2) 若实验中 R_2 出现开路情况，U_O 会有什么变化？

(3) 若实验中 R_7 的实际阻值，远远大于给出的标准值，会对稳压电源产生什么影响？若远远小于给出的标准值，会对稳压电源产生什么影响？

(4) T_2 和 T_1 的连接叫什么方式？放大倍数怎样计算？若仅用一个三极管，对稳压电源会有怎样的影响？

(5) 如果想降低过流保护的门限值(I_{Om})，应调节电路中的哪个元件，怎样调节？

实验8-3　开关稳压电源

1. 实验项目

开关稳压电源的设计与调试。

2. 实验目的

(1) 了解开关稳压电源的电路构成。

(2) 通过电路参数调整，加深理解开关稳压电源的工作原理。

3. 实验原理

传统的线性稳压电源虽然电路结构简单、工作可靠，但它存在着效率低(只有40%～50%)、体积大、铜铁消耗量大、工作温度高及调整范围小等缺点。为了提高效率，人们研制出了开关式稳压电源，它的效率可达85%以上，稳压范围宽，除此之外，还具有不使用电源变压器等特点，是一种较理想的稳压电源。正因为如此，开关式稳压电源已广泛应用于各种电子设备中，本节将对开关电源的工作原理进行阐述。

开关型稳压电源的缺点是纹波较大，用于小信号放大电路时，还应采用第二级稳压措施。

3.1　降压型开关电源的工作原理

3.1.1　工作原理

图8-3-1是降压式开关电源的原理图，它由开关电路，滤波电路、控制电路和输出电路四部分构成，输出电压U_O的波形如图8-3-2所示。开关电源的稳压工作原理如下。

1) 开关电路

开关电路的主要作用是通过电子开关将输入的直流电压U_I调制成方波电压，通过该方波的占空比来调节输出电压的大小，即PWM脉宽调试。电子开关通常都选择MOS管或三极管，在后续的文章中统称为开关管。

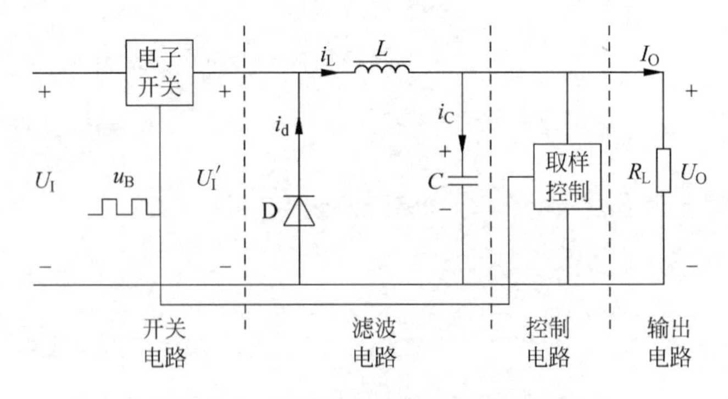

图8-3-1　降压式开关稳压电源原理图

如图8-3-1所示，在驱动方波u_B的作用下，开关管在导通和截止两种状态之间交替工作：在u_B的高电平期间，电子开关导通，忽略掉电子开关的管压降，$U_I \approx U_I'$；在u_B的低电平期间，电子开关断开，$U_I'=0V$。可以看出在u_B驱动电子开关的作用下，直流电压U_I被调制

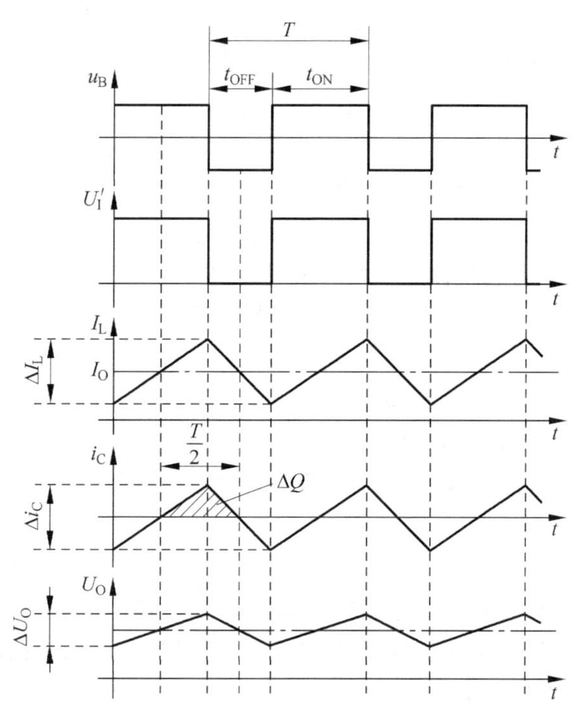

图 8-3-2　开关电源波形图

成方波电压 U_I'，如图 8-3-2 所示。

2）滤波电路

滤波电路的主要作用是将方波电压 U_I' 变成脉动很小的直流电压 U_O。如图 8-3-1 的滤波电路所示，它是由二极管、磁芯电感和电容构成。电路中的二极管起到了续流和补充电流的作用，因此称为续流二极管。电感 L 的作用是将 U_I' 转换成了锯齿波电流信号 I_L。电容 C 是将 I_L 变得更加平滑。

在 U_I' 进入高电平时，二极管 D 处于反向截止状态，电感 L 左端的电位为 U_I'，右端的电位为 U_O，因为电感电流不能跃变，所以在高电平期间，I_L 会线性上升，电感储存的磁能增加，如图 8-3-2 中的 I_L-t 波形图所示。在 U_I' 的低电平期间，电子开关断开，储能电感中的电流不能跃变，于是 L 两端产生了与原来相反的电动势，二极管 D 导通，电感中磁能以电能的方式通过二极管 D 和负载 R_L 泄放，电感电流 I_L 也会线性的下降。通过图 8-3-2 中的 I_L-t 波形可以看出，输出电流 I_O 是 I_L 的平均值，当 $I_L > I_O$ 时，电感 L 向电容 C 充电，当 $I_L < I_O$ 时，电容 C 会向负载 R_L 放电，这样就会使得负载 R_L 上的电流波动很小，输出的电压也变得比较平滑。

3）控制电路

控制电路的作用是将输出电压 U_O 的取样值与基准电压、误差放大器、三角波发生器和电压比较器构成驱动电路来产生驱动方波 u_B。

4）输出电压与驱动方波占空比的关系

通过图 8-3-2 可以看出，在电子开关的导通时间内的电感电流变化量 ΔI_{LON} 与截止时间内的电感电流变化量 ΔI_{LOFF} 是相等的，即

$$\Delta I_{\mathrm{LON}} = \Delta I_{\mathrm{LOFF}} \tag{8-3-1}$$

电感的伏安关系表达式为

$$U_{\mathrm{L}} = L(\mathrm{d}i/\mathrm{d}t) = L(\Delta I_{\mathrm{L}}/\Delta t) \tag{8-3-2}$$

di 就是电感电流的变化量即 ΔI_{L}，dt 就是电子开关的导通时间 t_{ON} 或截止时间 t_{OFF}，所以有 $\Delta I_{\mathrm{L}} = U_{\mathrm{L}}\Delta t/L$，将之代入式(8-3-1)得：

$$U_{\mathrm{LON}}t_{\mathrm{ON}}/L = U_{\mathrm{LOFF}}t_{\mathrm{OFF}}/L \tag{8-3-3}$$

在电子开关导通期间，忽略掉电子开关的管压降，$U_{\mathrm{I}} \approx U_{\mathrm{I}}'$，所以 $U_{\mathrm{LON}} = U_{\mathrm{I}} - U_{\mathrm{O}}$。在电子开关断开期间，忽略二极管 D 的管压降，电感电压 $U_{\mathrm{LOFF}} = U_{\mathrm{O}}$。方波的占空比 $D = t_{\mathrm{ON}}/T$，T 为方波的周期，所以有

$$t_{\mathrm{ON}} = DT, \quad t_{\mathrm{OFF}} = T(1-D) \tag{8-3-4}$$

将上述几个公式代入式(8-3-3)中：

$$(U_{\mathrm{I}} - U_{\mathrm{O}})DT = U_{\mathrm{O}}(1-D)T$$

整理得

$$D = U_{\mathrm{O}}/U_{\mathrm{I}} \tag{8-3-5}$$

通过式(8-3-5)可以看出，输出电压与驱动方波的占空比成正比，因此电路可以通过调节脉冲宽度的方式调节输出电压的值，该电路又称为 PWM 型(脉宽调制型)开关稳压电源。

5）控制电路的构成及工作原理

通过图 8-3-3 可知，控制电路由取样电路、基准电压、误差放大器、三角波发生器和电压比较器构成。各单元电路的工作原理及作用如下。

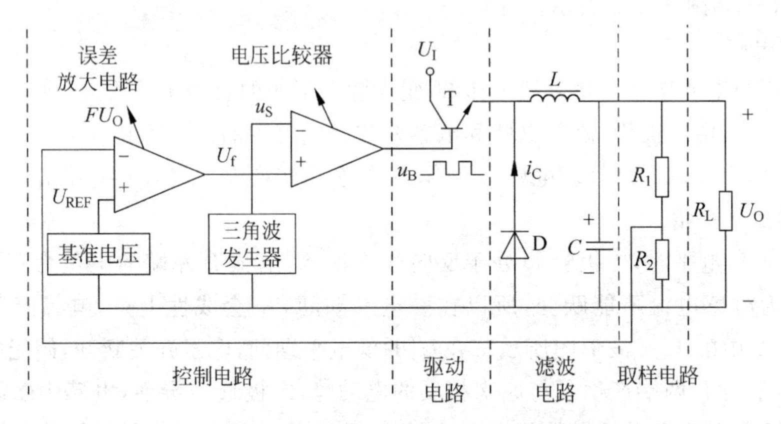

图 8-3-3　开关稳压电压驱动电路原理图

(1) 取样电路。取样电路的主要作用是将较高的输出电压通过分压取得其中一部分作为输出电压的信号，与基准电压取差值。

(2) 误差放大电路。该电路的主要功能是将反馈电压(取样电压)FU_{O} 和基准电压求差并放大，从而得到一个直流电压 U_{f}。要将差值放大的原因是提高电路的控制灵敏度。当 U_{O} 变化时，它与 U_{REF} 的差值较小，当该差值 U_{f} 与三角波进行比较后产生的方波 u_{B} 的占空比变化不大，无法精确的实现稳定 U_{O} 的目的，因此需要用差分比例放大电路将该差值放大。

该电路的放大倍数不宜过大，倍数过大会使得 U_{f} 的值超出三角波的峰值，电路产生自激现象，从而无法得到方波，对稳定输出电压不利，因此该电路的放大倍数应根据具体的电路进行设定。

(3) 三角波发生电路。三角波发生电路即图 8-3-3 中的三角波发生器,该电路的主要功能是将该电路的三角波与一个直流信号比较产生占空比可调的驱动方波 u_B,该三角波的频率就决定了驱动方波的频率。

(4) 电压比较器电路。该电路的主要功能是将反馈电压 ΔU_f 与三角波电压 u_s 进行比较从而得到一个方波信号。其工作原理可以参考实验 7-1 电压比较器的工作原理。该电路通过 ΔU_f 的变化调节输出的方波占空比。具体变化的原理如图 8-3-4 所示。

图 8-3-4 中 u_{s1}-t 为 ΔU_{f1}($\Delta U_{f1}=0V$)与三角波比较后的波形图,从图中可以看出,当 $\Delta U_{f1}=0V$ 时,输出的方波为占空比 U_O/U_I 的方波信号;u_{s2}-t 为 ΔU_{f2}($\Delta U_{f1}>0V$)与三角波比较后的波形图,从图中可以看出,当 $\Delta U_{f2}>0V$ 时,输出的方波的占空比变大(高电平时间变长);u_{s3}-t 为 ΔU_{f3}($\Delta U_{f3}<0V$)与三角波比较后的波形图,从图中可以看出,当 $\Delta U_{f3}<0V$ 时,输出的方波的占空比变小(高电平时间变短)。

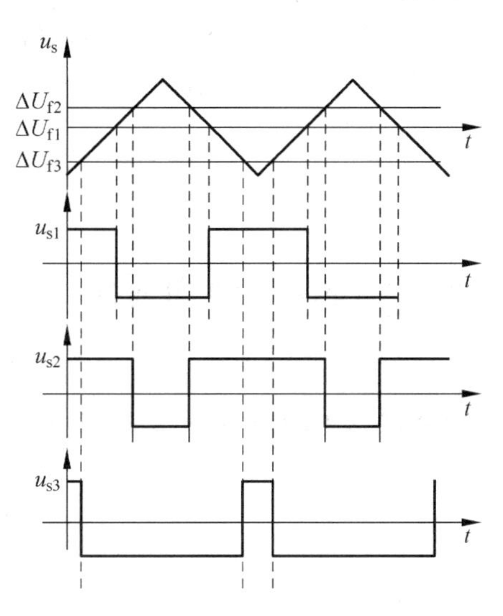

图 8-3-4 不同 ΔU_f 与三角波比较后的波形图

3.1.2 开关电源稳压工作原理

如图 8-3-3 所示,当输入电压 U_I 有波动,或者因为负载 R_L 的变化使得输出电压 U_O 有变化时,取样电压(或反馈电压)FU_O 与基准电压之间产生差值,进而使得 u_B 的方波电压占空比发生变化,再通过滤波电路将电压稳定下来。具体的原理如下(下面稳压电源的稳压工作原理仅以输出电压 U_O 突然升高为例,U_O 突然下降后的稳压原理自行推导):

(1) 当输入电压 U_I 增加或负载 R_L 增加时,输出电压 U_O 会增加,随之而来的取样电压 FU_O 也会增加。

(2) 当 FU_O 增加时,FU_O 与基准电压 U_{REF} 之间会产生附加差值,将该附加差值放大后得到了一个负的直流电压附加值 ΔU_f。

(3) 将 ΔU_f 与三角波信号 u_s 通过电压比较器进行比较,会使得输出的方波 u_B 占空比发生变化,方波的高电平区间变窄,低电平区间变宽(注意:如果 ΔU_f 为 0,电压比较器产生的方波占空比为 U_O/U_I)。

(4) 当方波的高电平区间变窄时,三极管(开关管)导通的时间变短,截止的时间变长,后面的滤波电路中的电感 L 放电时间变长,电容上的电压就会降下来,因此输出电压 U_O 的值就会降下来,最终输出电压就会被稳定下来。通过式(8-3-5)也可以得到相同的结论。

3.2 降压型开关电源的主要参数计算

决定稳压电源性能好坏的主要参数就是输出的波纹电压 ΔU_O,从开关电源的原理图 8-3-3 上可以看出,滤波电容 C 两端的电压实际上就是电源的输出电压,那么该电容两端的电压变化量实际上就是要计算的开关电源输出电压波纹值 ΔU_O。

通过图 8-3-1 可以看出,电感上的电流 i_L、电容上的电流 i_C 和输出电流 I_O 应满足关系

式 $i_L = i_C + I_O$，所以有 $\Delta i_L = \Delta i_C + \Delta I_O$，$\Delta I_O$ 是负载上的电流波纹值，$\Delta I_O = \Delta U_O / R_L$，波纹电压 ΔU_O 的值通常比较小，所以 ΔI_O 可以忽略不计，有 $\Delta i_L = \Delta i_C$。

通过图 8-3-2 可以看出，当 $I_L > I_O$ 时，电容充电，当 $I_L < I_O$ 时，电容放电。电容上电压和电荷的关系式是 $q = CU_C = CU_O$（电容与负载并联），所以有 $\Delta q = C\Delta U_O$，Δq 就是图 8-3-2 中有阴影的三角形截面积，截面面积等于三角形的(底×高)/2，三角形的底就是 $T/2$，高就是 $\Delta I_2/2$。所以有

$$\Delta Q = \frac{\frac{T}{2}\ \frac{\Delta I}{2}}{2} = \frac{\Delta I_L T}{8} \tag{8-3-6}$$

代入公式 $\Delta Q = C\Delta U_O$ 中可得

$$\Delta U_O = \frac{\Delta I_L T}{8C} \tag{8-3-7}$$

将式(8-3-2)代入式(8-3-7)得

$$\begin{aligned}\Delta U_O &= \frac{U_L \Delta t}{L}\ \frac{T}{8C} = \frac{(U_I - U_O)DT}{L}\ \frac{T}{8C} \\ &= \frac{(U_I - U_O)\frac{U_O}{U_I}}{8LCf^2} = \frac{U_O(1-D)}{8LCf^2}\end{aligned} \tag{8-3-8}$$

从式(8-3-8)中可以看出，电源输出电压波纹值 ΔU_O 除了与输出电压 U_O 和输入电压 U_I 有关外，增大电感 L 和电容 C 的参数值也可以起到降低波纹电压的作用。此外降低开关功率管的工作周期也能有效降低输出电压的波纹值。当然，在降低波纹电压的同时，不但要考虑到电源的使用环境、输入条件和输出要求，还应考虑到降低 ΔU_O 后，所带来的电源的价格、体积和重量的提升，要利弊兼顾，综合考虑性价比，不能一味追求 ΔU_O 的值越低越好。

通常在设计开关稳压电源时，波纹电压是设计要求中已经给出的，所以波纹电压的计算公式一般是用来反推出电路中的电容值，以此为参考来选择合适的电容。

3.3　降压型开关电源的器件选择

1）电子开关的选择

在图 8-3-3 中，该电子开关使用的是三极管，三极管在电路中的主要作用就是连接或关断输入电压和输出电压之间的联系。

在实际的开关电源制作中，开关功率管的选择按照输入条件和输出电压、输出电流、工作场合、负载特性等要求，来确定是使用 IGBT(绝缘栅双极型晶体管)、MOSFET(场效应管)或是 GTR(电力晶体管)。一般的原则是当输出功率大于几十千瓦时，选择 IGBT，当输出功率在几千瓦到几十千瓦时，选用 MOSFET，当输入功率小于几千瓦时，选用 GTR。但此原则不是一成不变的，设计者可综合自己对器件的熟悉程度、偏爱、价格和器件性能等各种因素自行选定合适的管子。

2）续流二极管 D 的选择

通过降压型开关电源工作原理分析可知，当开关功率管截止时，储能电感 L 中所存储的磁能是通过续流二极管 D 传输给负载 R_L 的；当开关功率管导通时，集-射极之间的压降接近于 0V，此时输入电压 U_I 全部加在了二极管 D 两端。所以续流二极管的选择要符合下列要求：

续流二极管的正向额定电流必须大于开关管的最大集电极电流，即要大于负载 R_L 上

的电流；续流二极管的反向击穿电压必须大于输入电压 U_I；为了减小由于开关转换所引起的输出波纹电压，续流二极管应选择反向恢复速度和正向导通速度很快的肖特二极管或快恢复二极管；为了提高转换效率，减小内部损耗，要选择正向导通电压较低的肖特基二极管。

3）电感的选择

通过开关电源的工作原理可知，电感 L 在电路中的作用主要是在开关功率管导通时存储磁能，并在开关管截止时释放磁能，给负载 R_L 继续提供电流，使得输出电压稳定。由于电感电流不能跃变，所以在充放磁的过程中电流会近似线性地上升和下降，电感的感值越大，电流变化得就越平缓，反之电流变化越陡峭。理论上电感越大越好，但实际中考虑到价格、体积及其他因素，电感不能做得过大，所以在选择电感时要先根据开关电源的设计要求计算一下电路的电感 L，再根据所求 L 值去选择合适的电感。

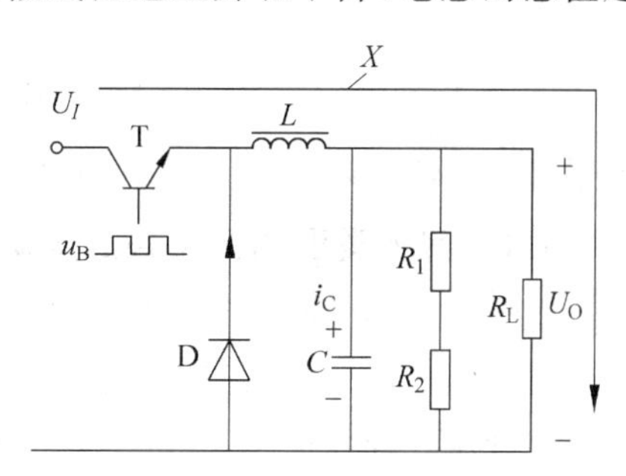

图 8-3-5　计算电感的示意图

那如何根据开关电源的设计要求计算电路的电感值呢？根据图 8-3-4 所示，在开关管 T 导通的时间即 t_{ON} 区间内，选择图 8-3-5 中带箭头的直线 X 所在的回路列写基尔霍夫电压方程。

$$U_I = U_{CE} + U_L + U_O \tag{8-3-9}$$

在三极管 T 导通时，三极管处于饱和状态，因此管压降 U_{CE} 几乎为 0V，所以上式又可以写成

$$U_I = U_L + U_O \tag{8-3-10}$$

所以有

$$U_L = U_I - U_O \tag{8-3-11}$$

电感的电压公式为

$$U_L = L(\mathrm{d}i/\mathrm{d}t) = L(\Delta I/\Delta T) \tag{8-3-12}$$

其中，ΔI 为开关管导通期间电感电流的变化量，即波纹电流，ΔT 为驱动方波的高电平时间。将式(8-3-12)和式(8-3-4)中的 $t_{ON}=DT$ 代入到式(8-3-11)中

$$L(\Delta I/DT) = U_I - U_O$$

又因为 $T=1/f, D=U_O/U_I$，所以可以将上式整理为

$$L = \frac{U_O(1-D)}{\Delta I f} = \frac{U_O(1-U_O/U_I)}{\Delta I f} \tag{8-3-13}$$

4）电容的选择

滤波电容 C 在降压型开关电源中起到了影响波纹电压 ΔU_O 的作用。电容的电压就是输出端的电压。在给定了输出电压中的波纹电压 ΔU_O、电感感值、输入输出电压和开关管工作频率的条件下，可根据之前的波纹电压计算式(8-3-9)推导出滤波电容 C 的计算公式如下：

$$C = \frac{U_O(1-D)}{8Lf^2\Delta U_O} \tag{8-3-14}$$

【例 8-3-1】　设计一个开关电源，开关频率为 20kHz，输入电压为 12V±10%，输出电压为 5V，输出电流为 1A，电感最大波纹电流为 200mA，波纹电压为 10mV。请确定该电路中电感和电容的取值？

解：通过题目的要求可以看出输入电压的最大值为 13.2V，最小值为 10.8V。由

式(8-3-13)可知输入电压与电感之间关系是,在其他条件不变的情况下,输入电压越大,需要的电感越大。因此要代入式(8-3-13)中的U_{I}值为13.2V:

$$L=\frac{U_{\text{O}}(1-U_{\text{O}}/U_{\text{I}})}{\Delta If}=\frac{5\times\left(1-\frac{5}{13.2}\right)}{0.2\times 20\times 10^{3}}=0.777\text{mH}$$

根据求得的值可以选择1mH的磁芯电感(选择的电感一定要大于公式求得的值)。

根据选择的电感和题目的要求代入式(8-3-14)中,得

$$C=\frac{U_{\text{O}}(1-D)}{8Lf^{2}\Delta U_{\text{O}}}=\frac{5\left(1-\frac{5}{13.2}\right)}{8\times 10^{-3}\times 400\times 10^{6}\times 10\times 10^{-3}}=97.2\times 10^{-6}\text{F}$$

根据求得的值可以选择100μF的电容。

3.4　其他类型的开关稳压电源

实际中开关电源的种类很多,图8-3-1是一个降压型的开关电源,常见的开关电源还有单端式开关电源、推挽式开关电源、桥式开关电源等。下面再简单介绍一种比较常见的开关电源—升压式开关稳压电源,其电路图如图8-3-6所示。

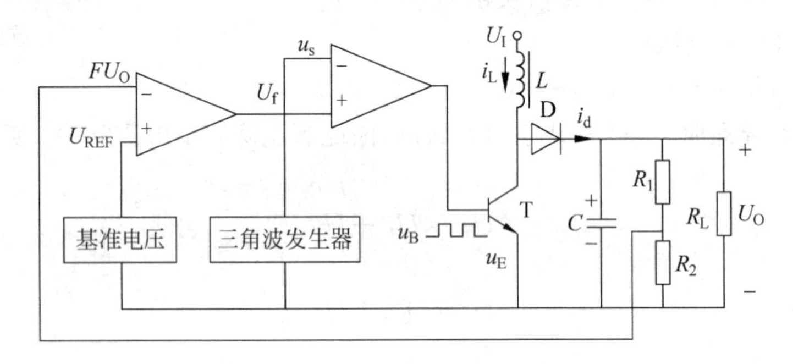

图8-3-6　升压式开关稳压电源电路图

当开关管T导通时,电感L储存能量。当开关管T截止时,电感L感应出上负下正的电压,该电压叠加在输入电压上,经二极管D向负载供电,使输出电压大于输入电压,形成升压式开关电源。

4. 实验仪器与设备

(1) 示波器一台。

(2) 信号发生器一台。

(3) 直流稳压电源一台。

(4) LM324两个,互感线圈两个,电容,电阻若干。

5. 实验项目与步骤

5.1　降压式开关稳压电源的调试

5.1.1　要点概述

开关稳压电源的原理请参考本实验原理3.1中的内容,完成该实验的要点是将整体的实验电路拆分成几个部分后,分别进行调试,调试正常后再将各个部分逐一连接调试。应避

免将整体电路都连接好以后再进行调试，这样不便于检查是哪部分电路出了问题。通常可将开关稳压电源电路拆分成4部分进行调试，分别是三角波电路、误差放大电路、电压比较器电路、滤波电路。

设计要求：用三极管设计一个串联型开关稳压电源，要求输入电压12V±20%，输出电压5V，负载500Ω，方波频率为20kHz，波纹电压小于200mV。

5.1.2　调试步骤

(1) 驱动电路

按照图8-3-7的电路图连接电路(电路中R_b和R_c的取值为200kΩ和100kΩ)。给三极管T_1的基极输入一个频率为20kHz，幅值为3V的方波电压u_B，给输入端加一个12V的直流电压($U_I=12V$)。用示波器观察输出电压U_O'的波形。

保留电路以作备用。

故障分析：

正确的结果是输出电压为幅值大约为11.3V，频率为20kHz的方波电压。

如果得不到该结果，请检查以下几点：

① 复合三极管连接是否正确；

② 电阻的阻值是否正确。

(2) 滤波电路

滤波电路的作用是将输入的方波电压转变成脉动较小的直流电压。

① 根据题目的要求，参考例8-3-1，利用式(8-3-13)和式(8-3-14)推算出电容和电感的取值。R_1和R_2的取值都为47kΩ，FU_O为取样电压。二极管选择反相击穿电压大于20V的4148二极管。按照图8-3-8连接好电路。

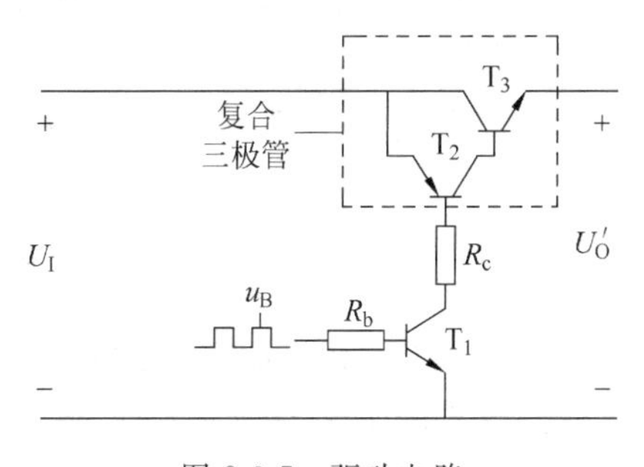

图8-3-7　驱动电路

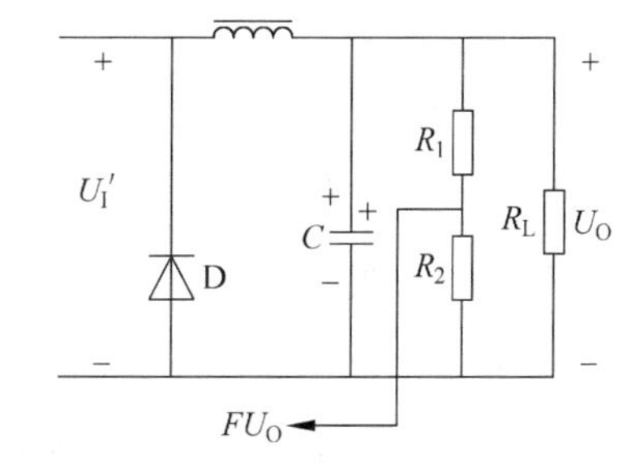

图8-3-8　滤波电路

② 给输入端U_I'一个频率为20kHz、峰峰值为14V、波谷电压为0V的方波电压(提示：先通过信号发生器给一个幅值为7V的交流方波电压，在调节信号发生器的直流电平调整旋钮，在原来交流电压的基础上叠加一个+7V的直流信号)。

③ 用示波器的DC挡观察负载上的电压(提示：没有输出电压，请检查二极管是否极性接反了)。

④ 将示波器通道的挡位拨到AC挡，观察输出电压(该电压即波纹电压)的峰峰值是否符合题目的要求(波纹电压小于200mV)，如果不符合要求，可以通过调整电路中的电容和电感值来达到要求。

⑤ 将示波器通道的挡位拨回到DC挡，调整输入方波电压的占空比(通过信号发生器

调节)，观察输出电压。

⑥ 将图 8-3-7 的电路与图 8-3-8 的电路连接，即图 8-3-7 的输出 U_O 接图 8-3-8 的输入 U_I'上。

⑦ 观察输出电压是否符合以下两点：一，调节输入的方波电压 u_B 的占空比，输出电压 U_O 是否会随着 u_B 的占空比变化而变化；二，输出电压的波纹值是否达到题目的要求。如果以上两点都符合，保留好电路以作备用，如果不符合，调节电路使其符合要求。

(3) 误差放大电路

该电路在整体电路中的主要作用是为了将误差信号放大。

① 先测试 LM324 的好坏(注意在使用 LM324 时，一定要给该元件提供±5V 双电源)。

② 按照图 8-3-9 的电路连接好线路(该电路可将误差信号放大 4.7 倍)。

图 8-3-9　差分比例放大电路

③ 令基准电压为 2.5V(用电位器完成)，完成表 8-3-1。

表 8-3-1　实验数据记录表

u_{i1}/V	2	2.2	2.4	2.6	2.8	3.1
u_O						

如果测量数据与理论值相符，则保留电路以作备用。如果不相符，请检查线路，调整电路。

(4) 三角波电路的设计

该电路的重要作用是与放大的误差电压比较得到方波电压(请参考本实验原理 3.1.3-(5)-③)。

① 先测试 LM324 的好坏(注意在使用 LM324 时，一定要给该元件提供±5V 双电源)。

② 按照图 8-3-10 的电路图连接电路。

该电路的波形的周期计算公式为 $T=\frac{4R_2RC}{R_3}$，因此可以通过调节电阻的阻值和电容的容值使得三角波的输出频率为 20kHz。连接好线路后，用示波器观察输出电压的频率是否达到要求的 20kHz，如果没达到，调整电路参数使其达到要求的 20kHz。

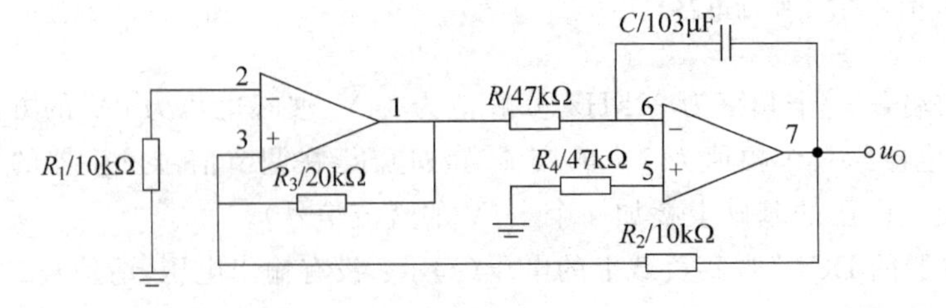

图 8-3-10　方波-三角波发生器

③ 调试好该电路后不要拆除，保留以备使用。

(5) 电压比较器的设计

该电路主要是将放大的差值信号与三角波作比较，产生驱动方波 u_B。

① 测试好 LM324 的好坏。

② 按照图 8-3-11 的电路图连接好线路。

将实验步骤(4)中的方波-三角波发生器的输出信号 u_O 加入到图 8-3-11 的电路中的反相输入端,通过电位器给电压比较器的同相输入端 U_+ 提供一个可调的直流电压,调节电位器滑动端,观察输出电压比较器的输出波形。并记录下来,完成表 8-3-2。

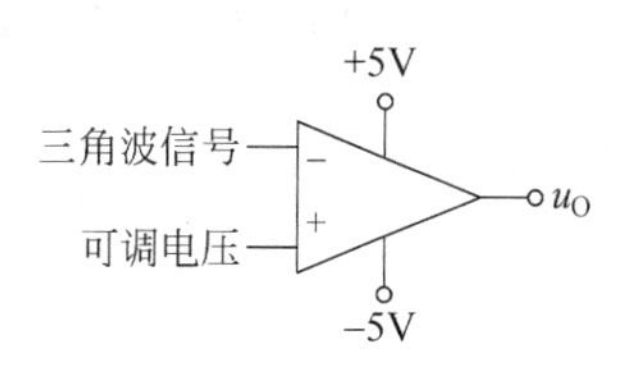

图 8-3-11　电压比较器电路

表 8-3-2　实验数据记录表

U_+/V	−1	−0.5	0	0.3	0.8
输出方波的占空比					

保留好线路以备使用。

(6) 驱动电路调试

① 将图 8-3-11 的电压比较器的同相输入端口接地(0V),并将电压比较器的输出 u_O 接到图 8-3-7 电路中的 T_3 管的基极。用示波器测量负载 R_L 上的输出电压 u_O。观察 u_O 是否是波动较小的直流电压。如果不对,检查电路。

② 将取样电压 FU_O 连接到图 8-3-9 电路中的 u_{i1} 端口,用电位器给图 8-3-9 电路中基准电压端口提供一个 2.5V 的基准电压。并将该电路的输出连接到电压比较器的同相输入端口(将步骤(1)中的接地信号去掉)。

③ 用示波器观察电压比较器的输出,如果输出的是方波,而且随着可调电压的变化,方波的占空比也在不断变化,则说明电路没有问题。

④ 将输入信号由 10V 调到 15V,记录下驱动方波的占空比变化,并用示波器观察输出波形,看看负载波纹电压是否符合题目要求,如果不符,自行调整电路达到要求。

⑤ 尝试有两种不同的方法将输出电压的值改变为 8V 和 4V,并重复①中的内容(提示:可以通过改变 R_1 和 R_2 电阻阻值来改变取样电压;和可以通过改变图 8-3-9 中的基准电压)。

6. 预习思考题

(1) 差动放大电路在开关稳压电源电路中起到什么作用?

(2) 在调试的过程中如果负载的波纹电压 ΔU_O 大于题目的要求,电路应做如何调整?

(3) 如何通过改变电路的参数来改变输出电压。

(4) 图 8-3-1 中所示的电路输出电压能不能高于输入电压,为什么?如果要输出电压高于输入电压,应采用什么电路?

第9单元　Multisim 10仿真软件及其应用

随着计算机辅助技术的高速发展，EDA(Electronic Design Automation，电子设计自动化)技术日渐普及和完善，因其具有效率高、周期短、应用范围广的优点，已成为当今电子设计的主流手段和技术潮流。在众多电路仿真软件中，Multisim以其界面友好、功能强大而备受高校电类专业师生和工程技术人员的青睐。

Multisim 10是美国国家仪器公司NI推出的以Windows为基础的EDA工具软件，集电路设计和功能测试于一体，可以设计和测试包括电工、模拟电路、数字电路、射频电路及微控制器等在内的各种电子电路。它为用户提供了丰富的元件库和功能齐全的各类虚拟仪器，可进行静态工作点分析、直流扫描分析等6项基础分析以及失真度、灵敏度、参数扫描、温度扫描等9项高级分析，提供了PCB板图设计功能，并可进行自动布线。

对于电子技术设计者来说，只要有一台计算机和Multisim 10电子仿真软件，就相当于拥有了一间设备齐全的电子实验室，可以调用元器件、搭建电路、利用虚拟仪器进行测量、对电路进行仿真测试，解决了电子实验室昂贵的配置和实验耗材的浪费，可以实时修改各类电路参数、实时仿真，从而了解各种电路变化对电路性能的影响，对电路的测量直观、智能，是进行电路分析和设计的有效辅助工具。

9.1　Multisim软件概述

9.1.1　Multisim软件的发展

Multisim是由NI公司发行的电路仿真设计软件，除此模块外，套件还有PCB设计软件Ultiboard、布线引擎Ultiroute及通信电路分析与设计模块Commsim，能完成从电路的仿真设计到电路版图生成的全过程。Multisim、Ultiboard、Ultiroute及Commsim这4个部分相互独立，可以分别使用，它们都有增强专业版(Power Professional)、专业版(Professional)、个人版(Personal)、教育版(Education)、学生版(Student)和演示版(Demo)等多个版本，各版本的功能和价格有着明显的差异。

9.1.2　Multisim 10的特点

Multisim 10成功地将原理图设计、系统模拟仿真和虚拟仪器等融为一体，用软件的方法虚拟电子与电工元器件、仪器和仪表，实现了“软件即元器件”“软件即仪器”等功能。它可以对被仿真电路中的元器件设置各种故障，如开路、短路和不同程度的漏电等，从而观察不同故障情况下的电路工作状况。在进行仿真的同时，软件还可以存储测试点的所有数据，列出被仿真电路的所有元器件清单，以及存储测试仪器的工作状态、显示波形和具体数据等。

利用Multisim 10进行仿真设计与虚拟实验，与经典的电子电路设计方法相比，具有很多优点：设计与实验可以同步进行，可以边设计边实验，修改调试方便；设计和实验用的元器件及测试仪器仪表齐全，可以完成各种类型的电路设计与实验；可方便地对电路参数进行测试和分析；可直接打印输出实验数据、测试参数、曲线和电路原理图；实验中不消耗实际的元器件，实验所需元器件的种类和数量不受限制，实验成本低，实验速度快，效率高；设计和实验成功的电路可以直接在产品中使用。

Multisim 软件基于 Windows 操作环境，要用的元器件、仪器等所见即所得，只要用鼠标单击，随时可以取来，完成参数设置，组成电路，启动运行，分析测试。注意，软件仿真只能加深对电路原理的认识与理解，实际中要考虑元器件的非理想化、引线及分布参数的影响。

9.2 Multisim 10 用户界面及设置

9.2.1 Multisim 10 用户界面

启动 Multisim 10，打开如图 9-2-1 所示的界面。该界面主要由电路工作区、菜单栏、工具栏、元器件库栏、仪表栏、状态栏和仿真开关等部分组成。

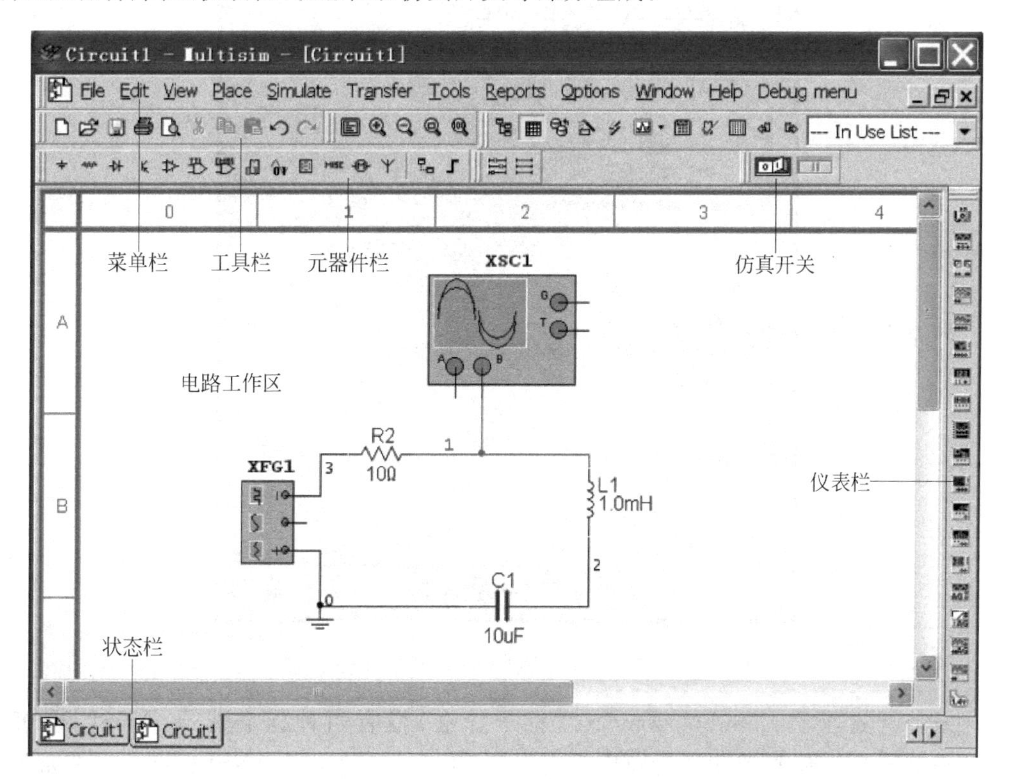

图 9-2-1 Multisim 10 用户界面

元器件库栏存放各种电路元器件，这些元器件按类别分成不同的库存放，如信号源库、基本元件库、二极管库、三极管库、模拟器件库等，可以根据需要选择调用其中的元器件。仪器仪表栏专门用来存放各种电子仪器和测试仪表，如示波器、函数信号发生器、万用表、频谱仪等。这些虚拟仪器仪表与实际的仪器仪表有相同的面板和调节旋钮，使用起来并不困难。

电路工作区是基本界面的中心区域，就像实验室的实验台，可以将元器件和仪器仪表放到工作区，然后根据需要连接起来，设计出需要的电路后单击仿真开关，Multisim 10 系统开始对电路进行仿真和测试，通过连接在电路中的仪器仪表可以很方便地观测结果。

9.2.2 Multisim 10 用户界面设置

在搭建和仿真电路之前，需要对 Multisim 10 的操作界面进行一些必要的设置，目的是适应设计者的个性操作以及符合设计要求。设置完成后，可以将设置内容保存起来，以后再次打开软件就不必再进行设置。下面介绍几个比较常用的设置。

1. 设置电路符号标准

选择菜单 Options→Global Preferences 命令，将打开 Preferences（首选项设置）对话框，如图 9-2-2 所示。

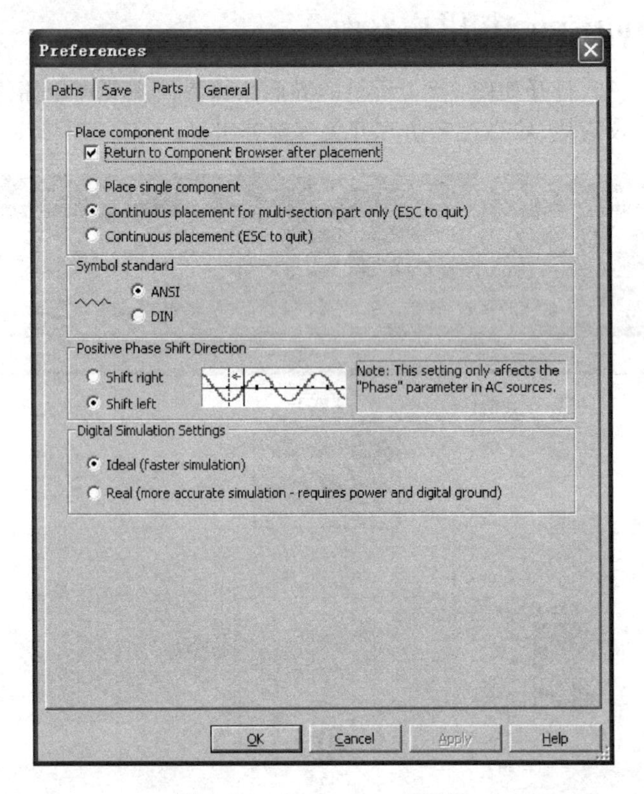

图 9-2-2 Preferences 对话框

在 Parts 选项页，Symbol standard（符号标准）栏有两种标准选项，ANSI 和 DIN。ANSI 是美国标准模式，在电子行业广泛应用，图 9-2-3(a)给出了 ANSI 标准的一些常见符号。DIN 是欧洲标准模式，与中国电路符号标准相同，在中国使用更广泛一些，图 9-2-3(b)给出了 DIN 标准的一些常见符号，设计时应根据具体需求进行设置。

2. 显示和隐藏电路节点编号

电路的节点标号在对电路进行仿真分析时需要显示，而不作仿真分析时一般暂时隐藏起来以使电路显得简洁。选择菜单 Options→Sheet Properties 命令，打开 Sheet Properties

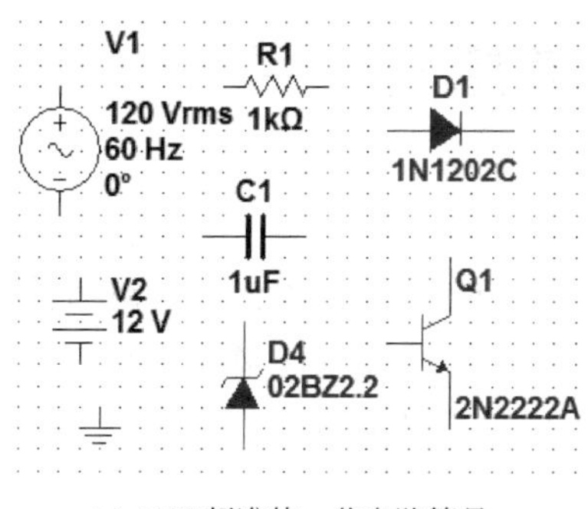

(a) ANSI标准的一些电路符号

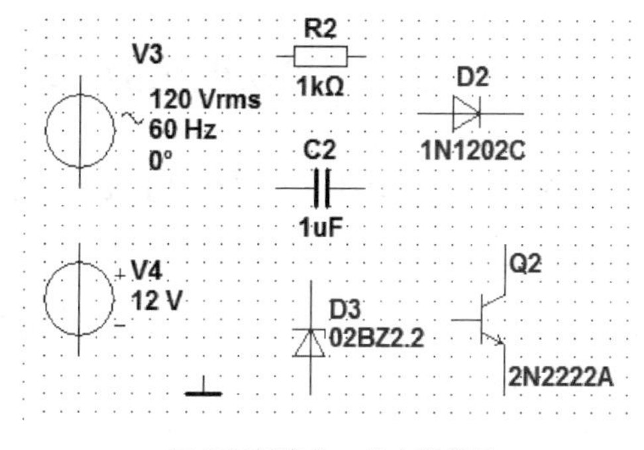

(b) DIN标准的一些电路符号

图 9-2-3 Multisim 10 中的两种符号标准

(表单属性)对话框,如图 9-2-4 所示。在 Circuit 选项卡中,Net Names 区域默认为 Show All,即显示电路节点的编号,选择 Hide All,则隐藏电路节点的编号。

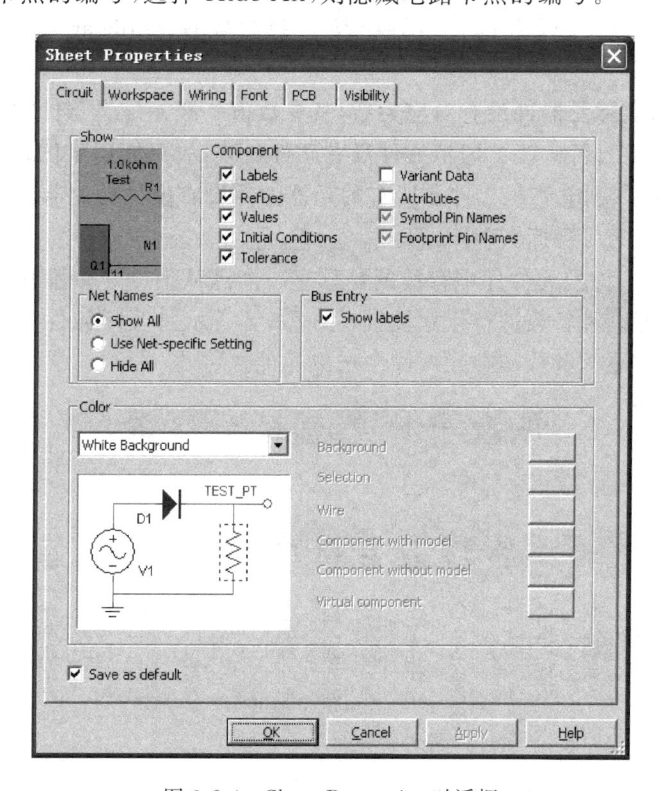

图 9-2-4 Sheet Properties 对话框

3. 显示和隐藏工作区网格

在表单属性对话框,Workspace 选项卡中,Show grid 可以设置工作区是否显示网格。另外还可以对页边界以及标题框进行设置。

以上设置完成并保存后,下次打开软件就不必再设置。本节仅介绍了几个比较常用的设置,若要了解更多设置可以参阅在线帮助,以定制符合个人操作风格的界面。

9.3　Multisim 10 的元器件库及使用

9.3.1　Multisim 10 的元器件库

Multisim 10 提供了广泛的元器件，有数千个元器件的模型，从无源器件到有源器件、从模拟器件到数字器件、从分立元件到集成电路，还可以自己添加新元件。Multisim 10 将元件模型按实际元器件和虚拟元器件分类放置，所需元件可以分别从元件工具栏（Component Toolbar）或虚拟元件工具栏（Virtual Toolbar）中提取。

实际元器件是与实际元器件的型号、参数值以及封装都相对应的元器件，通常在市场上可以买到。实际元器件一般只能直接调用，而不能修改性能参数（如电阻、电容、电感的大小，三极管的 IS、NF、BF、VAF、ISE 等参数，只有极个别参数可以修改，如晶体管的 β 值），只能用另一型号的元件来代替。在设计中选用此类器件，不仅可以使设计仿真与实际情况有良好的对应性，还可以直接将设计链接到制版软件 Ultiboard 的 PCB 文件中进行制版。

虚拟元器件与实际元器件没有对应关系，其参数值一般是该类器件的典型值，部分参数值可由用户根据需要自行修改。虚拟元件没有元件封装，故只能用于仿真，不能导入制版软件的 PCB 文件制作印刷电路板。并非所有的元器件都设有虚拟类的器件，在元器件类型列表中，虚拟元器件类的后缀标有 Virtual。

如图 9-3-1 所示，虚拟元件库中存放的是具有一个默认值的非标准化元件，选取这样的元件后，对其双击可以对参数进行任意设置；图 9-3-2 所示是实际元件库，为了使设计的电路符合实际情况，应该尽量从实际元件库中选取元件。

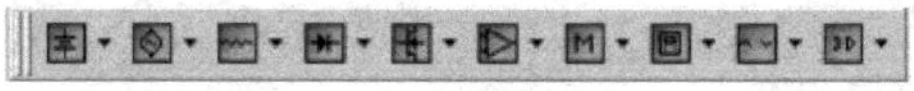

图 9-3-1　虚拟元件库工具栏

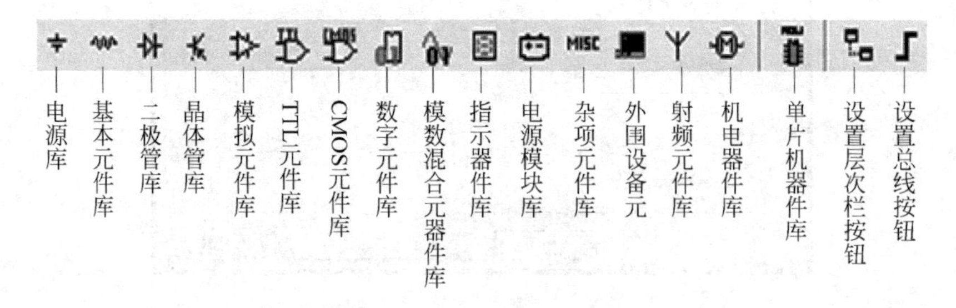

图 9-3-2　实际元件库工具栏

单击元器件库栏的图标即可打开该元件库。元器件库中的各个元器件图标所表示的含义如下。

（1）电源库（Sources）：包含接地端、直流电压源、正弦交流电压源、方波（时钟）电压源、压控方波电压源等多种电源与信号源。电源库的元器件列表（Family）如 9-3-3 所示。电源虽列在实际元件栏，但它属于虚拟元件，其参数可以进行修改和设置，且不能导入 PCB 文件进行制版。

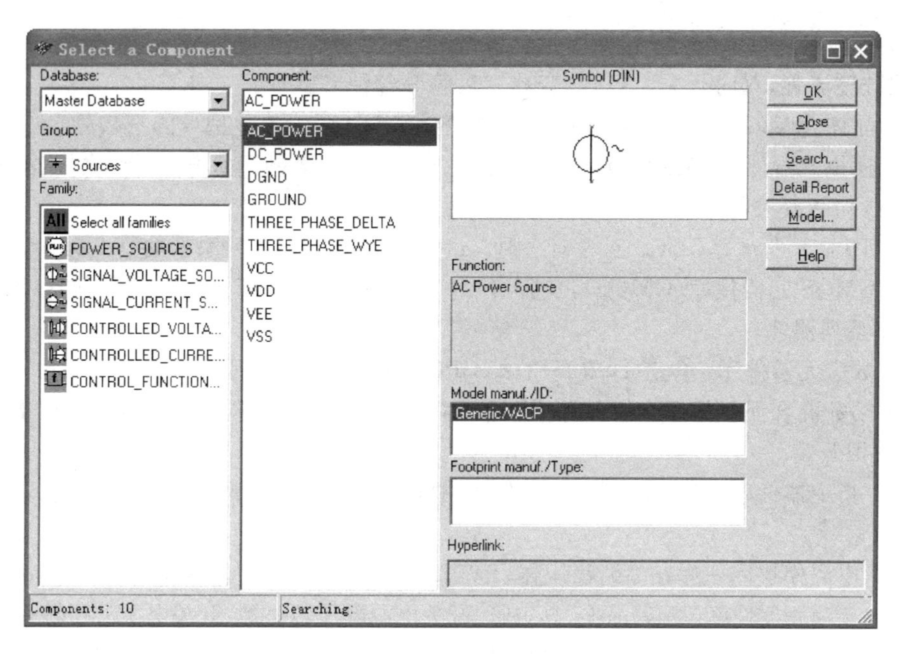

图 9-3-3 电源库

(2) 基本元器件库(Basic):含有基本虚拟器件、额定虚拟器件、排阻、开关、变压器、非线性变压器,继电器、连接器、插座、电阻、电容、电感、电解电容、可变电容、可变电感、电位器等基本元件。基本元器件库的元器件列表(Family)如图 9-3-4 所示。关于额定元件,是指它们允许通过的电流、电压、功率等的最大值都是有限制的,超过额定值,该元件将击穿和烧毁。其他元件都是理想元件,没有定额限制。

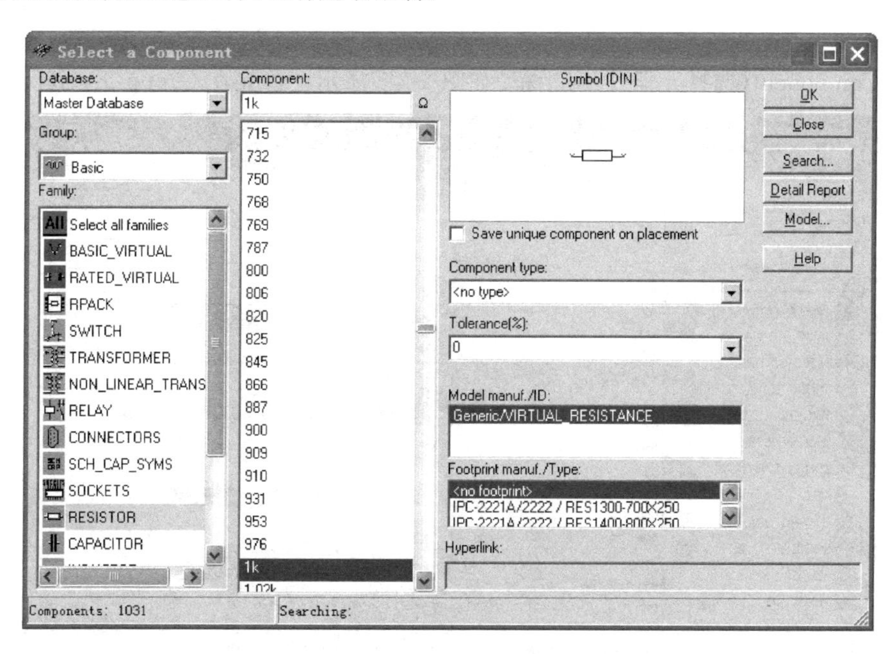

图 9-3-4 基本元器件库

(3) 二极管库(Diodes)：包括虚拟二极管、齐纳二极管、发光二极管、整流器、稳压二极管、可控硅整流管、双向开关二极管、变容二极管等各种二极管。

(4) 晶体管库(Transistors)：包括 NPN 型和 PNP 型的各种型号的三极管。

(5) 模拟元器件库(Anolog)：含有虚拟运算放大器、诺顿运算放大器、比较器、宽带放大器、特殊功能放大器。

(6) TTL 元器件库(TTL)：含有各种 74××系列、74LS××系列的 TTL 芯片。

(7) CMOS 元器件库(CMOS)：包含有 40××系列和 74HC××系列多种 CMOS 数字集成电路系列器件。

(8) 数字元器件库：含有 DSP、FPGA、CPLD 等多种器件。

(9) 模数混合元器件库：包含有 ADC、DAC、555 定时器等多种数模混合集成电路器件及各种模拟开关。

(10) 指示器件库：含有电压表、电流表、测量探针、蜂鸣器、电灯、虚拟灯泡、数码管及条形光柱。

(11) 电源模块库：含有三端稳压器、PWM 控制器等多种电源器件。

(12) 杂项元器件库：含有晶振、真空管、开关电源降压转换器、开关电源升压转换器等。

(13) RF 射频元器件库：含有射频晶体管、射频 FET、微带线等多种射频元器件。

(14) 机电类器件库：包括开关、继电器等多种机电类器件。

9.3.2　取用元器件

查找元器件有两种方式，浏览查找和关键词搜索，以下分别介绍。

1. 从工具栏浏览元器件

选择菜单 Place→Component 命令，或者在元器件工具栏单击相应元器件库，打开 Select a Component(选择元器件)对话框，如图 9-3-5 所示。首先在 Group 下拉列表中选择

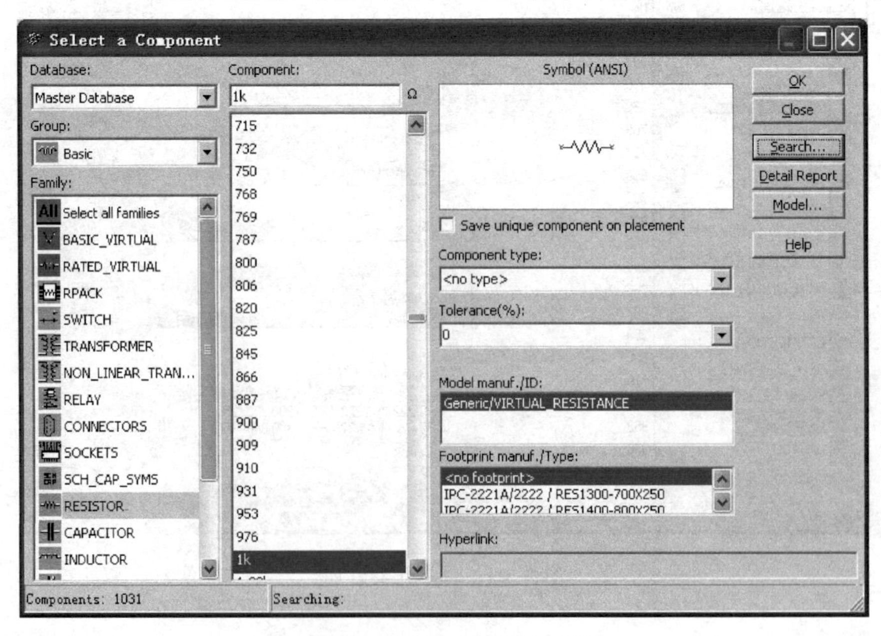

图 9-3-5　选择元器件对话框

元器件组(若从元器件工具栏已经选择了元器件组,此步骤可省略),然后在 Family 下拉列表中选择相应的系列,在 Component 中选择一种,则高亮显示该元件,并显示该元件的图标(Symbol),然后单击 OK 按钮,该元件即可出现在工作区并随鼠标移动,在合适的位置再次单击可将该元件放置在工作区。

2. 搜索元器件

如果对元器件分类信息有一定了解,可以使用搜索功能快速找到所需元器件,下面以搜索集成运放 LM324 为例。打开选择元器件对话框,单击 Search 按钮,打开 Search Component(搜索元器件)对话框,输入搜索关键词"LM324",如图 9-3-6 所示,单击 OK 按钮,出现搜索结果,从中选用即可。关键词越多,查找得越准确。

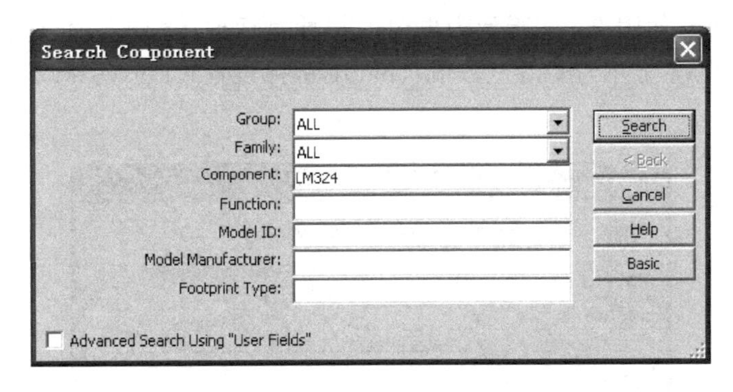

图 9-3-6 搜索元器件对话框

9.3.3 元器件的基本操作

1. 选中元器件

在连接电路时,要对元器件进行移动、旋转、删除、设置参数等操作,这就需要先选中该元器件。单击该元器件,被选中的元器件的四周出现 4 个黑色小方块,对选中元器件就可以进行移动、旋转、删除、设置参数等操作。拖曳鼠标形成一个矩形区域,可以同时选中在该矩形区域内包围的一组元器件。要取消某一个元器件的选中状态,只需单击电路工作区的空白部分即可。

2. 移动元器件

用鼠标左键单击元器件,按住不松手并拖拽即可移动该元器件。

要移动一组元器件,需先用前述的矩形区域方法选中这些元器件,然后用鼠标左键拖曳其中任意一个元器件,则所有选中的部分就会一起移动。元器件被移动后,与其相连接的导线会自动重新排列。

选中元器件后,也可使用方向键←↑→↓使之作微小移动。

3. 元器件的旋转

选中元器件,单击鼠标右键或者选择菜单 Edit,选择菜单中的 Flip Horizontal(水平旋转)、Flip Vertical(垂直旋转)、90 Clockwise(顺时针旋转 90 度)、90 CounterCW(逆时针旋转 90 度)等命令。

4. 元器件的复制、删除

选中元器件,单击鼠标右键或者使用菜单 Edit,选择菜单中的 Cut(剪切)、Copy(复制)、Paste(粘贴)、Delete(删除)。

5. 元件属性设置

双击元器件,或者选择菜单 Edit→Properties(元器件特性)命令,打开该元器件的特性对话框。对话框中的选项与所选元器件类型有关,可对元器件的标签、编号、数值、模型参数等进行设置与修改。如图 9-3-7 所示为电阻的特性对话框,含有多种选项可供设置,包括 Label(标识)、Display(显示)、Value(数值)、Fault(故障设置)、Pins(引脚端)、Variant(变量)等内容。

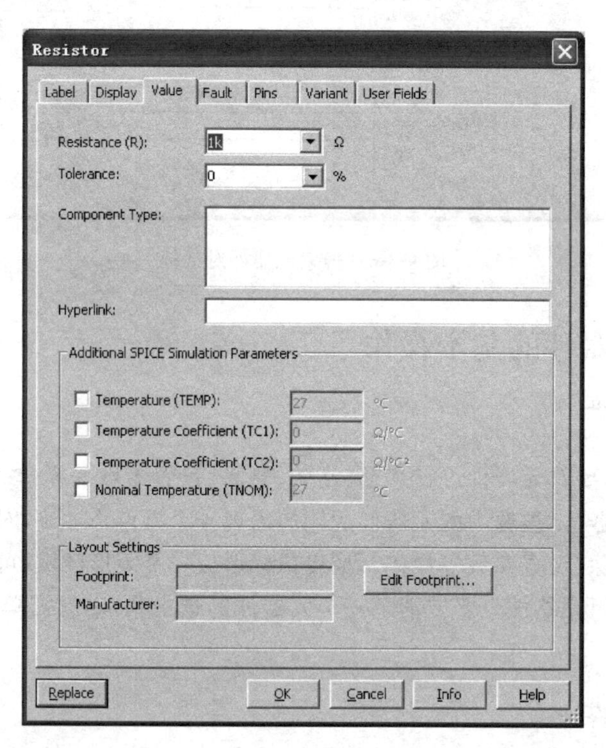

图 9-3-7　电阻的特性对话框

9.4　Multisim 10 仿真仪表及使用

Multisim 10 提供了种类齐全的测量工具和虚拟仪器仪表,是进行虚拟电子实验和仿真设计最快捷而又形象的窗口,也是 Multisim 10 最具特色的地方。它们的操作、使用、设置、连接和观测方法与真实仪器非常相似,就好像在真实的实验室环境中使用仪器一样。在仿真过程中,这些仪器能对仿真结果进行实时显示及测量,可以方便地监测电路工作情况。

Multisim 10 共有 18 种虚拟仪器仪表，基本上能满足虚拟电子工作平台的需要，除一些实验室常见仪表外，还包括了不常见的贵重仪表，如逻辑分析仪、网络分析仪等。仪表工具栏一般以竖条显示在屏幕的右边，各仪器的图标及相应名称如图 9-4-1 所示。鼠标指向仪表，屏幕上会相应显示仪表的名称。调用仪表只需单击仪表工具栏中该仪表的图标，拖动放置在工作区相应位置即可。双击虚拟仪表打开控制面板，即可进行参数设置和数据观测。

	数字万用表(Multimeter)
	信号发生器(Function Generator)
	功率计(Wattmeter)
	两通道示波器(Oscilloscope)
	四通道示波器(Four Channel Oscilloscope)
	波特图示仪(Bode Plotter)
	频率计数器(Frequency Counter)
	字发生器(Word Generator)
	逻辑分析仪(Logic Analyzer)
	逻辑转换仪(Logic Converter)
	IV 特性分析仪(IV-Analysis)
	失真度分析仪(Distortion Analyzer)
	频谱分析仪(Spectrum Analyzer)
	网络分析仪(Network Analyzer)
	美国安捷伦信号发生器(Agilent Function Generator)
	美国安捷伦万用表(Agilent Multimeter)
	美国安捷伦示波器(Agilent Oscilloscope)
	实时测量探针(Dynamic Measurement Probe)
	4 种 LabVIEW 采样仪器(LabVIEW sampling instrument)
	电流检测探针(Current detection probe)

图 9-4-1　虚拟仪器仪表工具栏

除测量工具和虚拟仪器仪表外，Multisim 10 还提供了多种测量元件，如电流表、电压表和测量探针等，可在测量元件工具栏中调用，或在元器件工具栏上打开指示元器件库调用。电压表和电流表在使用中数量没有限制。

模拟电路仿真常用的仪器主要有数字万用表、信号发生器、功率计、双通道示波器、波特图示仪、失真分析仪以及测量探针等，以下对这些仪器的使用方法进行详细介绍，其他仪器功能只作简要介绍。

9.4.1　数字万用表

数字万用表(Multimeter)是最常用的仪表之一,Multisim 10 提供的万用表与实际万用表相似,可以用来测量交直流电压(V)、交直流电流(A)、电阻(Ω)及电路中两点之间分贝损耗(dB),并可自动调整量程。

在虚拟仪表工具栏单击数字万用表图标,即可将其拖拽到电路工作区。数字万用表的图标及面板如图 9-4-2 所示,有“+”和“−”两个端子,它们与外电路相连,连接规则和实际万用表一样。

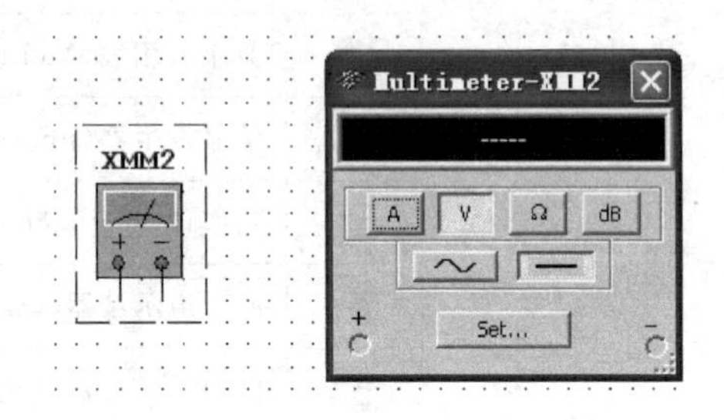

图 9-4-2　万用表的图标及面板

用鼠标左键双击图标可打开面板进行读数,可以在面板上单击相应的按钮来切换不同的测量功能。单击 A 按钮则选择电流表状态,此时若单击按钮,则万用表工作在交流状态,可以测量交流电流的有效值;若单击按钮,则工作在直流状态,测量直流电流。单击 V 按钮,则万用表工作在电压表状态。

单击万用表控制面板上的 Set 按钮,可以打开万用表的参数设置对话框,可以设置电流表内阻、电压表内阻、欧姆表电流的大小以及测量范围等重要的常用参数。

9.4.2　函数信号发生器

函数信号发生器(Function Generator)可产生正弦波、三角波、方波三种电压信号,可设置频率、幅值、占空比、直流偏置。其频率范围很宽,为音频至射频。

鼠标指向虚拟仪表工具栏,单击函数信号发生器图标,即可将信号发生器调到电路工作区,如图 9-4-3 所示。

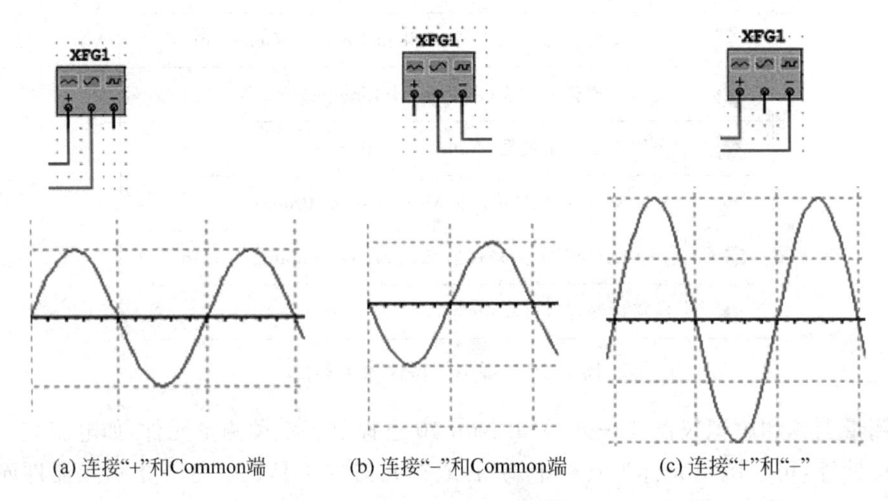

(a) 连接“+”和Common端　(b) 连接“−”和Common端　(c) 连接“+”和“−”

图 9-4-3　不同连接方法输出的信号

1. 线路连接

信号发生器有三个接线端，“+”、Common 和“-”，它们与外电路相连输出电压信号，其连接规则是：

(1) 连接“+”和 Common 端子，输出正极性信号，输出信号的峰峰值是所设置振幅的 2 倍。

(2) 连接 Common 和“-”端子，输出负极性信号，输出信号的峰峰值是所设置振幅的 2 倍。

(3) 连接“+”和“-”端子，输出信号的峰峰值是所设置振幅的 4 倍。

(4) 同时连接“+”、Common 和“-”端子，且把 Common 端与公共地(Ground)连接，则输出两个幅值相等、极性相反的信号。

不同连接方法输出的信号如图 9-4-3 所示。

2. 设置函数信号发生器

双击函数信号发生器图标，打开如图 9-4-4 所示的函数信号发生器面板。

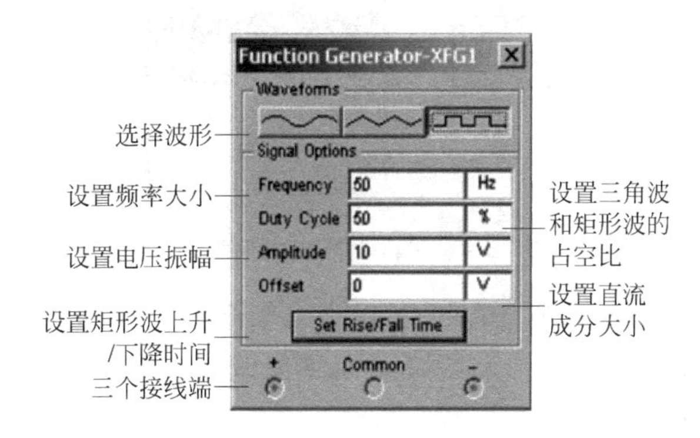

图 9-4-4 函数信号发生器的面板

对面板各区域的不同设置，可改变输出信号的波形类型、大小、占空比或偏置电压等。

(1) Waveforms 区，选择输出信号的波形类型，共有正弦波、方波和三角波 3 种周期信号。

(2) Signal Options 区，对 Waveforms 区中选取的信号进行相关参数设置。

Frequency：设置输出信号的频率，范围在 1Hz～999MHz。

Duty Cycle：设置输出信号的占空比，即输出信号的持续期(高电平)与信号周期的比值，只对三角波与矩形波有效。设定范围为 1%～99%。

Amplitude：设置输出信号电压幅度，设置范围为 1fVp～1000TVp。

Offset：“偏移”，即设置偏置电压，是设置输出信号中直流成分的大小。默认为 0，表示输出电压没有叠加直流成分。若输出信号含有直流成分，则所设置的幅度为直流和交流相叠加的结果。

(3) Set Rise/Fall Time 按钮，设置输出信号的上升时间与下降时间，该按钮只在产生方波时有效。单击该按钮后，出现如图 9-4-5 所示的对话框。在栏中以指数格式设定上升时间(下降时间)，单击 Accept 按钮即可。如单击 Default 按钮，则为默认值 1.000000e-12。

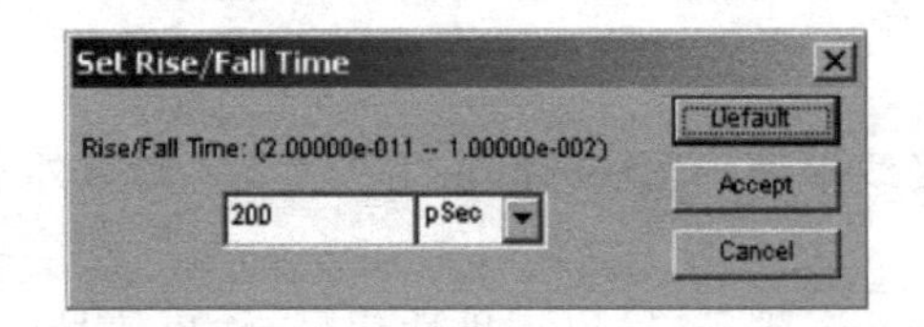

图 9-4-5 Set Rise/Fall Time 对话框

9.4.3 功率计

功率计(Wattmeter)用来测量电路的交流或者直流功率,常用于测量较大的有功功率,也就是电压和流过的电流的乘积,单位为 W(瓦特);还可以测量功率因数。

单击仪表工具栏上频率计按钮,即可调出功率计图标,它有 4 个接线端,电压端子并联于待测设备测量电压,电流端子串联于待测设备测量电流,双击图标即可弹出功率表面板,如图 9-4-6 所示。

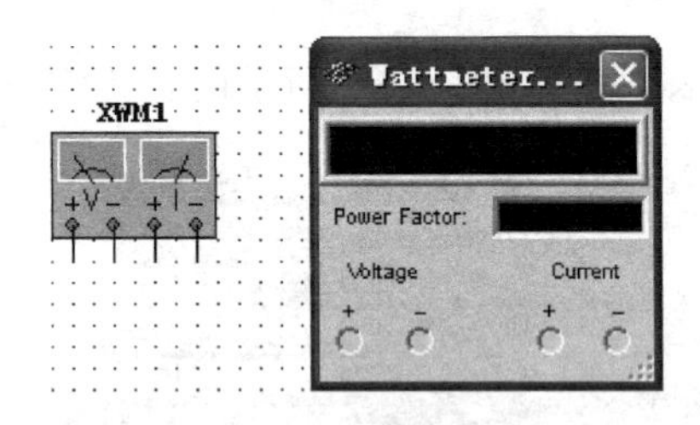

图 9-4-6 功率计图标和控制面板

如图 9-4-7 所示电路中,欲测量右侧支路(C1、L1、R2 构成的支路)的功率及功率因数,将功率表的电压测量线路并接在支路两端,电流测量线路串接在支路中,按下仿真开关,即可测量出支路所消耗的功率及功率因数。

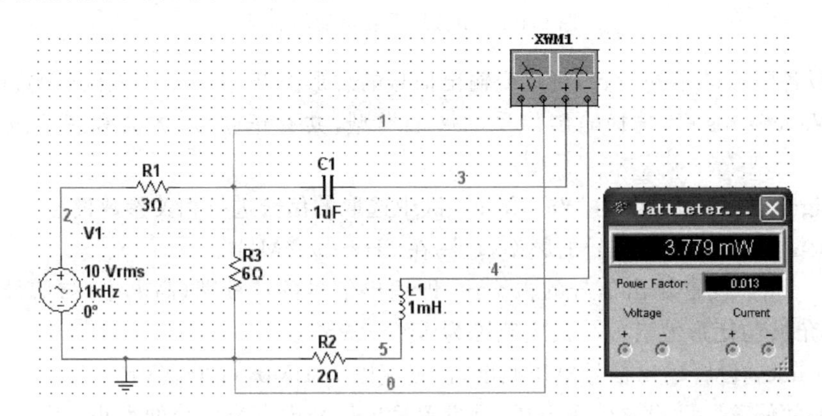

图 9-4-7 功率计应用电路

9.4.4 双通道示波器

示波器(Oscilloscope)用来观察信号波形及测量信号幅度、频率及周期等参数。单击仪表工具栏上按钮,即可调出示波器,图 9-4-8 是示波器的图标及应用电路。XSC1 是一个双踪示波器,有 A、B 两个通道,该虚拟示波器与实际示波器的连接方式类似,但有两点区别要注意:①两通道 A、B 可以只用一根线与被测点连线,测量的是该点与地之间的波形,即接地端可以悬空(前提条件是电路中已有接地符号);②可以将示波器每个通道的+和-端分别接在某两点上,则示波器测量的是这两点之间的波形。

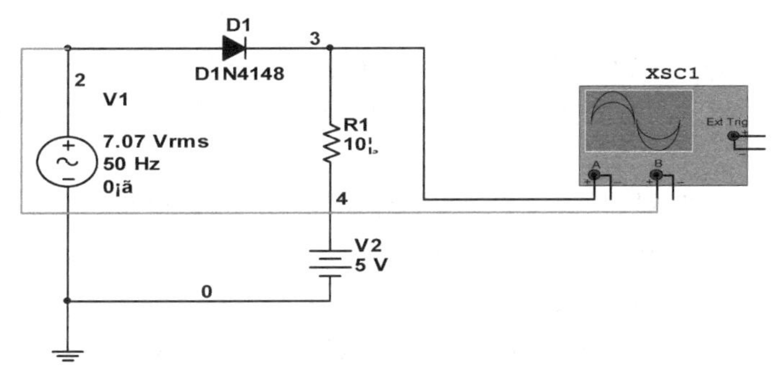

图 9-4-8 示波器的图标及应用电路

双击示波器图标打开控制面板,如图 9-4-9 所示,其常用操作介绍如下。

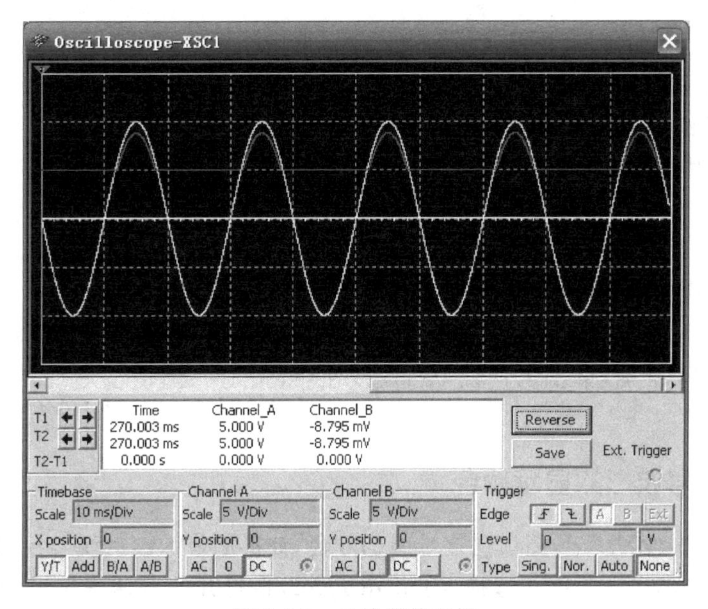

图 9-4-9 示波器的面板

1. 控制面板

(1) Timebase 区,用来设置 X 轴方向时间基线扫描时间。

Scale:选择 X 轴方向每一个刻度代表的时间。单击该栏后将出现刻度翻转列表,根据所测信号频率的高低,上下翻转选择适当的值。

position:表示 X 轴方向时间基线的起始位置,修改其设置可使时间基线左右移动。

Y/T:Y 轴方向显示 A、B 两通道的输入信号,相当于真实示波器的 CHOP 双通道模式。X 轴方向显示时间基线,并按设置时间进行扫描。

B/A:表示将 A 通道信号作为 X 轴扫描信号,将 B 通道信号施加在 Y 轴上,相当于真实示波器的 X-Y 模式。

A/B：与 B/A 相反。

Add：表示 X 轴按设置时间进行扫描，而 Y 轴方向显示 A、B 通道输入信号的和。

(2) Channel A 区，用来设置 Y 轴方向 A 通道输入信号的标度。

Scale：表示 Y 轴方向对 A 通道输入信号而言每格所表示的电压数值。单击该栏后将出现刻度翻转列表，根据所测信号电压的大小，上下翻转选择适当的值。

Y position：表示时间基线在显示屏幕中的上下位置。其值大于零，时间基线在屏幕上侧，反之在下侧。

AC：表示屏幕仅显示输入信号中的交变分量(相当于实际电路中加入隔直电容)。

DC：表示屏幕将信号的交直流分量全部显示。

0：表示将输入信号对地短接。

(3) Channel B 区，用来设置 Y 轴方向 B 通道输入信号的标度，其设置与 Channel A 区相同。

2. 测量数据

在显示屏幕下方的测量数据显示区中显示了两个波形的测量数据，共 3 列，每列从上到下的 3 个数据分别是：

Time：1 号读数指针离开屏幕最左端(时基线零点)所对应的时间、2 号读数指针离开屏幕最左端(时基线零点)所对应的时间、两个时间之差，时间单位取决于 Timebase 所设置的时间单位。

Channel_A：1 号读数指针所指通道 A 的信号幅度值、通道 B 的信号幅度值、两个幅度之差，其值为电路中测量点的实际值，与 X、Y 轴的 Scale 设置值无关。

Channel_B 与 A 相同。

为了测量方便准确，单击工具栏 Pause 按钮(或按 F6 键)使波形“冻结”，然后再测量更好。

3. 设置信号波形的显示颜色

只要在电路中设置 A、B 通道连接导线的颜色，波形的显示颜色便与导线颜色相同。方法是右击连接导线，快捷菜单中选择 segment color，在打开的对话框中设置导线颜色即可(注意：若处于仿真运行状态，要停止运行才能进行修改)。

9.4.5 波特图示仪

波特图示仪(Bode Plotter)用来测量电路的幅频特性和相频特性。单击仪器仪表工具栏按钮，即可调出波特图示仪的图标，双击波特图示仪打开其显示和设置面板，如图 9-4-10 所示。面板的左边是频率响应曲线显示窗口，右边是控制按钮，具体功能如下。

Mode 栏选择观察模式，选择 Magnitude 显示幅频特性曲线，Phase 显示相频特性曲线。

Horizontal 栏设置横轴(频率)的标尺刻度类型，Lin 表示横轴的频率变化是线性的，Log 表示频率变化是对数的，采用对数方式可以在更宽的频率范围内观察频率响应；I 为所观测频率范围的起始值，F 为终止值，单位有 μHz、mHz、kHz、MHz、GHz、THz。

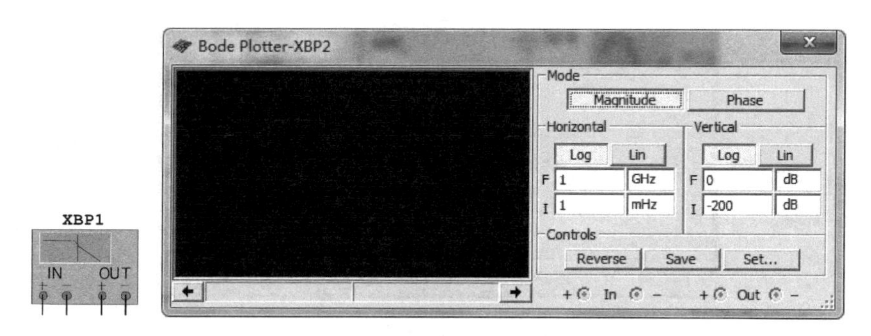

图 9-4-10　波特图示仪的图标及面板

Vertical栏设置纵轴(幅度或者相位)的标尺刻度类型,与水平设置类似,不再赘述。纵轴一般采用对数方式,对应的单位是dB(分贝),以便在更宽的频率范围内观察频率响应。

Controls栏:Reverse用于反转背景颜色。Save用于保存。Set用于设置分辨率。

波特图示仪有四个端子,两个输入端子(IN)和两个输出端子(OUT)。前者接电路输入端的正负极,后者接输出端的正负极。图9-4-11所示为测量滤波器频率特性的应用中,波特图示仪的连接方法。

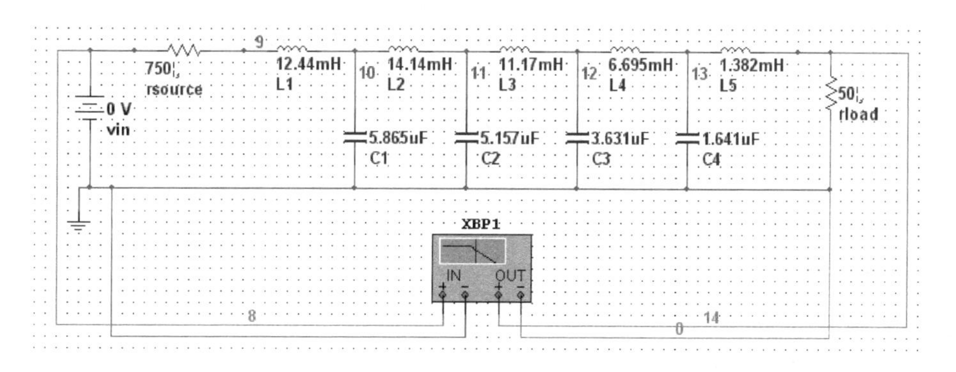

图 9-4-11　波特图示仪连接方法

控制面板模式选择Magnitude,对横轴和纵轴适当设置,得到幅频特性如图9-4-12。

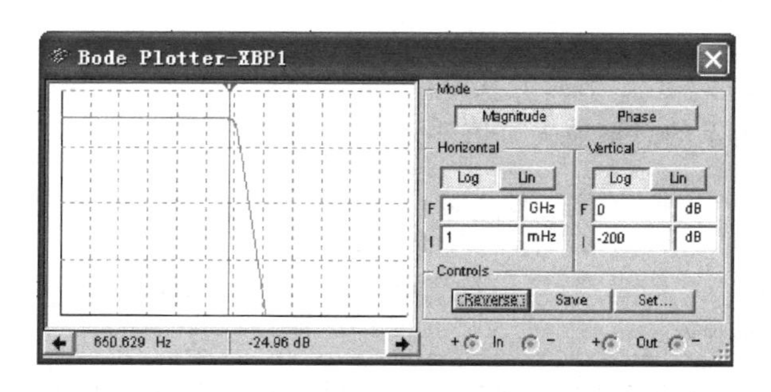

图 9-4-12　幅频特性曲线

控制面板模式选择Phase,对横轴和纵轴适当设置,得到相频特性如图9-4-13。

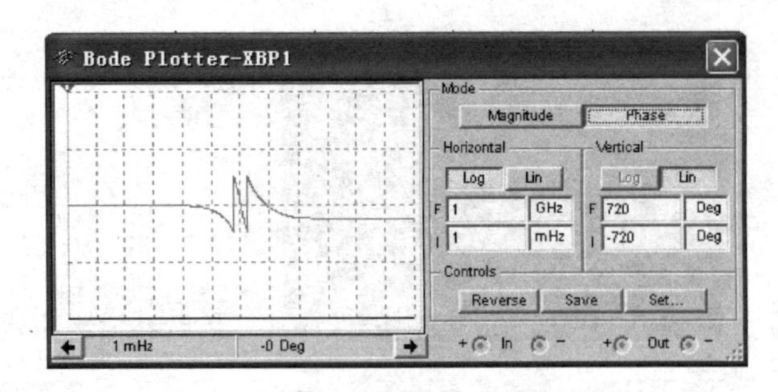

图 9-4-13　相频特性曲线

9.4.6　失真分析仪

失真分析仪(Distortion Analyzer)用来测量电路的信号失真程度及信噪比，Multisim 10 提供的失真分析仪频率范围为 20Hz～20kHz。失真分析仪的图标及面板如图 9-4-14 所示。

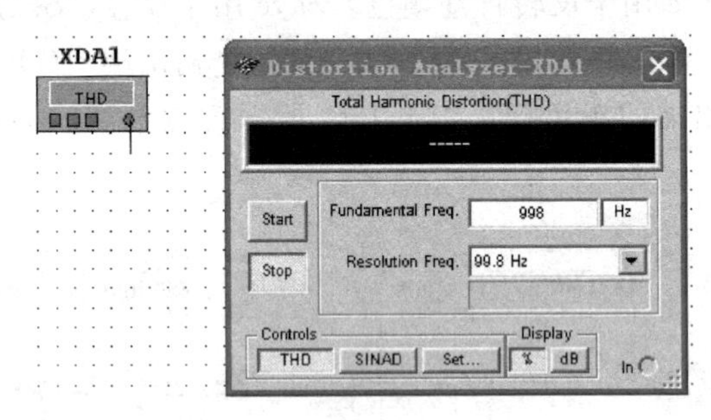

图 9-4-14　失真分析仪图标及面板

1. 面板功能

Controls(控制)栏：

THD 显示总谐波失真的百分比，实际应用中，THD 一般应控制在 5%～10%以内；

SINAD 显示输出的信噪比，即信号与噪声之比；

Set 设置测试参数。

Display(显示)栏：

%显示用百分比表示的总谐波失真值；

dB 显示用分贝表示的总谐波失真值。

2. 电路连接

失真分析仪只有一个接线端，接于被测电路的输出端即可。图 9-4-15 所示为测量放大电路输出信号失真的线路连接。

双击示波器和失真分析仪图标，将它们的面板打开。再打开仿真开关，示波器显示输入和输出信号波形，失真分析仪显示总谐波失真的百分比，如图 9-4-16 所示。可以按需要自行设置失真分析仪面板显示结果。

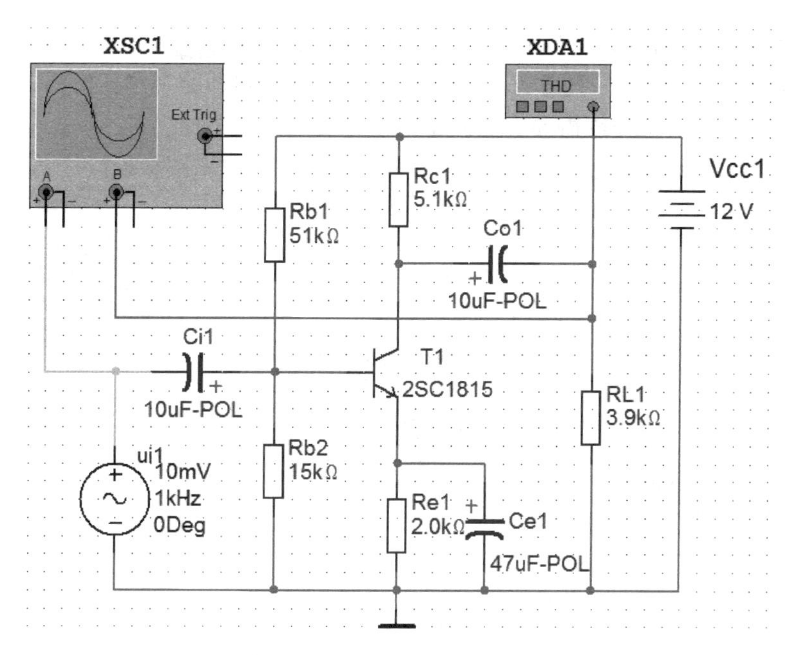

图 9-4-15 失真分析仪线路连接

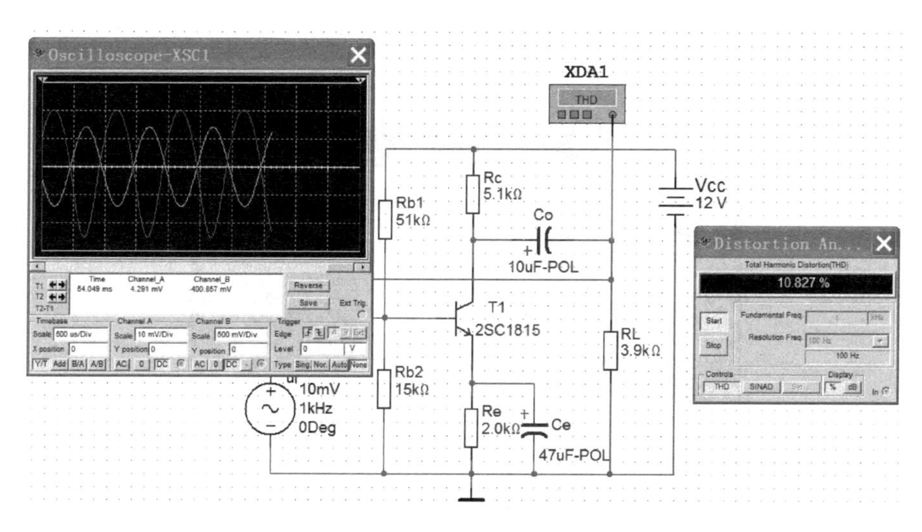

图 9-4-16 失真仪测量结果

9.4.7 实时测量探针

测量探针是 Multisim 提供的最为便捷的虚拟仪器，只需将其拖放至被测支路，就可以实时测量各种电信息。测量探针的测量结果是根据电路理论计算得出的，因此不对电路产生任何影响，真实世界中这种仪器是不存在的。实时测量探针（Dynamic Measurement Probe）的功能是测量某点的电压、频率等参数，电流检测探针（Current detection probe）测量某点的电流。

测量探针属于实时测量工具，即只能在电路仿真运行状态使用。在电路仿真运行时，将测量探针移动到三极管集电极，如图 9-4-17 所示，即出现一个测试数据框，显示出探针放置支路的测量数据，自上而下依次为：瞬时电压 V、峰峰值电压 V(p-p)、有效值电压 V(rms)、直流电电压 V(dc)、频率 Freq。使用实时探针能够即时观测任意点对地的电位，不需要调用仪表，在故障排查等需要多点测量的场合尤其灵活方便。

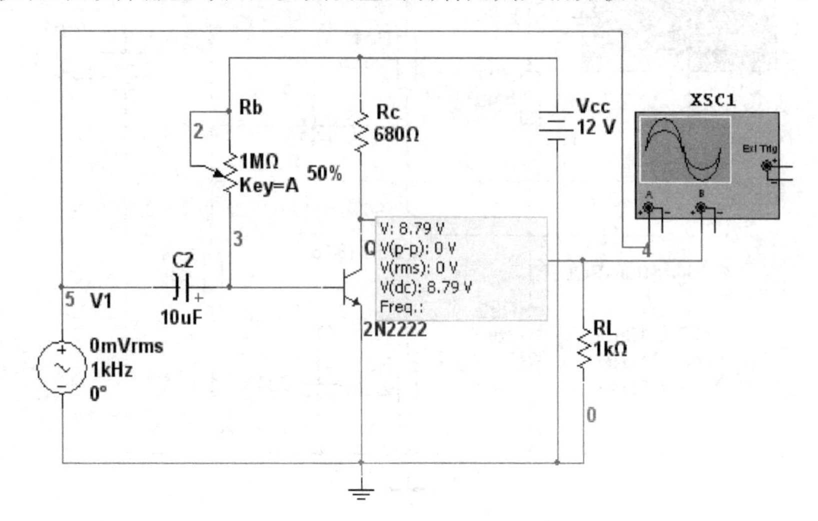

图 9-4-17 实时探针测量数据

探针属性可通过在右键快捷菜单 Probe properties 命令打开 Probe Properties（探针属性）对话框进行设置，如图 9-4-18 所示。

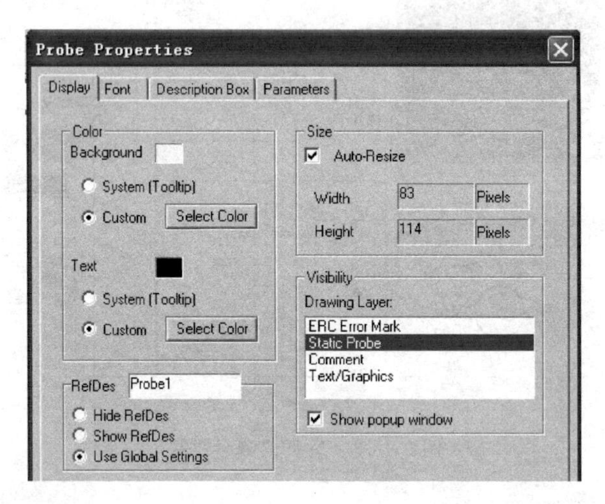

图 9-4-18 “探针属性”对话框

9.4.8 其他虚拟仪器

字信号发生器(Word Generator)是能产生 16 路（位）同步逻辑信号的一个多路逻辑信号源，用于对数字逻辑电路进行测试。

逻辑分析仪(Logic Analyzer)用于对数字逻辑信号的高速采集和时序分析，可以同步记录和显示 16 路数字信号。

频谱分析仪(Spectrum Analyzer)用来分析信号的频域特性，Multisim 提供的频谱分析仪频率范围上限为 4GHz。

网络分析仪(Network Analyzer)用来分析双端口网络,它可以测量衰减器、放大器、混频器、功率分配器等电子电路及元件的特性。Multisim 提供的网络分析仪可以测量电路的 S 参数并计算出 H、Y、Z 参数。

IV(电流/电压)分析仪用来分析二极管、PNP 型和 NPN 型晶体管、PMOS 和 CMOS FET 的 IV 特性(注意:IV 分析仪只能测量未连接到电路中的元器件)。

9.5 Multisim 10 的分析功能

实际应用中除对电路进行数据测试外,还需研究某项参数对电路工作指标的影响,如温度对电路性能的影响、元器件精度对电路性能的影响等,这些都需要通过仿真分析来完成。

Multisim 为仿真电路提供了两种分析方法,不仅可以利用其提供的仪表建立虚拟电子工作平台,进行数据测量;还可以利用其提供的分析功能,对电路的各种性能进行仿真分析。Multisim 10 具有强大的电路分析功能,可进行静态工作点分析、直流扫描分析、交流频率分析、暂态分析、噪声分析和傅里叶分析等 6 项基础分析,以及失真度、灵敏度、参数扫描、温度扫描、转移函数和蒙特卡罗分析、零极点分析、批处理分析、最坏情况分析等 9 项高级分析,以帮助设计人员分析电路的性能。

选择菜单 Simulate→Analysis,弹出电路分析菜单,列出所有可操作的分析类型如图 9-5-1 所示。

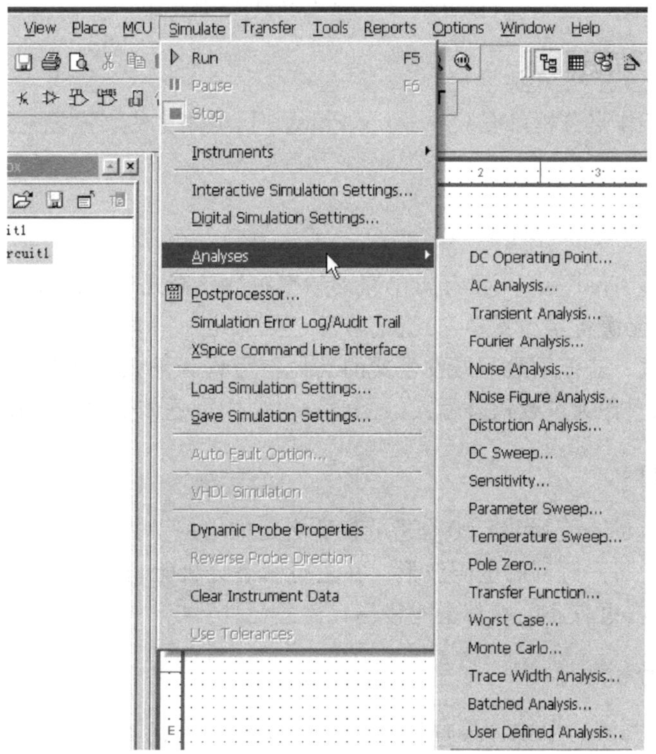

图 9-5-1　电路分析菜单

表 9-5-1 将各种分析方法分成六大类并概括各种方法的作用。

表 9-5-1 各种电路分析方法的功能

基本分析	直流工作点分析	确定电路静态工作点
	交流分析	分析线性电路的频率响应
	瞬态分析	分析时域响应
	傅里叶分析	分析复杂周期波形
噪声和失真分析	噪声分析	噪声对电路性能的影响
	噪声系数分析	元器件模型中噪声参数的影响
	失真分析	电路频率特性不理想导致的幅度和相位失真
扫描分析	直流扫描分析	电路在不同直流电源下的直流工作点
	参数扫描分析	不同参数下对电路进行多次仿真分析
	温度扫描分析	不同温度下对电路进行多次仿真分析
极零点和传递函数分析	极零点分析	计算传递函数的极零点，以确定电子电路的稳定性
	传递函数分析	交流小信号电路的传输比
灵敏度和容差分析	灵敏度分析	计算电路的输出变量对元器件参数的敏感程度
	最坏情况分析	元器件参数对电路性能产生的最坏影响的统计分析
	蒙特卡罗分析	给定电路元器件参数容差的统计分布规律情况下，研究元器件参数变化对电路性能影响的统计分析
其他分析	布线宽度分析	原理图转化为 PCB 板时需要确定连接导线的最小宽度
	批处理分析	顺序处理同一电路的多种分析，或同一分析的不同应用
	用户自定义分析	提供给用户扩充分析功能

以下对各种分析方法作简要介绍，模拟电路中比较常用的分析方法有直流工作点分析、交流分析等，其操作方法在后面章节结合具体电路作详细介绍。

1. 直流工作点分析

在进行直流工作点分析(DC Operating Point)时，电路中的交流源被置零，电容开路，电感短路。

2. 交流分析

交流分析(AC Analysis)用于分析电路的频率特性。需先选定被分析的电路节点，在分析时，电路中的直流源将自动置零，交流信号源、电容、电感等均处在交流模式，输入信号也设定为正弦波形式。若把函数信号发生器的其他信号作为输入激励信号，在进行交流频率分析时，会自动把它作为正弦信号输入。因此输出响应也是该电路交流频率的函数。

3. 瞬态分析

瞬态分析(Transient Analysis)是指分析所选定的电路节点的时域响应，即观察该节点在整个显示周期中每一时刻的电压波形。在进行瞬态分析时，直流电源保持常数，交流信号源随着时间而改变，电容和电感都是能量储存模式元件。

4. 傅里叶分析

傅里叶分析(Fourier Analysis)用于分析一个时域信号的直流分量、基频分量和谐波分量。即把被测节点处的时域变化信号作离散傅里叶变换，求出它的频域变化规律。在进行傅里叶分析时，必须首先选择被分析的节点，一般将电路中的交流激励源的频率设定为基频，若在电路中有几个交流源时，可以将基频设定在这些频率的最小公约数上。例如，有一个 10.5kHz 和一个 7kHz 的交流激励源信号，则基频可取 0.5kHz。

5. 噪声分析

噪声分析(Noise Analysis)用于检测电子线路输出信号的噪声功率幅度，用于计算、分析电阻或晶体管的噪声对电路的影响。在分析时，假定电路中各噪声源是互不相关的，因此它们的数值可以分开各自计算。总的噪声是各噪声在该节点的和(用有效值表示)。

6. 噪声系数分析

噪声系数分析(Noise Figure Analysis)主要用于研究元件模型中的噪声参数对电路的影响。在 Multisim 的噪声系数定义中，No 是输出噪声功率，Ns 是信号源电阻的热噪声，G 是电路的 AC 增益(即二端口网络的输出信号与输入信号的比)。噪声系数的单位是 dB，即 10log10(F)。

7. 失真分析

失真分析(Distortion Analysis)用于分析电子电路中的谐波失真和内部调制失真(互调失真)，通常非线性失真会导致谐波失真，而相位偏移会导致互调失真。若电路中有一个交流信号源，该分析能确定电路中每一个节点的二次谐波和三次谐波的复值。若电路有两个交流信号源，该分析能确定电路变量在三个不同频率处的复值：两个频率之和的值、两个频率之差的值以及二倍频与另一个频率的差值。该分析方法是对电路进行小信号的失真分析，采用多维 Volterra 分析法和多维泰勒(Taylor)级数来描述工作点处的非线性，级数要用到三次方项。这种分析方法尤其适合观察在瞬态分析中无法看到的、比较小的失真。

8. 直流扫描分析

直流扫描分析(DC Sweep)利用一个或两个直流电源分析电路中某一节点上的直流工作点的数值变化的情况(注意：如果电路中有数字器件，可将其当作一个大的接地电阻处理)。

9. 灵敏度分析

灵敏度分析(Sensitivity)是分析电路特性对电路中元器件参数的敏感程度。灵敏度分析包括直流灵敏度分析和交流灵敏度分析功能。直流灵敏度分析的仿真结果以数值的形式显示，交流灵敏度分析仿真的结果以曲线的形式显示。

10. 参数扫描分析

参数扫描分析(Parameter Sweep)采用参数扫描方法分析电路，可以较快地获得某个元件参数在一定范围内变化时对电路的影响。相当于该元件每次取不同的值，进行多次仿真。对于数字器件，在进行参数扫描分析时将被视为高阻接地。

11. 温度扫描分析

温度扫描分析(Temperature Sweep)可以同时观察到在不同温度条件下的电路特性，相当于该元件每次取不同的温度值进行多次仿真。可以通过“温度扫描分析”对话框，选择被分析元件温度的起始值、终值和增量值。在进行其他分析的时候，电路的仿真温度默认值设定在 27℃。

12. 零-极点分析

零-极点分析(Pole Zero)是一种对电路的稳定性分析相当有用的工具。该分析方法可以用于交流小信号电路传递函数中零点和极点的分析。通常先进行直流工作点分析，对非线性器件求得线性化的小信号模型。在此基础上再分析传输函数的零、极点。零极点分析主要用于模拟小信号电路的分析，对数字器件将被视为高阻接地。

13. 传递函数分析

传递函数分析(Transfer Function)可以分析一个源与两个节点的输出电压，或一个源与一个电流输出变量之间的直流小信号传递函数。也可以用于计算输入和输出阻抗。需先对模拟电路或非线性器件进行直流工作点分析，求得线性化的模型，然后再进行小信号分析。输出变量可以是电路中的节点电压，输入必须是独立源。

14. 最坏情况分析

最坏情况分析(Worst Case)是一种统计分析方法，可以观察到在元件参数变化时，电路特性变化的最坏可能性。适合于对模拟电路直流和小信号电路的分析。所谓最坏情况是指电路中的元件参数在其容差域边界点上取某种组合时所引起的电路性能的最大偏差，而最坏情况分析是在给定电路元件参数容差的情况下，估算出电路性能相对于标称值时的最大偏差。

15. 蒙特卡罗

蒙特卡罗(Monte Carlo)采用统计分析方法来观察给定电路中的元件参数，按选定的误差分布类型在一定的范围内变化时，对电路特性的影响。用这些分析的结果，可以预测电路在批量生产时的成品率和生产成本。

16. 导线宽度分析

导线宽度分析(Trace Width)主要用于原理图转化为 PCB 板时，确定电路中电流流过时所需要的最小导线宽度。

17. 批处理分析

在实际电路分析中，通常需要对同一个电路进行多种分析，例如对一个放大电路，为了确定静态工作点，需要进行直流工作点分析；为了了解其频率特性，需要进行交流分析；为了观察输出波形，需要进行瞬态分析。批处理分析(Batched)可以将不同的分析功能放在一起依序执行。

9.6 建立一个仿真电路

本节以图 9-6-1 所示的基本共射极放大电路为例，演示用 Multisim 10 软件建立仿真电路的步骤和方法，并在后面综合实例中继续对该电路进行各种测量和仿真分析。

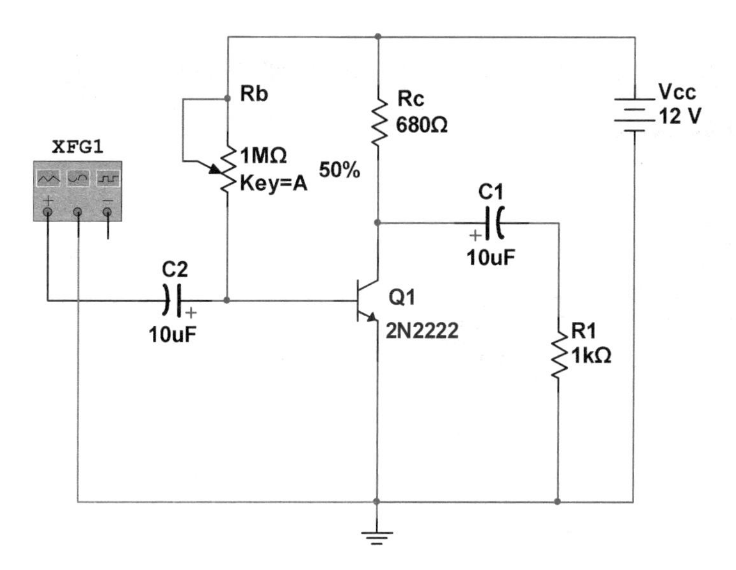

图 9-6-1 基本共射极放大电路

9.6.1 建立电路文件

运行 Multisim 10，它会自动打开一个空白电路文件，或选择菜单 File→New→Schematic Capture 命令，即可创建一个空白电路文件，选择菜单 File→Save 命令，以"基本共射放大电路.ms10"为名保存。

保存时应注意两个问题：一是文件名应当具有可读性，即文件名能体现电路功能，以便看到文件名就知道其功能；二是首先保存新建电路以防止系统故障或突然停电丢失数据，并养成随时保存的习惯(按 Ctrl+S 组合键)。

9.6.2 元器件调用

实际元件库工具栏如图 9-6-2，从各元件库中选择调用所需元件。

图 9-6-2 实际元件库工具栏

1. 添加三极管

在实际元件库工具栏中单击 打开三极管库，如图 9-6-3 所示，选择一个 NPN 管，如选择 2N2222 型号，选择 BJT_NPN→2N2222，单击 OK 按钮，三极管随鼠标移动，单击将其放到工作区合适位置。

可以查看所选器件的模型参数以确定是否符合设计需求。在工作区中选中三极管，选择菜单 Edit→Properties 命令或直接双击三极管符号，即弹出该元器件的特性对话框，如图 9-6-4 所示。

在 Value 选项卡下，单击 Edit Model 按钮，即可查看三极管具体的模型参数，如图 9-6-5 所示。若所选器件的某些参数不满足设计要求，也可以对模型参数进行修改。假设欲将 beta 修改为 200，在 BF 行的 Value 栏双击修改数值为 200，单击 Restore 保存即可。

以下列出三极管模型一些常用参数的含义，更详尽的参数可借助 HELP 功能。

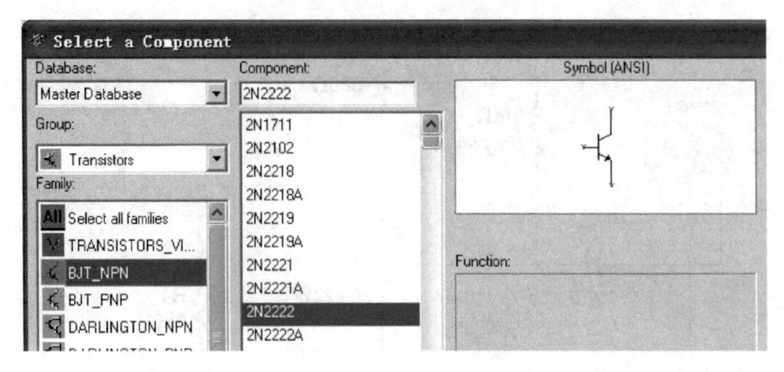

图 9-6-3 选择三极管

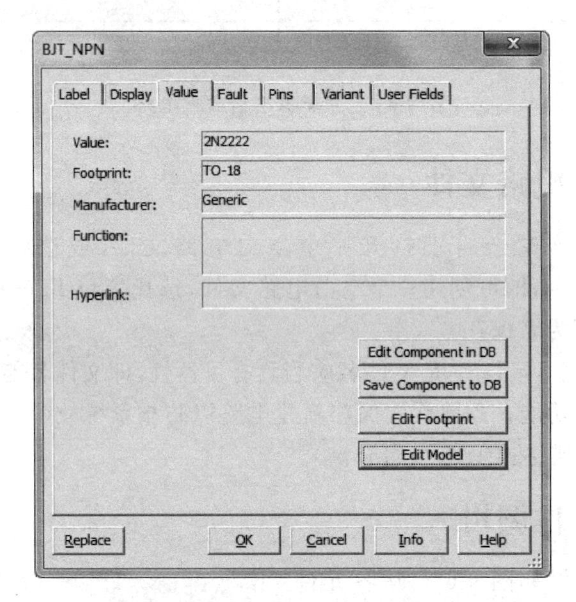

图 9-6-4 “三极管特性”对话框

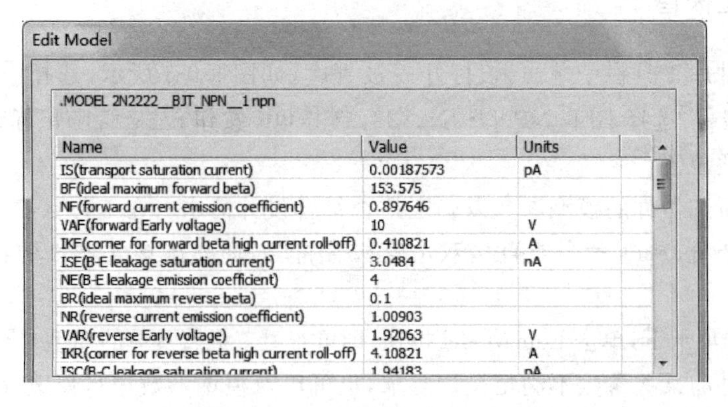

图 9-6-5 “三极管模型参数”对话框

IS——反向饱和电流。

BF——理想正向电流放大系数，即 β。

VAF——正向欧拉电压。

IKF——正向 BETA 大电流时的滑动拐点。

ISE——B-E 极间的泄漏饱和电流。

NE——B-E 极间的泄漏饱和发射系数。

BR——理想反向电流放大系数。

IKR——反向 BETA。

2. 添加直流电源和地

单击 打开信号源库，如图 9-6-6 所示，选择 POWER_SOURCES→DC_POWER，单击 OK 按钮，单击将元件放到工作区合适位置。

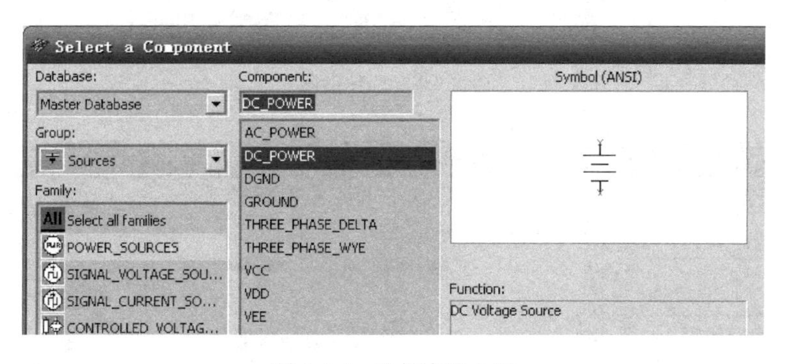

图 9-6-6 选择直流电源

电源默认值为 12V，在工作区中双击电源符号打开对话框，单击 Label 选项卡，修改电源名称为 Vcc，也可以单击 Value 选项卡修改电源值，如图 9-6-7 所示。

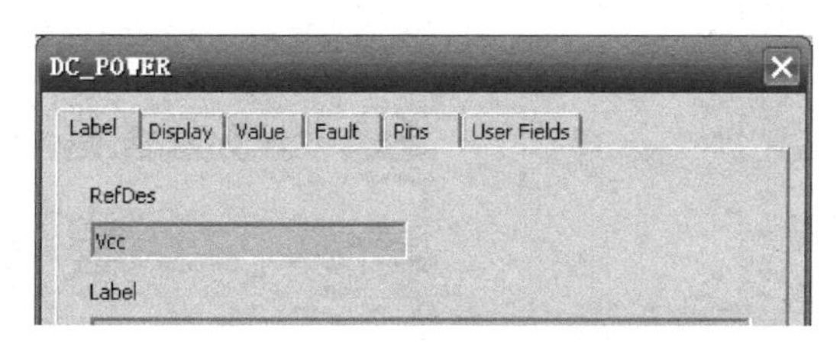

图 9-6-7 “修改电源”对话框

Multisim 10 电路图中必须有接地符号，绘制电路图时要注意。从信号源库中选择 POWER_SOURCES→GROUND，添加到工作区中合适位置。

3. 添加电阻

添加电阻 Rb 和 Rc。单击 打开基本元件库，如图 9-6-8 所示，选择 RESISTOR→680，单击 OK 按钮，放置到工作区，右击电阻符号弹出菜单，选择 90Clockwise 将电阻旋转 90°，并将其改名为 Rc。为了调节阻值方便，Rb 采用滑动电位器，即基本元件库中的 POTENTIOMETER，阻值可选取 1k，如图 9-6-9，改名为 Rb。

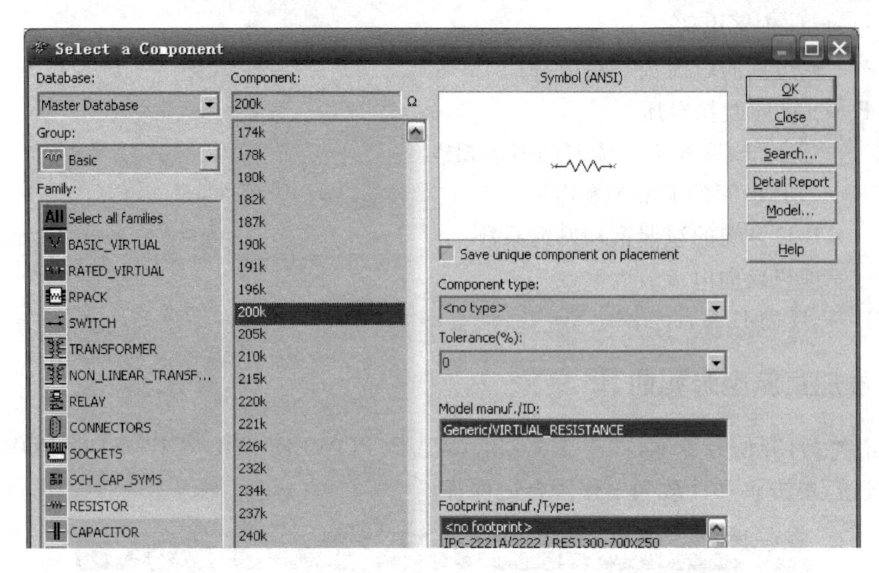

图 9-6-8 选择电阻

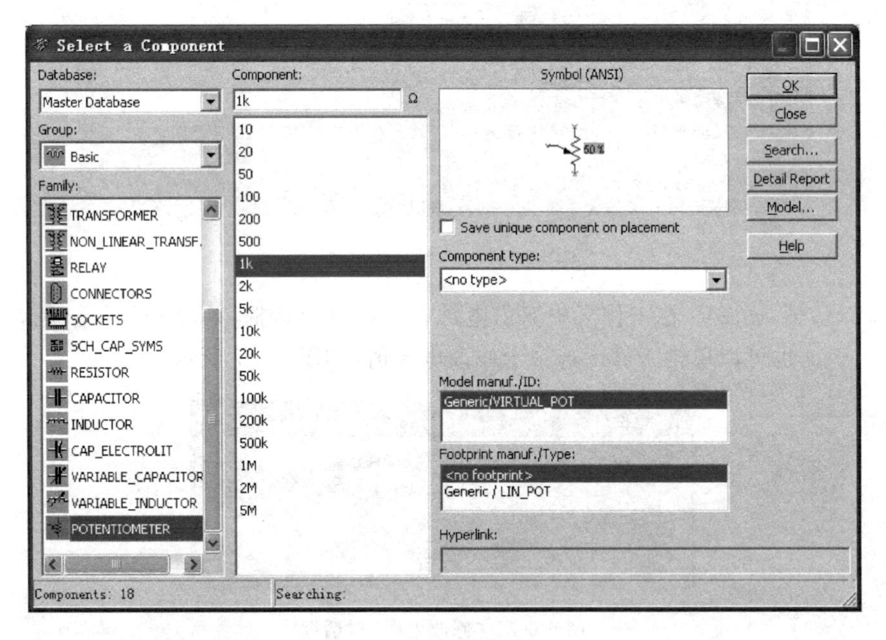

图 9-6-9 选择电位器

4. 添加电容

因要使用的电容值比较大，所以应选择电解电容。在基本元件库中选择 CAP_ELECTROLIT→10μ，放到合适位置。共添加 2 个电解电容，可在右键快捷菜单中选择 Flip Horizontal(水平旋转)调整其方向。

5. 添加交流信号源

输入交流小信号可由仪表提供，也可由电源库中的交流信号源提供，此处采用仪表。在工作区右侧的仪表栏中单击信号发生器按钮，放置到工作区中合适位置。

9.6.3 连接电路

Multisim 10 有自动、手动和混合三种连线方式。自动连线选择引脚间最好的路径自动完成连线，可以避免连线重叠；手工连线要求用户控制连线路径。

自动连线：将鼠标指向所要连接的元件引脚上，鼠标指针就会变成带十字圆点状，分别单击要连接的两个引脚，即可自动完成连线。

手动连线：将鼠标指向所要连接的元件引脚上，鼠标指针就会变成带十字圆点状，单击并移动鼠标，即可拉出一条虚线；如要在某点转弯，则在转弯处单击一下，然后继续连线。到终点后单击鼠标即自动产生红色连线。

当连线比较复杂时，可将两种方式结合使用，先用自动连线操作，然后再对不满意的连线进行修改。先选中欲修改的连线，可看到连线的中间及拐弯处将出现小方块，此时鼠标也将变成双向的箭头，用鼠标左键选中连线并拖动就可以调整连线的走向及位置。导线移动、删除、粘贴等均与元件操作类似，将鼠标箭头指向要选中的导线，单击鼠标左键，出现选中导线的多个小方块，即可对其进行各种操作。

采用手动连线，按照图 9-6-1 依次完成电路连接。

9.7 放大电路参数测量项目一

本实例用 Multisim 10 对基本共射极放大电路进行各种仿真分析，主要测量项目包括静态工作点的测量、交流信号的观测、信号失真的观测、截止频率及带宽（幅频响应）测量等。

Multisim 10 提供了两种电路分析方法，一种是虚拟仪表测量，另一种是仿真分析。很多测量任务既可以通过仿真分析来完成，也可以利用虚拟仪器测量来实现。本节涉及的测量项目大多同时介绍了两种方法，实际应用中可以根据情况灵活选择。通过本实例可以练习 Multisim 10 中一些常用仪器的使用方法，包括万用表、实时测量探针、信号发生器、示波器、波特图示仪等；还可以掌握各种常用的仿真分析方法，包括直流工作点分析、交流分析等。

9.7.1 绘制电路

新建仿真文件，绘制如图 9-6-1 所示共射极放大电路。

9.7.2 直流工作点分析

直流工作点也称静态工作点，电路的直流分析是在电路中电容开路、电感短路的条件下，计算电路的直流工作点。

在电路工作时，无论是大信号还是小信号，都必须给半导体器件以正确的偏置，以便使其工作在所需的区域，这就是直流分析要解决的问题。放大电路的静态工作点位置不合适，会导致输出波形产生失真，当静态工作点偏低时，接近截止区，交流量在截止区不能放大，使输出电压波形正半周被削顶，产生截止失真；当静态工作点偏高时，接近饱和区，交流量在饱和区不能放大，使输出电压波形负半周被削底，产生饱和失真。因此，要保证放大电路不产生失真，必须有一个合适的静态工作点 Q，它应大致选在交流负载线的中点。此外，输入信号的幅值不能太大，以避免超过三极管的线性范围。

综上，只有了解电路的直流工作点，才能进一步分析电路在交流信号作用下能否正常工作，因此求解电路的直流工作点在电路分析中是至关重要的。Multisim 10 静态工作点的确定可以采用两种方法，一是仪表测量，二是直流分析，以下分别进行介绍。

方法一：仪表测量

1）添加仪表

测量静态电压可以使用数字万用表，在工作区右侧的仪表栏中单击万用表按钮，将其放置到工作区中合适位置，连接线路得到电路如图 9-7-1 所示。

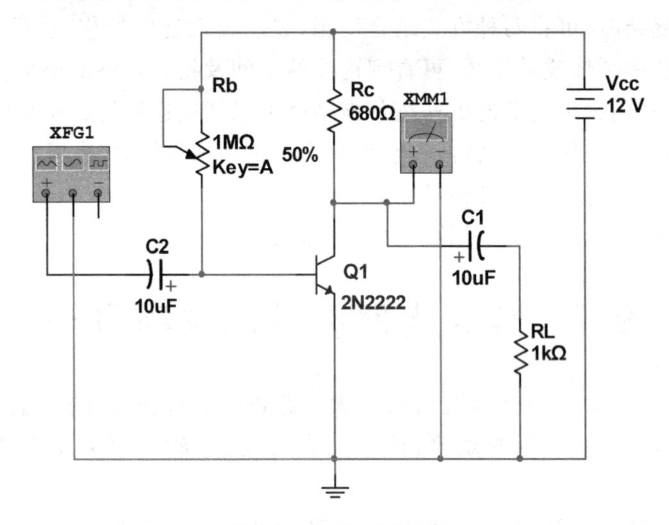

图 9-7-1　添加万用表

2）直流分析

首先将交流信号置 0：双击信号发生器打开控制面板，设置幅度 Amplitude 为 0，会跳变为 1fVp，如图 9-7-2，表示交流信号非常微小，即无交流信号输入；双击万用表打开面板如图 9-7-3 所示，选择电压挡、直流以便测量静态工作点。单击仿真开关对电路进行仿真，观察电压表上集电极和发射极之间电压 U_{CE} 的初始值是否合适。

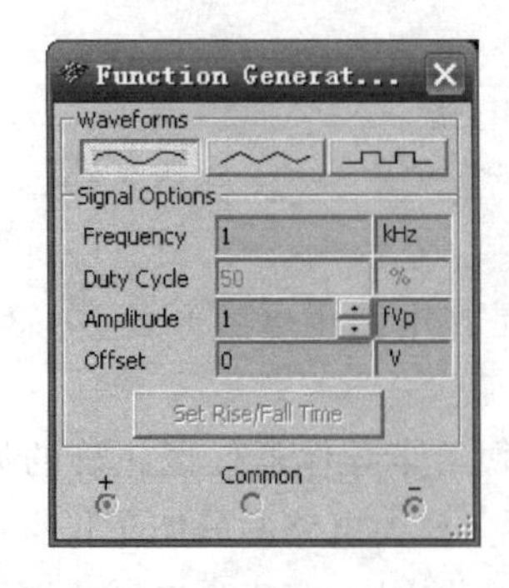

图 9-7-2　信号发生器面板

图 9-7-3　万用表面板

测量直流电压也可用电压表,使用方法与数字万用表类似。或者不添加任何仪表,直接用实时测量探针来测量,更加方便。具体方法为:单击仿真按钮使电路处于仿真运行状态,在仪表工具栏单击实时探针 ,将探针放在集电极,如图 9-7-4 所示,即可测得集电极对地电位 U_C 为 8.79V。由于发射极接地,电位为 0,所以 U_{CE} 即等于 U_C。

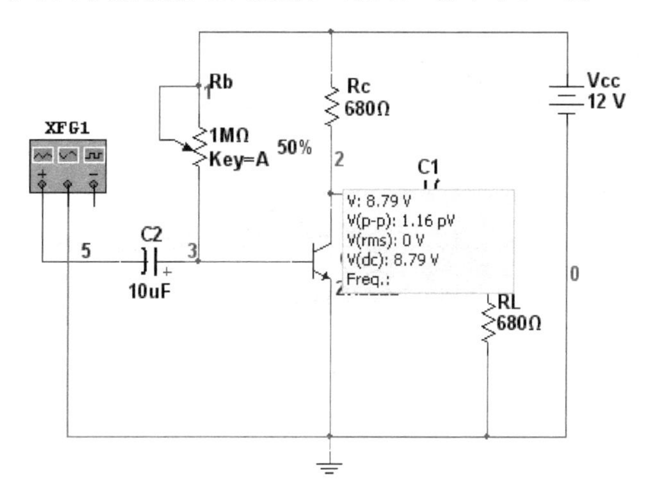

图 9-7-4 实时探针测量电压

若 U_{CE} 值不合适,可调整 Rb 使 U_{CE} 为 Vcc 的一半即 6V 左右,即静态工作点处于直流负载线的中点附近。调整 U_{CE} 一般可按以下步骤进行。

根据 U_{CE} 与 Rb 的关系,若 U_{CE} 偏大欲调小,应调小 Rb,反之应调大 Rb。可以测量射结电压 U_{CE} 是否为 0.7V 左右,据此判断三极管的工作状态:若 U_{CE} 是 0.7V 左右,可确定晶体管射结导通,此时若集射之间电压 U_{CE} 接近于 0,则说明三极管处于饱和状态,即由于基极电流过大导致管子进入饱和区,为使管子进入放大区,可将电阻 Rb 调大,从而降低基极电流,直至 U_{CE} 为合适的数值;若 U_{CE} 不是 0.7V 左右,则可能电路连接有误,检查电路连接,尤其要注意检查连线的实交叉和虚交叉,实交叉在线交叉处有一个实心点,表示两条线是连接的,而虚交叉没有实心点,没有连接关系。

记录测量数据,填写表 9-7-1。

表 9-7-1 数据测试分析记录表

初始值		调整值	
U_{CE}/V	Rb/Ω	U_{CE}/V	Rb/Ω
		6	

方法二:直流分析

1) 添加交流信号源

采用虚拟仪表测量时,交流信号的产生采用信号发生器或交流信号源均可,但直流分析时,输入信号不能用仪表,只能用交流信号源,否则分析结果是错误的,因此须将信号发生器替换为交流信号源。打开电源库,如图 9-7-5 所示,选择 POWER_SOURCES→AC_POWER 放置到工作区。

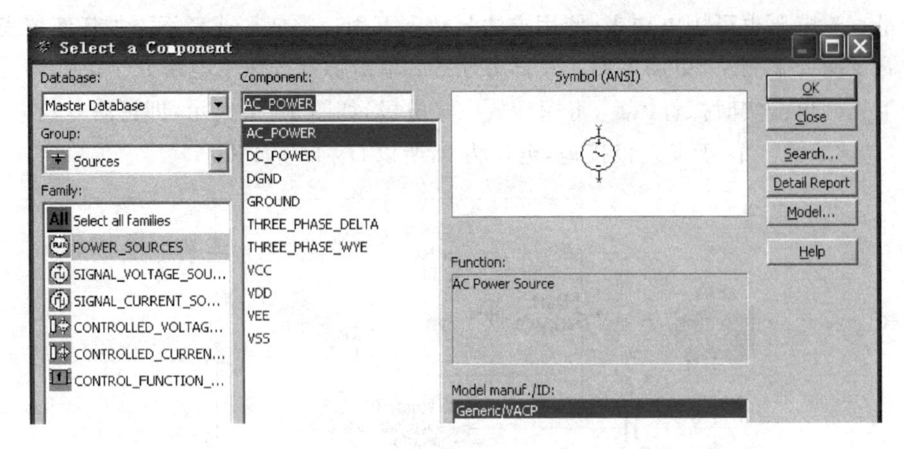

图 9-7-5 选择交流信号源

将信号发生器替换为交流信号源，得到如图 9-7-6 所示电路。

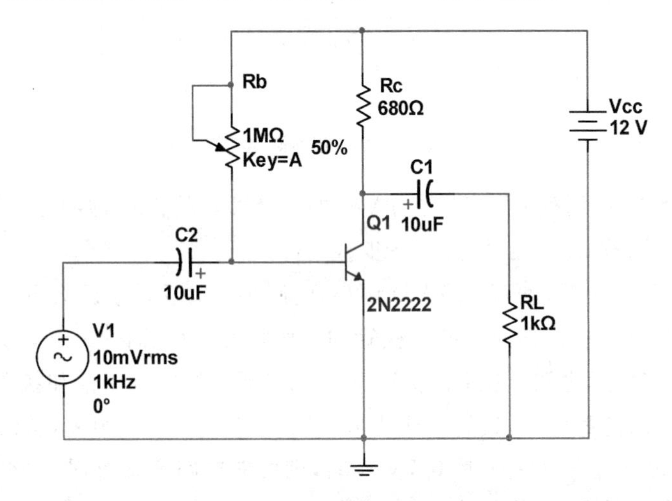

图 9-7-6 交流信号源作为输入

双击交流信号源打开参数修改对话框，在 Value 选项卡将幅度设置为 10mV，频率设置为 1kHz，如图 9-7-7 所示。实际上直流分析时交流信号源被置零，故此处交流信号源的数值为多少并没有太大影响，修改数值是为后续测量任务作准备。

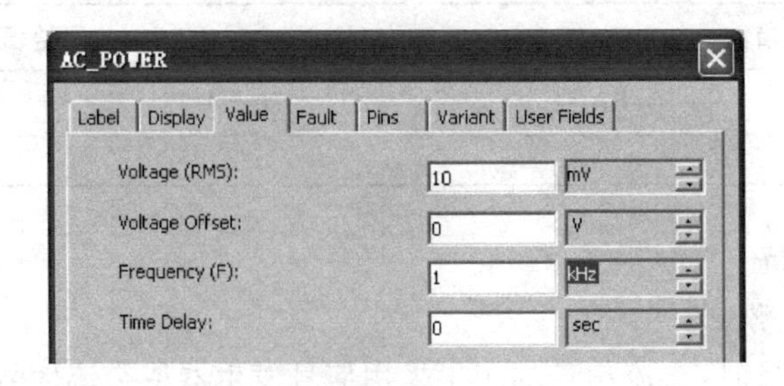

图 9-7-7 修改交流信号源参数

2）直流分析

显示节点编号。若电路图中未显示节点编号，则选择菜单 Options→Sheet Properties

命令，打开表单属性对话框，如图 9-7-8 所示。

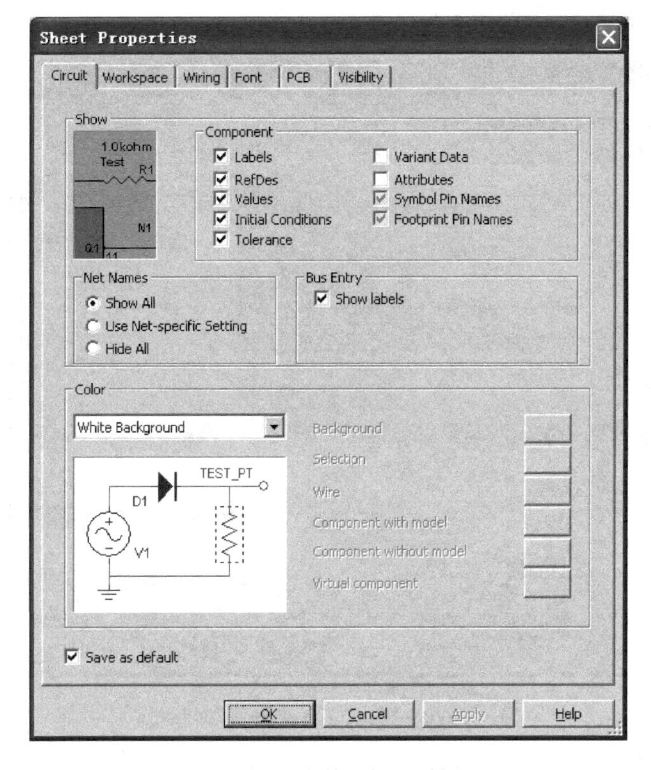

图 9-7-8 表单属性对话框

在 Circuit 选项卡的 Net Names 设置节点属性，选择 Show All，则电路中的各个节点便出现编号，如图 9-7-9 所示。

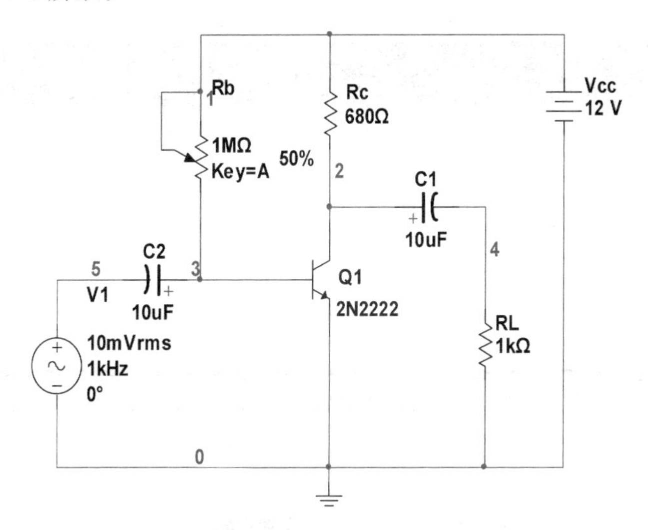

图 9-7-9 显示节点标号

选择菜单 Simulate→Analyses，在列出的可操作分析类型中选择 DC Operating Point，则出现“直流工作点分析”对话框，如图 9-7-10 所示，在 Output 页设置仿真分析节点，根据电路图中的节点标号可知U_{EQ}为零电位，U_{BQ}、U_{CQ}分别对应3、2节点，因此选择V(3)、V(2)两项，单击Add按钮，将这两点作为仿真分析节点。

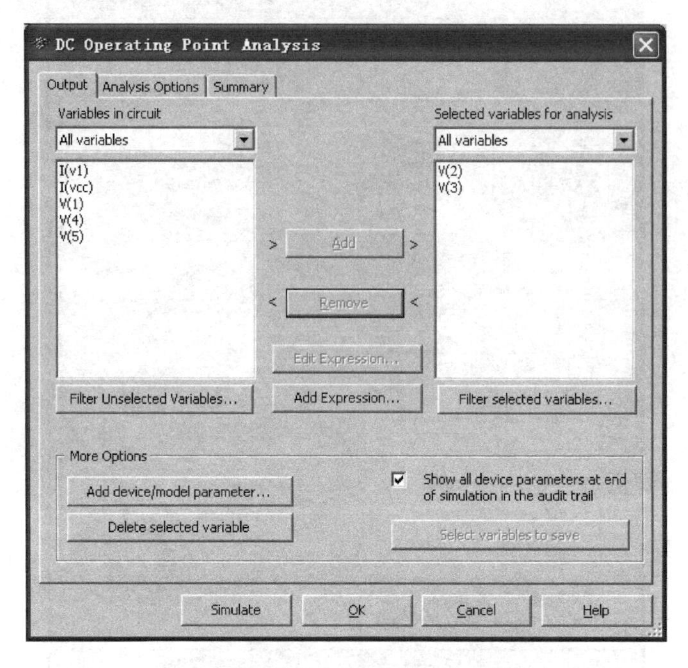

图 9-7-10　“直流工作点分析”对话框

单击Simulate按钮进行直流工作点仿真分析，在Analysis Graph中，显示出所有待分析节点对地的电位，如图9-7-11所示，即$U_{BQ}=0.65\text{V}$，$U_{CQ}=8.79\text{V}$，与仪表测量结果是一致的。

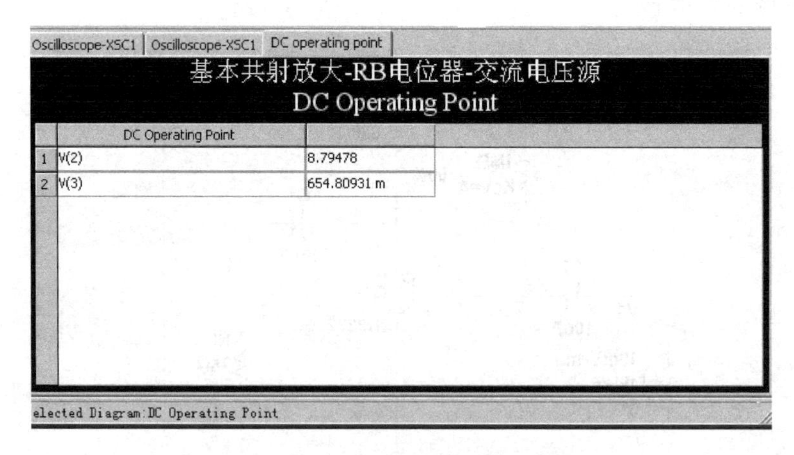

图 9-7-11　直流工作点分析结果

9.7.3　交流信号观测及电压增益测量

本项目可以采用两种方法，示波器测量和瞬态分析。瞬态分析是指对电路节点进行时域响应分析，选择菜单Simulate→Analyses中的Transient Analysis命令可以打开瞬态分析对话框，过程与其他分析类似。实际上瞬态分析完全可以直接在电路中利用示波器观察，更加直观方便，故此处只介绍示波器测量，对瞬态分析方法不作介绍。

1. 添加仪表

在仪表工具栏单击双踪示波器按钮，将其添加到工作区，连接线路，得到电路如图 9-7-12 所示。示波器的接地端一般需接地，当电路中已有接地符号时接地连线可省略。连线默认为红色，要改变颜色，可在右键快捷菜单中选择 Color 命令进行设置。

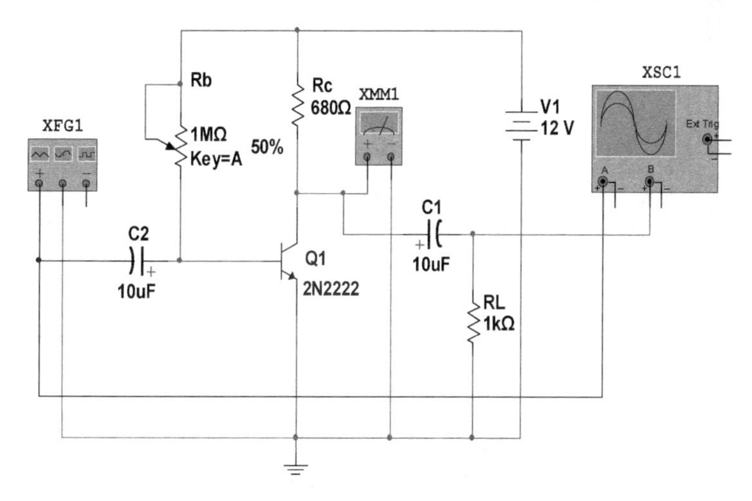

图 9-7-12　添加示波器

2. 输入交流小信号，观察输入输出波形

断开仿真开关停止仿真。输入幅度为 10mV、频率为 1kHz 的正弦信号：双击信号发生器打开控制面板，选择波形（Waveforms）为正弦波，设置频率（Frequency）为 1kHz，幅度（Amplitude）为 10mV，如图 9-7-13 所示。由于信号发生器连接的是"+"和公共端，因此其输出信号峰峰值为所设置幅值的 2 倍，即 20mV。

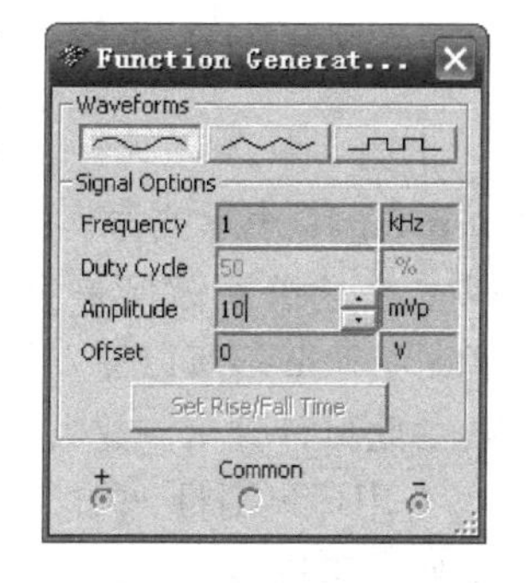

图 9-7-13　信号发生器面板

双击双踪示波器打开面板，本实验中示波器使用默认设置即可，即 Y/T（双通道）、DC（显示交直流分量），X 轴和 Y 轴的分辨率可根据波形适当设置。

为了便于观察，可将示波器两个通道的显示波形设置为不同颜色。只需在电路图中设置 A、B 通道连接导线的颜色，波形的显示颜色便与导线相同。例如，欲将 A 通道波形设置为蓝色，在电路图中右击 A 通道的连接导线，在快捷菜单中选择 Segment Color 命令，在弹出的对话框中设置蓝色即可（注意：若处于仿真运行状态，要将其停止才可进行修改）。

单击仿真开关对电路进行仿真，在示波器上会显示输入（蓝色）和输出（紫色）电压的波形，为方便观察仿真波形可单击工具栏 Pause 按钮暂停仿真冻结波形，适当设置和调整示波器控制面板使显示波形清晰稳定，如图 9-7-14 所示。

Timebase 区选择 Y/T 模式，即 Y 轴同时显示 A、B 两通道的输入信号，相当于实际示波器的双通道 CHOP 模式。

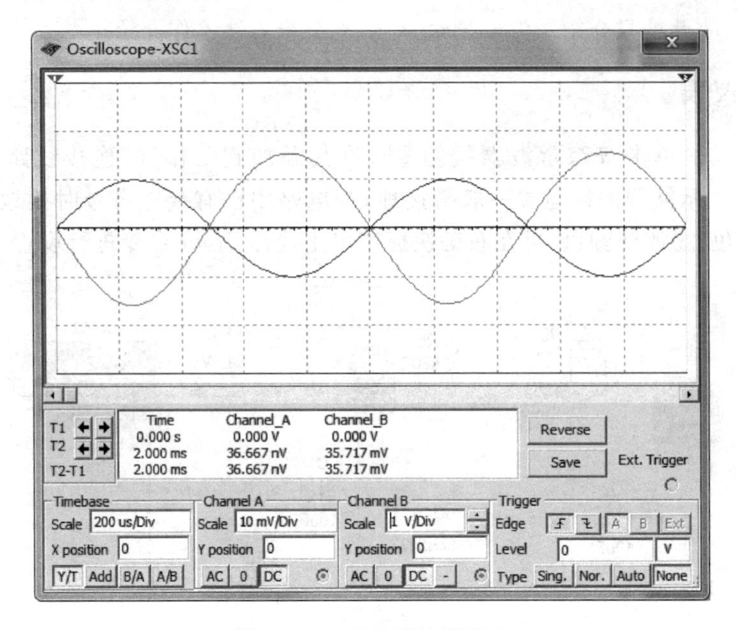

图 9-7-14　示波器波形显示

Channel A 和 Channel B 都选择 DC 模式，即交直流分量都显示。

X position 和 Y position 都取默认值 0，即 X 轴和 Y 轴的时间基线都为 0。

根据信号频率调整 Timebase 区 Scale 的值，即 X 轴每格的时间刻度（相当于实际示波器的 Time/div），使波形在水平轴清晰显示，一般在显示屏上显示约 2～5 个周期为宜。分别调整 A、B 通道的 Scale 取值（相当于实际示波器的 Volts/div），使波形在纵轴完整显示，一般使整个波形在纵轴约占显示屏的 1/2～2/3 比较便于观察。

3. 测量电压增益

由图 9-7-14 可看到输入和输出波形是反相关系，并可读出输入及输出信号的数值。Multisim 10 中示波器读信号峰峰值有两种方法，一是采用真实示波器的方法，即格数乘以刻度；二是借助标尺来测量也很方便。对 A 通道，信号峰峰之间约占 2 格，每格的刻度 Scale 为 10mV，所以输入信号 u_{ipp} 为 2 格乘以 10mV，即 20mV，同样可读出 B 通道 u_{opp} 为 3V，由此可计算出该放大电路的电压增益。

若用标尺测量，单击 T1 和 T2 的箭头，移动两条标尺分别至波峰和波谷，如图 9-7-15 所示，则 A 通道的 T2-T1 数值即为输入信号峰峰值，读取数据为 19.96mV，同样方法读取 B 通道输出信号峰峰值为 3.133V，由此可计算电压增益。将数据填入表 9-7-2。

表 9-7-2　数据测试分析记录表

u_{ipp}	u_{opp}	A_u

9.7.4　失真观测

该项目也可以采用两种方法，仪表测量和失真分析。失真分析与其他分析方法类似，此

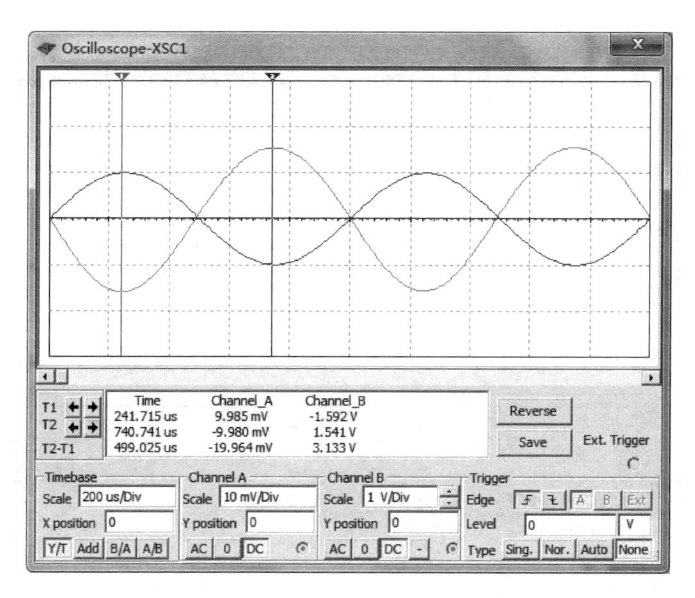

图 9-7-15　标尺测量峰峰值

处不作介绍；仪表测量即示波器结合失真仪测量，利用示波器可以直观地观察几种不同的失真情况。由于失真仪使用方法比较简单，此处不作介绍，具体方法可参考 9.4.6 节。

1. 饱和失真

调整静态工作点。减小 Rb 阻值使 U_{CE}偏低，以使三极管进入饱和状态，如使 U_{CE}为 2V 左右。

输入 10mV，1kHz 的正弦信号，对电路进行仿真，从双踪示波器上观察输入和输出电压波形是否出现饱和失真，若未失真，可增大交流信号幅度，直至输出波形底部出现较明显的削底失真，参考波形如图 9-7-16 所示。

2. 截止失真

调整静态工作点。增大 Rb 阻值使 U_{CE} 偏高，以使三极管进入截止状态，如使 U_{CE} 为 10V 左右。

输入 10mV，1kHz 的正弦信号，对电路进行仿真，从双踪示波器上观察输入和输出电压波形是否出现截止失真，若未失真，可增大交流信号幅度，直至输出电压上部出现明显的缩顶失真，参考波形如图 9-7-17 所示。

9.7.5　频率响应测量

电路的频率响应曲线表明电路对不同频率信号的放大能力，包括幅频特性曲线和相频特性曲线，根据频率响应可以确定电路的上、下限截止频率以及带宽。频率响应曲线可以采用仪表测量和交流分析两种方法获得，以下分别介绍。

方法一：仪表测量

1）添加仪表

Multisim 10 提供了波特图示仪，用来观测频率响应非常方便。在仪表工具栏单击波特

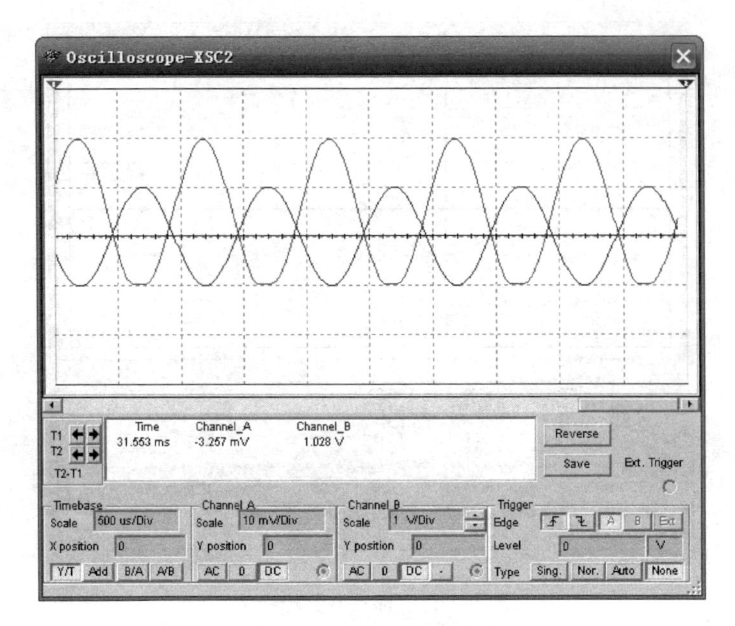

图 9-7-16 饱和失真波形

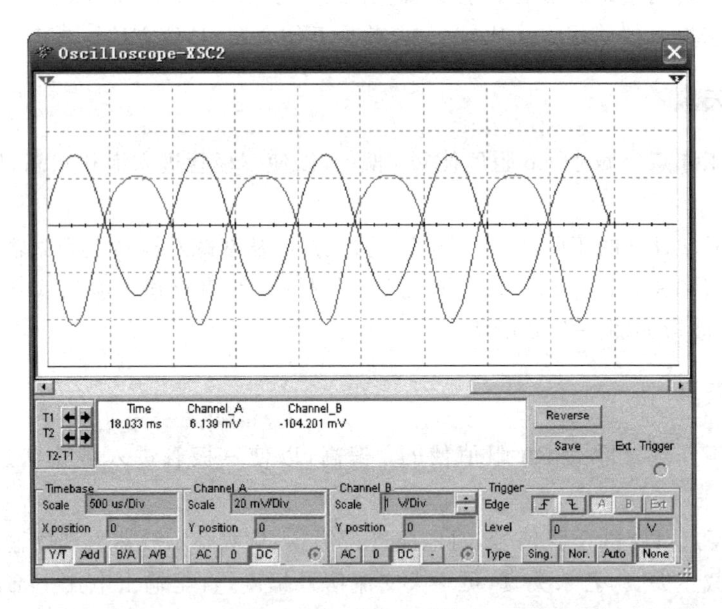

图 9-7-17 截止失真波形

图示仪，将其调用到工作区。要观察基本共射放大电路的频率响应，只需将放大电路输入信号送给波特图示仪的 IN 通道，输出信号送给波特图示仪的 OUT 通道，负端接地，如图 9-7-18 所示。

2）观察幅频响应

打开仿真开关，单击 Magnitude 按钮，在波特图观察窗口显示幅频特性曲线，单击 Phase 按钮显示相频特性曲线。但要注意，控制面板参数需要正确设置才能显示相应曲线，否则可能会出现空白或者显示不完整的情况。

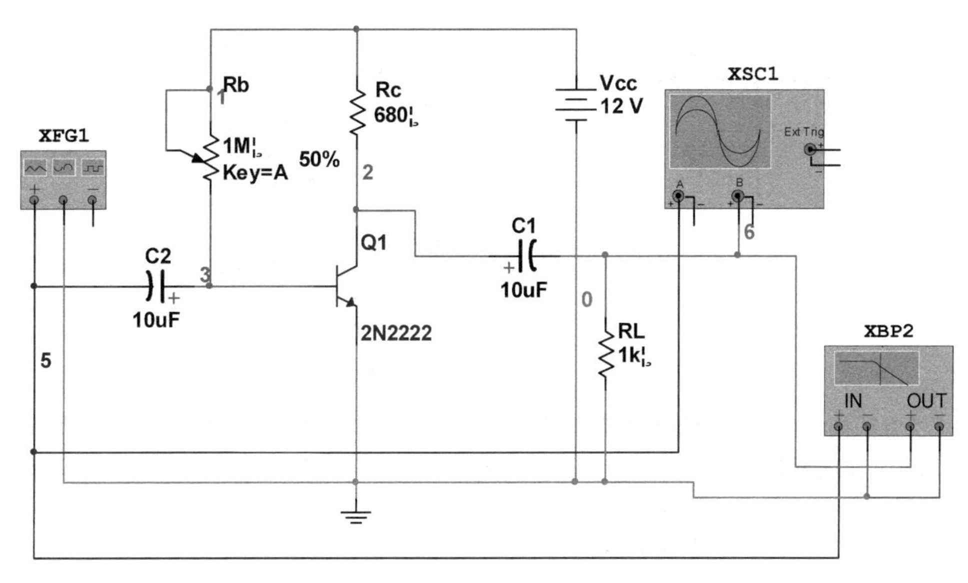

图 9-7-18 波特图示仪连接线路

以观察幅频特性曲线为例介绍控制面板设置方法。水平轴(Horizontal)单击 Log 按钮选择对数模式,修改频率范围,将起始值设为 1Hz,终止值设置为 1GHz;纵轴(Vertical)单击 Log 按钮选择对数模式,修改分贝范围,将起始值设为−40dB,终止值设置为 40dB,得到完整的频率特性如图 9-7-19 所示。该参数设置一般需根据实际显示情况结合经验进行调整。

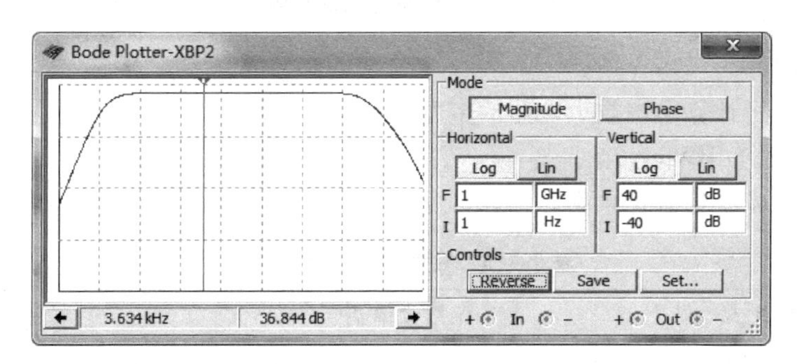

图 9-7-19 幅频特性曲线

从图中可以观察到该放大电路的幅频特性为带通滤波器,在通频带内,放大电路对信号的放大作用最强,而在通频带外,频率过高或过低,输出信号幅度都会衰减。

3) 测量截止频率

显示窗口左边的标尺用于测量曲线任意点的横轴、纵轴数值,用鼠标拖曳它到要观察的位置,也可以用最下面的左右箭头来单击移动,曲线与标尺相交点的坐标数值即显示在下方,如图 9-7-19 所示。将标尺放置于通频带任意一处,显示中频增益为 36.84dB。截止频率指的是响应降为通频带响应的 0.707 倍时对应的频率,即为比通频带下降 3dB 处的频率,因此将标尺向左移动找到比中频增益减小 3dB 处对应的频率即为下限截止频率。当频率为 19.307Hz 时对应的增益为 33.879dB,约衰减 3dB,如图 9-7-20 所示,因此下限截止频率 $f_L=19\text{Hz}$。

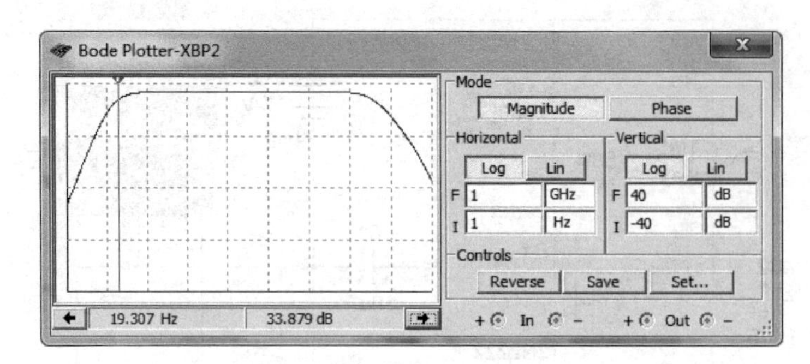

图 9-7-20 测量下限截止频率

同样方法向右寻找上限截止频率，当频率为 35.436MHz 时对应的增益为 33.928dB，大约衰减 3dB，如图 9-7-21 所示，因此上限截止频率 $f_{\mathrm{H}}=35.5\mathrm{MHz}$。

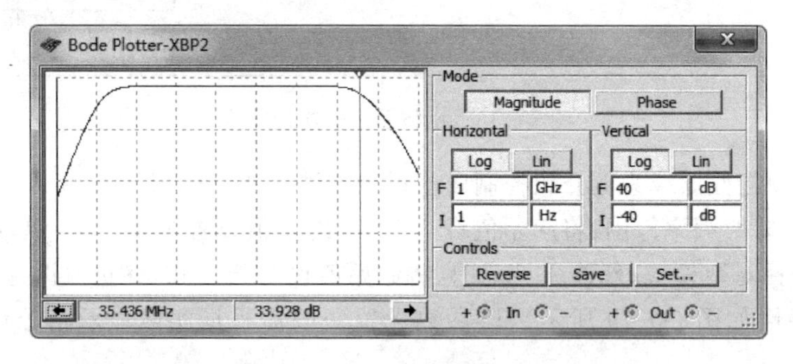

图 9-7-21 测量上限截止频率

4）计算带宽

由截止频率可计算出该放大电路的带宽：

$$\mathrm{BW}=f_{\mathrm{H}}-f_{\mathrm{L}}=35.5\mathrm{MHz}-19\mathrm{Hz}\approx 35.5\mathrm{MHz}$$

按照以上步骤测量截止频率并计算带宽，填入表 9-7-3。

表 9-7-3 数据测试分析记录表

上限频率 f_{H}	下限频率 f_{L}	带宽 BW

方法二：交流分析

Multisim 的交流分析主要用于确定电路的频率响应，包括幅频特性和相频特性，是在正弦小信号工作条件下的一种频域分析。交流分析是模拟电路中小信号模型分析的基础，因而是非常重要的分析方法。

Multisim 进行交流频率分析时，首先分析电路的直流工作点，并在直流工作点处对各个非线性元件做线性化处理，得到线性化的交流小信号等效电路，并用交流小信号等效电路计算电路输出交流信号的变化，因而是一种线性分析方法。在进行交流分析时，电路工作区中自行设置的输入信号将被忽略。也就是说，无论给电路的信号源设置的是什么信号，进行交流分析时，都将自动设置为正弦波信号，分析电路随正弦信号频率变化的频率响应曲线。交流分析的具体步骤如下。

作交流分析时，交流输入信号同样不能用仪表产生，只能用交流信号源，且不需要添加任何仪表，故与直流分析时的电路相同，如图 9-7-6 所示。

选择菜单 Simulate→Analyses→AC Analysis 命令，打开交流分析对话框，如图 9-7-22 所示。频率参数选项的设置和波特图示仪类似，此处不再详述。若无特殊要求可以默认设置。

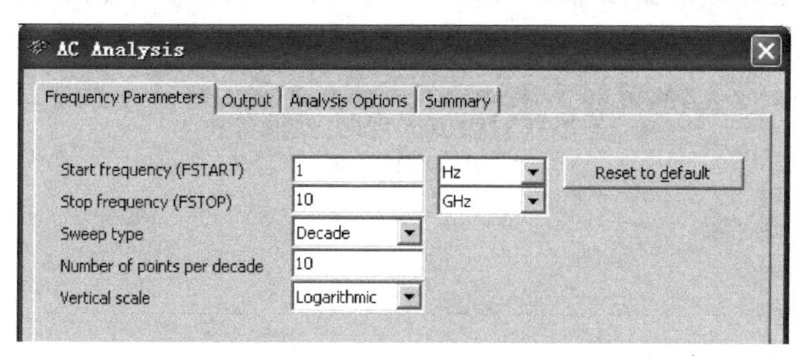

图 9-7-22　交流分析频率选项设置

Frequency Parameters 选项卡的设置项目、单位以及默认值等内容见表 9-7-4 所示。

表 9-7-4　Frequency Parameters 设置项目

项　目	默认值	注　释
Start frequency(起始频率)	1	交流分析时的起始频率，可选单位有：Hz、kHz、MHz、GHz
Stop frequency(终止频率)	10	交流分析时的终止频率，可选单位有：Hz、kHz、MHz、GHz
Sweep type(扫描类型)	Decade (10 倍刻度扫描)	交流分析曲线的频率变化方式，可选有：Decade、Linear(线性刻度扫描)、Octave(8 倍刻度扫描)
Number of points per decade(扫描点数)	10	起点到终点共有多少个频率点，对线性扫描项才有效
Vertical scale(垂直刻度)	Logarithmic (对数)	扫描时的垂直刻度，可选项有：Linear、Logarithmic、Decibel、Octave

单击 Output 选项卡设置分析节点，根据电路图所显示的节点标号，输出信号对应节点 4，所以选择 V(4)，单击 Add 按钮加入待分析节点列表，如图 9-7-23 所示。

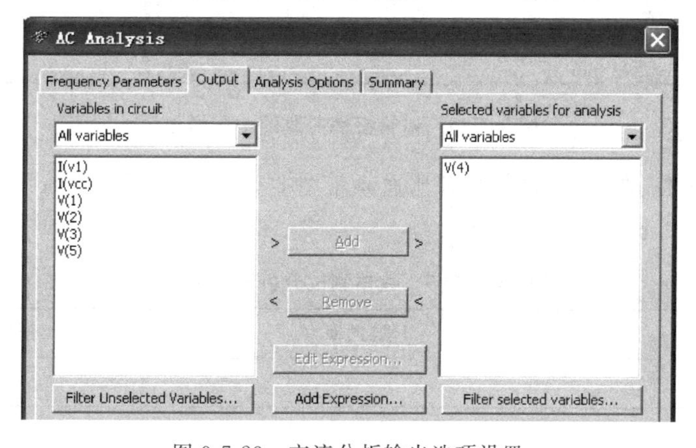

图 9-7-23　交流分析输出选项设置

单击 Simulate 按钮，则可以得到放大电路的幅频和相频特性曲线，如图 9-7-24 所示。幅频特性曲线显示了 4 号节点即电路输出端的电压随频率变化的曲线，相频特性曲线显示其相位随频率变化的曲线。

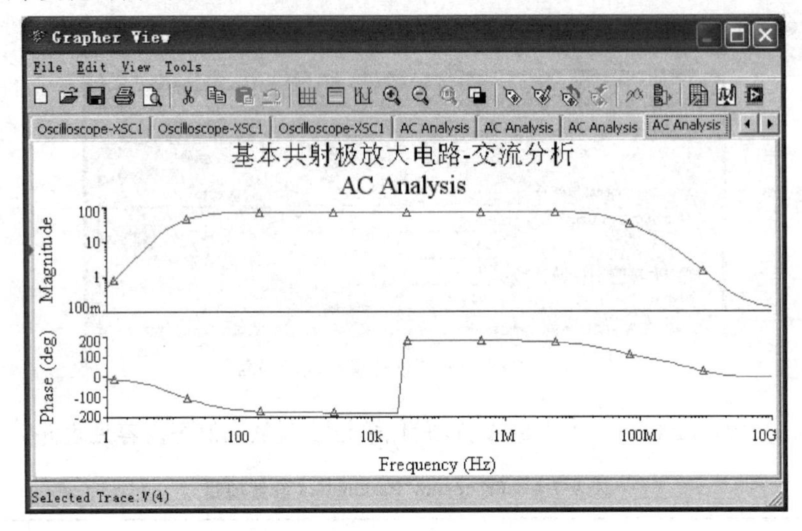

图 9-7-24　交流分析结果

在 View 菜单中将 Show/Hide Cursor 勾选，则显示曲线上的游标及详细坐标值，如图 9-7-25 所示。利用与波特仪同样的方法，移动游标至中频段，读 y1 得到中频电压增益约为 69.53dB。

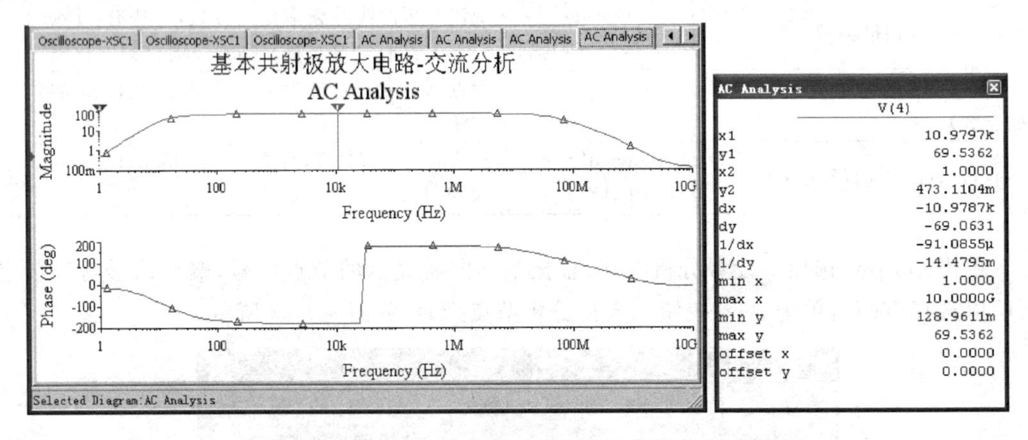

图 9-7-25　幅频特性曲线的中频增益

同样，分别向右、左移动游标，找到比通频带增益降低 3dB 所对应的频率，得到上、下限截止频率，并计算带宽，填入表 9-7-5。

表 9-7-5　数据测试分析记录表

上限频率 f_H	下限频率 f_L	带宽 BW

9.8 放大电路参数测量项目二

本实例用 Multisim 10 对共集电极放大电路进行仿真分析，主要测量项目包括输入电阻和输出电阻测量、截止频率及带宽(幅频响应)测量等。

9.8.1 绘制电路

新建仿真文件，绘制如图 9-8-1 所示共集电极放大电路。

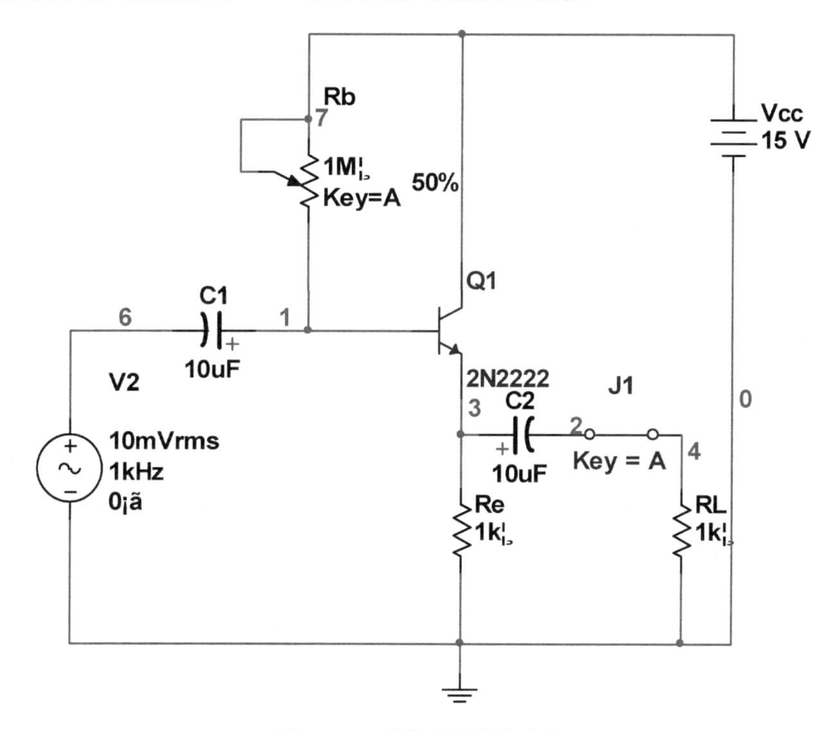

图 9-8-1 共集电极放大电路

9.8.2 调试静态工作点

首先将交流信号源置 0：双击交流信号源，将幅度设为 0V。用万用表或实时探针测量射极电位 U_{EQ}，调整偏置电阻 Rb 使 $U_{EQ} \approx 1/2$Vcc，以获得较大的交流动态范围。将数据填入表 9-8-1。

表 9-8-1 数据测试分析记录表

Rb	U_{EQ}

9.8.3　观察输入和输出波形

在电路中添加示波器，将输入信号 u_i 和输出信号 u_o 分别送至 A、B 通道，如图 9-8-2 所示。双击交流信号源进行设置，送入幅度 10mV、频率 1kHz 的正弦波，点开示波器面板适当设置，使两路波形清晰显示，分别记录 u_i 和 u_o 峰峰值，记入表 9-8-2，并画出 u_i 和 u_o 的波形并说明两者的关系。

表 9-8-2　数据测试分析记录表

u_{ipp}	u_{opp}
u_i 和 u_o 的波形	
u_i 和 u_o 的关系	

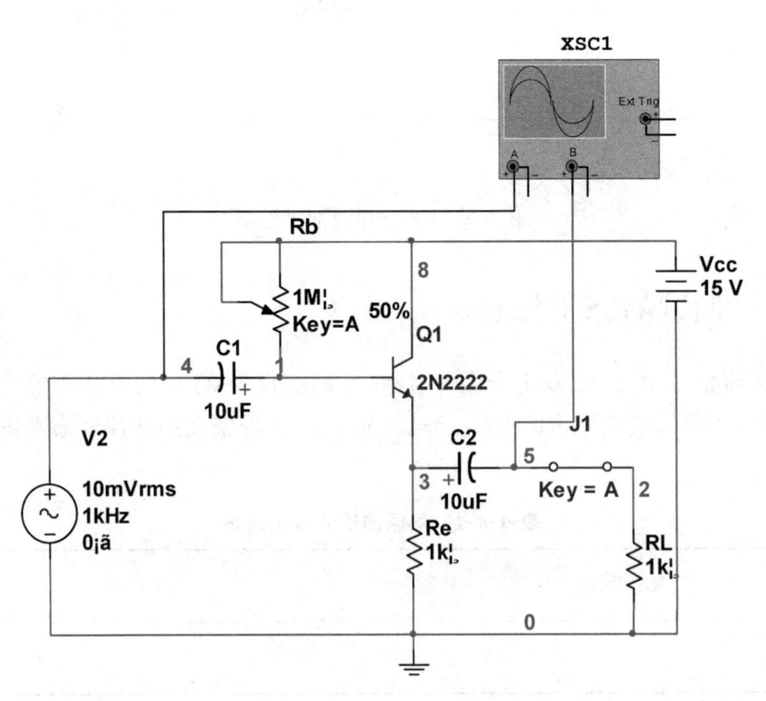

图 9-8-2　观察输入输出波形

9.8.4 输入电阻测量

在放大电路输入端添加电阻 Rs 作为信号源内阻，示波器 A、B 通道分别测量信号源电压峰峰值 u_{spp} 和输入电压 u_{ipp}，如图 9-8-3 所示。

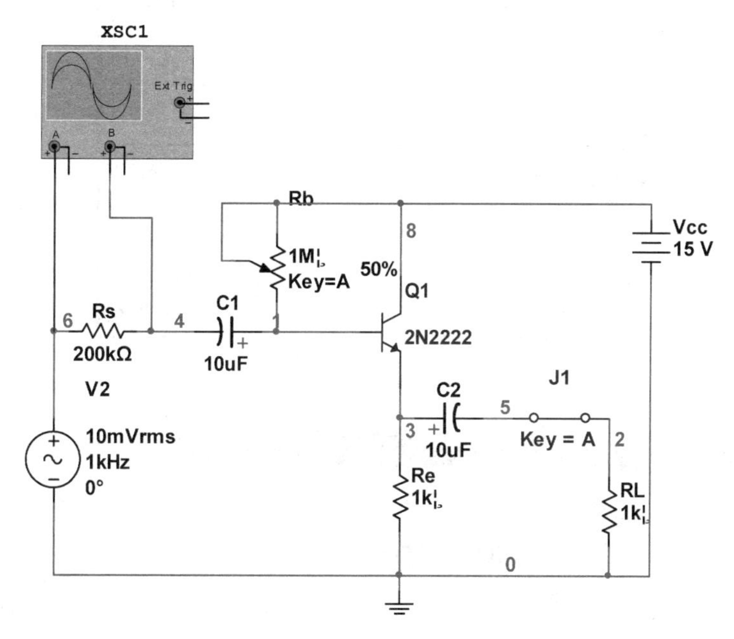

图 9-8-3 输入电阻测量电路

启动仿真开关，适当设置示波器面板，得到便于观察的波形，移动标尺 1、2 分别至波峰和波谷，如图 9-8-4 所示，利用 T2-T1 分别读取 A 通道和 B 通道电压的峰峰值，填入表 9-8-3，并根据公式 $R_i=\frac{u_i}{u_s-u_i}Rs$ 计算输入电阻。

表 9-8-3 数据测试分析记录表

u_{spp}	u_{ipp}	R_i

9.8.5 输出电阻测量

在负载 RL 前面添加一个开关，以便测量空载和带载输出电压。添加开关对话框如图 9-8-5 所示。

添加开关后的电路如图 9-8-6 所示，在保证输出波形不失真的情况下，利用该电路测量输出电阻。

开关断开，示波器测量空载输出电压 u_o 波形如图 9-8-7 所示。开关闭合，示波器测量带载输出电压 u_{oL} 波形如图 9-8-8 所示。

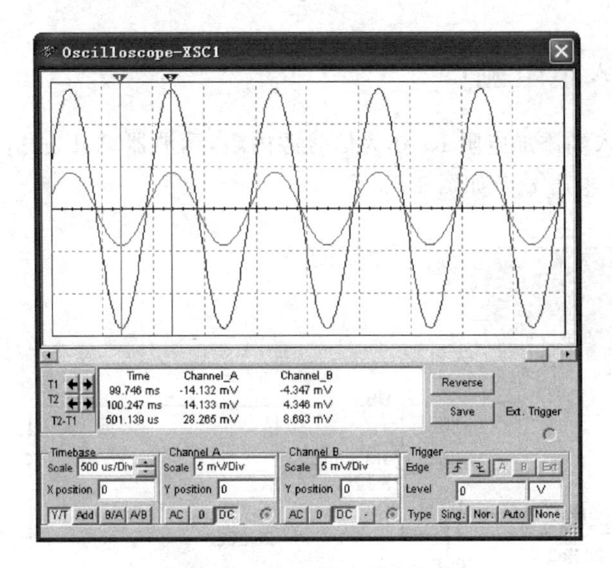

图 9-8-4 输入电阻测量波形

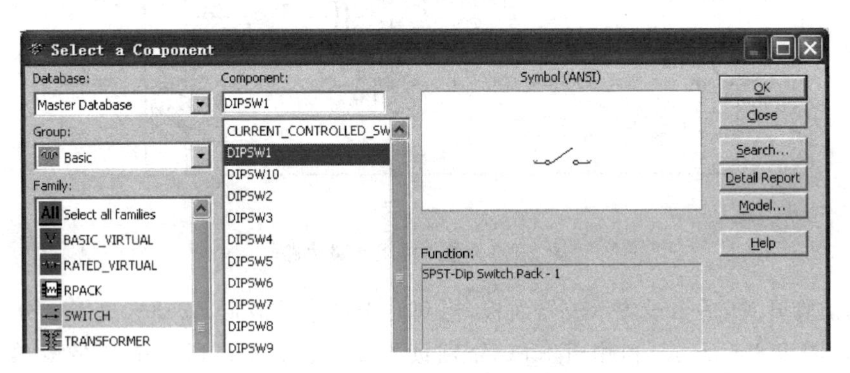

图 9-8-5 “添加开关”对话框

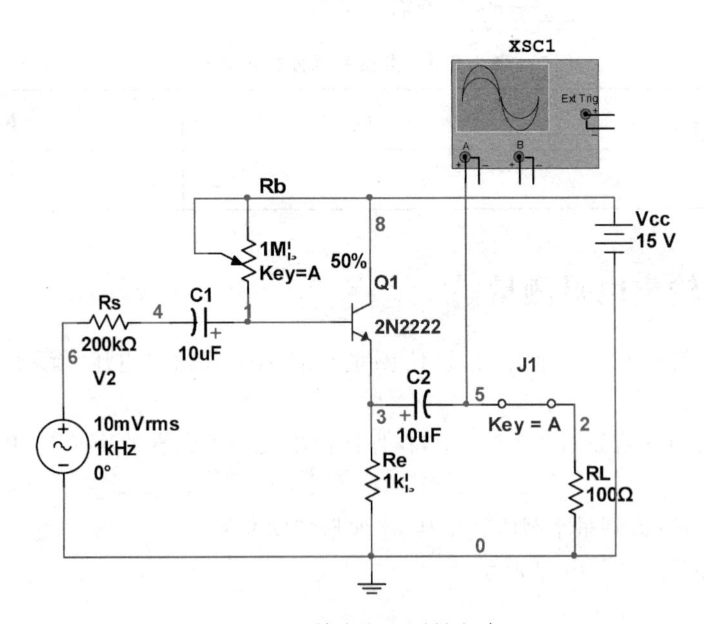

图 9-8-6 输出电阻测量电路

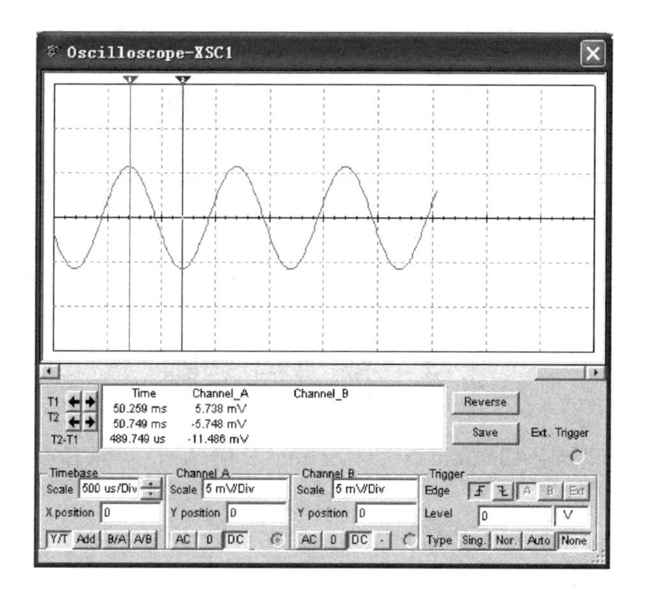

图 9-8-7　空载输出电压 u_o 波形

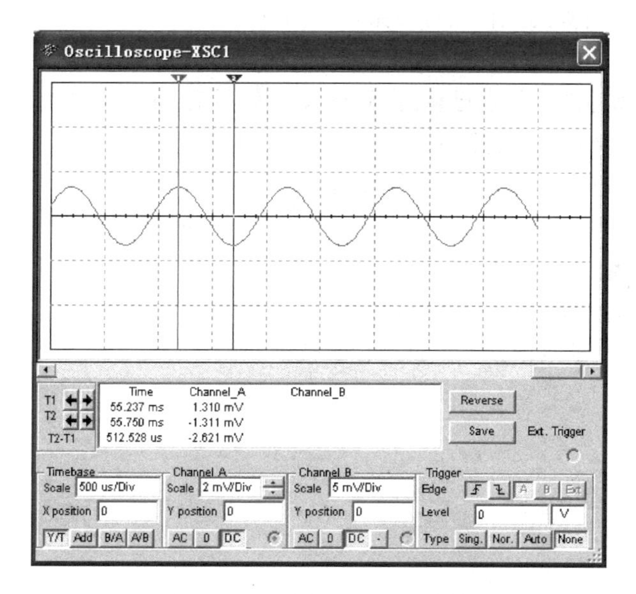

图 9-8-8　带载输出电压 u_{oL} 波形

分别由 u_o 和 u_{oL} 波形读出其峰峰值，填入表 9-8-4，并根据公式 $R_o=\left(\frac{u_o}{u_{oL}}-1\right)RL$ 计算输出电阻。

表 9-8-4　数据测试分析记录表

u_{opp}	u_{oLpp}	R_o

9.8.6　频率响应测量

用波特仪或交流分析方法测量电路的截止频率，并计算带宽，填入表 9-8-5。

表 9-8-5　数据测试分析记录表

上限频率 f_H	下限频率 f_L	带宽 BW

9.9　预习思考题

(1) Multisim 示波器上 Channel A 及 Channel B 的 Scale 表示什么？Timebase 的 Scale 表示什么？

(2) Multisim 示波器的什么按钮和真实示波器的 CHOP 相对应？

(3) 调试放大电路分成哪两步？第一步应该调试什么？

(4) 静态工作点 U_{CE} 取多少比较合适？为什么？

(5) Multisim 分析静态工作点可以采用哪两种方法？

(6) 在 Multisim 中测试放大电路静态工作点时，怎样将交流信号置零？

(7) 若放大电路静态工作点已调好，输入交流信号后，示波器上却显示直线，没有交流波形，可能是什么原因导致？应怎样操作？

(8) 在 Multisim 中用示波器测量信号的峰峰值有哪两种方法？

(9) 怎样用 Multisim 示波器提供的标尺测量信号峰峰值？

(10) 画出测量输入电阻的原理图，写出输入电阻计算公式。

(11) 画出测量输出电阻的原理图，写出输出电阻计算公式。

(12) Multisim 测量截止频率需要用什么仪器？怎样测量？

参考文献

[1] 华成英.模拟电子技术基本教程[M].北京:清华大学出版社,2006.
[2] 华成英,童诗白.模拟电子技术基础[M].4版.北京:高等教育出版社,2006.
[3] 康华光.电子技术基本模拟部分[M].4版.北京:高等教育出版社,1999.
[4] 林红,周鑫霞.电子技术[M].北京:清华大学出版社,2008.
[5] 王济浩.模拟电子技术基础[M].北京:清华大学出版社,2009.
[6] 李燕民,庄效恒.模拟电子技术[M].2版.北京:机械工业出版社,2008.
[7] 谢志远.模拟电子技术基础[M].北京:清华大学出版社,2011.
[8] 杨素行.模拟电子技术基本简明教程[M].3版.北京:高等教育出版社,2006.
[9] 张树江,王成安.模拟电子技术[M].2版.大连:大连理工大学出版社,2003.
[10] 李哲英,等.模拟电子电路分析与Multisim仿真[M].北京:机械工业出版社,2008.
[11] 谢自美.电子线路设计·实验·测试[M].2版.武汉:华中科技大学出版社,2004.
[12] 孙梅生,等.电子技术基础课程设计[M].北京:高等教育出版社,2008.
[13] 梁宗善.电子技术基础课程设计[M].武汉:华中理工大学出版社,2010.
[14] 张玉璞,李庆常.电子技术课程设计[M].北京:北京理工大学出版社,2009.
[15] 彭介华.电子技术课程设计指导[M].北京:高等教育出版社,2011.
[16] 沈小丰.电子线路实验——电路基础实验[M].北京:清华大学出版社,2007.
[17] 许忠仁.电路与电子技术实验教程[M].大连:大连理工大学出版社,2007.
[18] 汤琳宝,等.电子技术实验教程[M].北京:清华大学出版社,2008.
[19] 韦宏利.电路分析实验[M].西安:西北工业大学出版社,2008.
[20] 刘舜奎.电子技术实验教程[M].厦门:厦门大学出版社,2008.
[21] 周荣昌.电子技术实验教程[M].北京:高等教育出版社,2007.